"十三五"国家重点出版物出版规划项目

卓越工程能力培养与工程教育专业认证系列规划教材

（电气工程及其自动化、自动化专业）

电气控制与 PLC 应用技术

主　编　武　丽

参　编　张春峰　姜官武

本书配有：
☆电子课件
☆ 习题答案

机 械 工 业 出 版 社

本书从实际工程应用和便于学生更易理解和掌握的角度出发，分别介绍了电气控制系统和 PLC 系统。第 1~2 章介绍了电气控制系统中常用的低压电器、典型控制电路及其设计方法；第 3~8 章讲解了 PLC 的原理及工作过程，以西门子 S7‑200 系列 PLC 为主，以其原理和指令为基础，给出大量的实例，便于学生对指令及基本原理的理解，并在系统设计中给出综合的工程应用案例。编写的编程软件和实验系统涉及 S7‑200 系列 PLC 和松下 FP0 系列 PLC，通过两种机型的对比分析，让学生学会和掌握不同机型的学习方法，为今后的工程应用打下良好的基础。

本书的编写教师长期从事该课程的教学和实践工作，对电气控制技术与 PLC 的工程应用也开展了大量的工作，具有较好的理论基础和工程应用经验。本书可作为普通高等院校自动化类、电气类、机械类等专业的教材，也可供从事电气控制技术工作的工程技术人员参考。

本书配有电子课件和习题答案，欢迎选用本书作教材的教师登录 www. cmpedu. com 注册下载，或发邮件到 jinacmp@ vip. 163. com 索取。

图书在版编目（CIP）数据

电气控制与 PLC 应用技术/武丽主编 . —北京：机械工业出版社，2018. 6
（2023. 12 重印）

"十三五"国家重点出版物出版规划项目　卓越工程能力培养与工程教育专业认证系列规划教材 . 电气工程及其自动化、自动化专业

ISBN 978-7-111-59267-9

Ⅰ. ①电…　Ⅱ. ①武…　Ⅲ. ①电气控制-高等学校-教材②PLC 技术-高等学校-教材　Ⅳ. ①TM571. 2 ②TM571. 6

中国版本图书馆 CIP 数据核字（2018）第 038369 号

机械工业出版社（北京市百万庄大街 22 号　邮政编码 100037）
策划编辑：吉　玲　责任编辑：吉　玲　韩　静　刘丽敏
责任校对：樊钟英　封面设计：鞠　杨
责任印制：郜　敏
北京富资园科技发展有限公司印刷
2023 年 12 月第 1 版第 5 次印刷
184mm×260mm · 16 印张 · 390 千字
标准书号：ISBN 978-7-111-59267-9
定价：39. 00 元

凡购本书，如有缺页、倒页、脱页，由本社发行部调换
电话服务　　　　　　　网络服务
服务咨询热线：010-88379833　机 工 官 网：www. cmpbook. com
读者购书热线：010-88379649　机 工 官 博：weibo. com/cmp1952
　　　　　　　　　　　　　教育服务网：www. cmpedu. com
封面无防伪标均为盗版　　金 书 网：www. golden-book. com

前　　言

　　本书从实际工程应用和便于学生更易理解和掌握的角度出发，分别介绍了电气控制系统中常用的低压电器、典型控制电路及其设计方法；讲解了 PLC 的原理及工作过程，并以西门子 S7 - 200 系列 PLC 为主，给出大量的实例，便于学生对指令及基本原理的理解，并在系统设计中给出综合的工程应用案例。和其他同类教材相比，本书主要有以下特点：

　　1）对传统的电气控制系统内容进行了较大幅度的删减，内容精简，适合于目前大多数高校课程多而学时少的教学需要。

　　2）在常用低压控制电器的内容中，结合 PLC 控制系统的设计思路，按照输入设备和输出设备的分类方式讲解，便于学生对于两个系统之间异同的理解。

　　3）PLC 控制系统中的应用实例及主要素材均来源于教师多年的实践积累，实例详实且学生易于理解。

　　4）增加了实验系统部分，让学生能在掌握一种机型 PLC 的基础上，快速学习和掌握其他 PLC 机型的方法，更好地融会贯通。

　　5）内容定位于理论以够用为主，加强应用技术能力的培养。在注重讲解基本概念、基本原理和分析方法的同时，通过生产实例强化实际应用能力的训练，提高分析问题与解决问题的能力。

　　本书可作为普通高等院校自动化类、电气类等相关专业的教材，也可作为大专院校、网教及自考的自动控制、电气控制技术、机电一体化及相关专业的"电气控制与 PLC 应用技术"或类似课程的教材，对于从事和电气控制技术专业相关工作的工程技术人员也是一本很好的参考书。

　　本书由武丽担任主编，张春峰和姜官武任参编。书中各章节的分工为：第 1～3 章及附录由武丽编写，第 4 章、第 5 章和第 8 章由张春峰编写，第 6 章和第 7 章由姜官武编写。在此对所有为本书进行审阅并提供宝贵意见以及在编写过程中给予帮助和支持的各位朋友一并表示衷心的感谢。

　　由于水平有限，书中错误和不妥之处在所难免，殷切希望使用本书的师生及其他读者给予批评指正。

编　者

目　　录

绪　　论

1. 电气控制技术的发展

电气控制技术在现代社会生活中扮演着越来越重要的角色，它对工业技术的发展和应用都有着十分重要的作用。在控制方法上主要是从手动控制发展到自动控制；在控制功能上是从简单控制发展到智能化控制；在操作上是从笨重发展到信息化处理；在控制原理上，是从单一的有触头硬接线继电器逻辑控制系统发展到以微处理器或微计算机为中心的网络化自动控制系统。现在的电气控制技术不仅仅是一些电控设备的集合，更是集电气技术、控制技术、信息技术、电力电子技术、计算机应用技术等于一体的综合性学科。随着科学技术的不断发展、生产工艺的不断改进，特别是计算机技术的应用，将不断推动电气控制技术的继续发展。

作为生产机械动力的电机拖动，最早是采用成组拖动，即用一台电动机，通过传送带和传动机构，拖动多台生产机械设备，电气控制电路比较简单，称为集中拖动。随着生产机械功能增多和自动化程度的提高，其机械传动系统也就更加复杂。为了简化传动机构而出现分散拖动形式，即将生产机械的不同运动部件分别由不同电机拖动的多电动机拖动方式，与集中拖动相比，传动效率有所提高，机械设备的结构也简化了，生产安全性也有提高，但使电气控制电路复杂了。随着在生产过程中对各种参数（如温度、压力、流量和液位等）需求的提高，要求其能自动调整和控制，以适应生产过程的需要，促使电气自动控制技术迅速发展，从而出现了继电器-接触器控制系统。这种由继电器、接触器、按钮和行程开关等按照一定的控制逻辑组合而成的系统，由于其控制方式是断续的，所以又称为断续控制系统。由于这种系统具有结构简单、价格低廉、维护容易、抗干扰能力强等优点，至今仍是机床和其他许多机械设备广泛采用的基本电气控制形式。这种控制系统的缺点是采用固定接线方式，灵活性差，工作效率低，触头易损坏，可靠性差。20 世纪 70 年代出现了以软件手段实现各种控制功能、以微处理器为核心的可编程序控制器（简称 PLC），由于能适应恶劣的工业环境，兼备计算机和继电器-接触器控制系统的优点，目前 PLC 已成为世界各国标准化通用控制设备，广泛用于各种工业控制领域。

科学技术的发展和工艺技术不断的改进和创新，使得电气控制技术也在不断发展，不仅实现了自动控制、智能化控制，也实现了信息化处理、计算机网络化自动处理。同时也综合应用了多种技术，在一定程度上促进了与电气技术相关企业的发展。

2. 本课程的性质、内容和任务

本课程是一门实用性很强的专业课。其主要内容是以电动机或其他执行电器为被控对象，介绍和讲解继电器-接触器控制系统和 PLC 控制系统的工作原理、设计方法和实际应用。其中可编程序控制器的飞速发展和其强大的功能使它已成为实现工业自动化的主要手段之一。所以本课程的重点是可编程序控制器，但这并不意味着继电器-接触器控制系统就不重要了。这是因为：首先，继电器和接触器在小型电气系统中还普遍使用，而且它是组成电气控制系统的基础；其次，尽管 PLC 系统取代了继电器–接触器控制系统，但它所取代的主要是逻辑控制部分，而电气控制系统中的信号采集和驱动输出部分仍然要由电器元件及控制电路来完成。所以对继电器–接触器控制系统的学习是非常必要的。该课程的目标是让学生掌握一门非常实用的工业控制技术，以及培养和提高学生的实际应用和动手能力。

电气控制与 PLC 应用技术是电类专业学生所必须掌握的最基础的实践类课程，具体要求是：

1）熟悉常用控制电器的工作原理和用途，达到正确使用和选用的目的，同时要了解一些新型元器件的用途。

2）熟练掌握电气控制电路的基本环节，并具备阅读和分析电气控制电路的能力，使之能设计简单的电气控制电路，较好地掌握电气控制电路的简单设计法。

3）熟悉可编程序控制器的基本概况，深刻领会可编程序控制器的工作原理。

4）熟练掌握可编程序控制器的基本指令系统和典型电路的编程，掌握可编程序控制器的程序设计方法；掌握和熟悉可编程序控制器功能指令的使用。

5）掌握和了解可编程序控制器的网络和通信原理，会编制简单的通信程序。

6）了解可编程序控制器的实际应用程序的设计步骤和方法。

第1章　常用低压控制电器

导读

低压电器是构成电气控制系统的基本元件，在电力输配电系统和电力拖动自动控制系统中应用极为广泛。低压电器的种类很多，本章主要通过介绍电气控制领域中常用低压电器的工作原理、用途、型号、规格及符号等知识，为正确选用和合理维护电器打下一定的基础。

学习要点：

1）掌握各种常用低压电器的工作原理、图形、文字符号及使用方法。

2）理解各种常用低压电器的组成和结构特点。

3）能够区分常用低压电器中的输入设备和输出设备。

1.1　电器的基本知识

1.1.1　电器的定义、分类及作用

1. 电器的定义

根据外界特定的信号和要求，自动或手动接通和断开电路，断续或连续地改变电路参数，实现对电路或非电对象的切换、控制、保护、检查、变换和调节的电器元件，统称为电器。常用低压电器的主要种类及用途见表1-1。

表1-1　常用低压电器的主要种类及用途

序　号	类　别	主要品种	用　途
1	断路器	塑料外壳式断路器	主要用于电路的过负荷保护、短路、欠电压、漏电压保护，也可用于不频繁接通和断开的电路
		框架式断路器	
		限流式断路器	
		漏电保护式断路器	
		直流快速断路器	
2	刀开关	开关板用刀开关	主要用于电路的隔离，有时也能分断负荷
		负荷开关	
		熔断器式刀开关	
3	转换开关	组合开关	主要用于电源切换，也可用于负荷通断或电路的切换
		换向开关	

（续）

序　号	类　　别	主要品种	用　　途
4	主令电器	按钮	主要用于发布命令或程序控制
		限位开关（行程开关）	
		微动开关	
		接近开关	
5	接触器	交流接触器	主要用于远距离频繁控制负荷，切断带负荷电路
		直流接触器	
6	起动器	磁力起动器	主要用于电动机的起动
		星-三角起动器	
		自耦减压起动器	
7	控制器	凸轮控制器	主要用于控制电路的切换
		平面控制器	
8	继电器	电流继电器	主要用于控制电路中，将被控量转换成控制电路所需电量或开关信号
		电压继电器	
		时间继电器	
		中间继电器	
		速度继电器	
		热继电器	
9	熔断器	有填料熔断器	主要用于电路的短路保护，也用于电路的过载保护
		无填料熔断器	
		半封闭插入式熔断器	
		快速熔断器	
		自复熔断器	
10	电磁铁	制动电磁铁	主要用于起重、牵引、制动等
		起重电磁铁	
		牵引电磁铁	

2. 电器的分类

电器的用途广泛，功能多样，种类繁多，结构各异。下面是几种常用的电器分类。

（1）按工作电压等级分类

① 高压电器：用于交流电压 1200V、直流电压 1500V 及以上电路中的电器。例如高压断路器、高压隔离开关、高压熔断器等。

② 低压电器：用于交流 50Hz（或 60Hz）额定电压为 1200V 以下、直流额定电压 1500V 及以下的电路中的电器。例如接触器、继电器等。

（2）按动作原理分类

① 手动电器：用手或依靠机械力进行操作的电器，如手动开关、控制按钮、行程开关等主令电器。

② 自动电器：借助于电磁力或某个物理量的变化自动进行操作的电器，如接触器、各种类型的继电器和电磁阀等。

（3）按用途分类

① 控制电器：用于各种控制电路和控制系统的电器，例如接触器、继电器、电动机起动器等。

② 主令电器：用于自动控制系统中发送动作指令的电器，例如按钮、行程开关、万能转换开关等。

③ 保护电器：用于保护电路及用电设备的电器，如熔断器、热继电器、各种保护继电器、避雷器等。

④ 执行电器：指用于完成某种动作或传动功能的电器，如电磁铁、电磁离合器等。

⑤ 配电电器：用于电能的输送和分配的电器，例如高压断路器、隔离开关、刀开关、低压断路器（旧称自动空气开关）等。

（4）按工作原理分类

① 电磁式电器：依据电磁感应原理来工作，如接触器、各种类型的电磁式继电器等。

② 非电量控制电器：依靠外力或某种非电物理量的变化而动作的电器，如刀开关、行程开关、按钮、速度继电器、温度继电器等。

3. 电器的作用

低压电器能够依据操作信号或外界现场信号的要求，自动或手动改变电路的状态和参数，实现对电路或被控对象的控制、保护、测量、指示、调节。低压电器的作用有：

1）控制作用：如电梯的上下移动、快慢速自动切换与自动停层等。

2）保护作用：能根据设备的特点，对设备、环境以及人身实行自动保护，如电机的过热保护、电网的短路保护、漏电保护等。

3）测量作用：利用仪表及与之相适应的电器，对设备、电网或其他非电参数进行测量，如电流、电压、功率、转速、温度、湿度等。

4）调节作用：低压电器可对一些电量和非电量进行调整，以满足用户的要求，如柴油机油门的调整、房间温湿度的调节、照度的自动调节等。

5）指示作用：利用低压电器的控制、保护等功能，检测出设备运行状况与电气电路工作情况，如绝缘的监测。

6）转换作用：在用电设备之间转换或对低压电器、控制电路分时投入运行，以实现功能切换，如励磁装置手动与自动的转换、供电的市电与自备电的切换等。

当然，低压电器的作用远不止这些，随着科学技术的发展，新功能、新设备会不断出现，低压电器的作用也在不断更新中。

1.1.2 电磁式电器的工作原理与结构特点

电磁式低压电器，就结构而言，主要由两个部分组成，即检测部分（电磁机构）和执行部分（触头系统），其次还有灭弧系统和其他缓冲机构等。电磁机构的电磁吸力和反力特性是决定电器性能的主要因素之一。触头部分存在接触电阻和电弧现象，对电器的安全运行影响较大。因此，电磁吸力和反力、触头结构及灭弧装置等是构成电磁式低压电器的基本问题，也是研究电器元件结构和工作原理的基础。

1. 电磁机构

电磁机构是将电磁能转换成机械能并带动触头的闭合或断开，从而完成通断电路的控制作用（即通过产生的电磁吸力带动触头动作）。电磁机构是电磁式继电器和接触器等电器的主要组成部件之一。

电磁机构由电磁线圈、铁心（亦称静铁心或磁轭）和衔铁（亦称动铁心）三部分组成。

（1）电磁机构的结构形式及分类

电磁机构的结构形式按衔铁的运动方式可分为直动式和拍合式，常用的结构形式有下列三种，如图 1-1 所示。

① 衔铁绕棱角转动的拍合式铁心，如图 1-1a 所示，这种结构广泛应用于直流电器中。

② 衔铁绕轴转动的拍合式铁心，如图 1-1b 所示，其铁心形状有 E 形和 U 形两种，此结构多用于触头容量较大的交流电器中。

③ 衔铁做直线运动的双 E 形直动式铁心，如图 1-1c 所示，多用于交流接触器、继电器以及其他交流电磁机构的电磁系统。

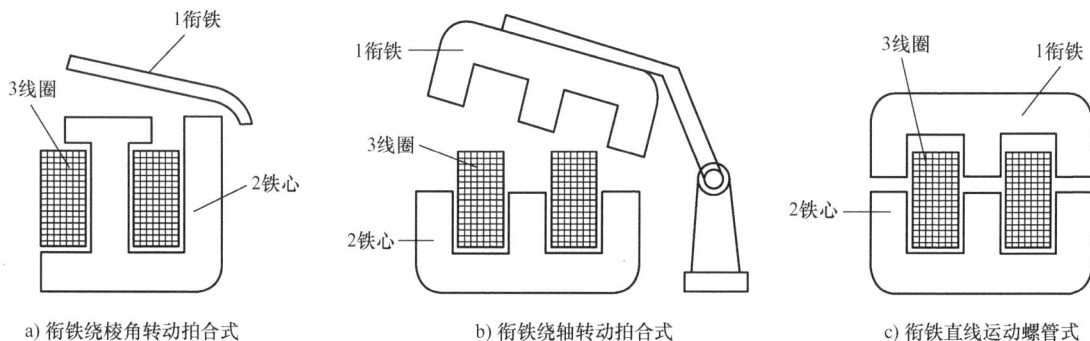

a) 衔铁绕棱角转动拍合式　　　　b) 衔铁绕轴转动拍合式　　　　c) 衔铁直线运动螺管式

图 1-1　电磁机构的结构形式

（2）吸引线圈

电磁线圈的作用是将电能转换为磁能，即产生磁通，衔铁在电磁吸力作用下产生机械位移使铁心与之吸合。凡通以直流电的线圈都称之为直流线圈，通入交流电的线圈称为交流线圈。对于直流线圈，通常其衔铁和铁心均由软钢或工程纯铁制成。铁心不发热，只有线圈发热，所以直流电磁线圈做成高而薄的瘦高型，且不设线圈骨架，使线圈与铁心直接接触，易于散热。对于交流线圈，由于其铁心中存在磁滞和涡流损耗，这样线圈和铁心都要发热，所以交流电磁线圈设有骨架，使铁心与线圈隔离，并将线圈制成短而厚的矮胖型，有利于线圈和铁心的散热。通常其铁心由电工钢片叠压而成，以减少铁耗。

另外，根据电磁线圈在电路中的连接方式可分为串联线圈（又称电流线圈）和并联线圈（又称电压线圈）。串联（电流）线圈串接于电路中，流过的电流较大。为减少对电路的影响，所用的线圈导线粗、匝数少，线圈的阻抗较小；而并联（电压）线圈并联在电路上，为减小分流作用，降低对原电路的影响，需较大的阻抗，所以线圈导线细而匝数多。

2. 电磁吸力与吸力特性

电磁式电器采用交直流电磁铁的基本原理，电磁吸力是影响其可靠工作的一个重要参数。电磁铁的吸力可按式(1-1)求得：

$$F_{\mathrm{at}} = \frac{10^7}{8\pi} B^2 S \qquad (1\text{-}1)$$

式中 F_{at}——电磁吸力，单位为 N；

B——气隙中磁感应强度，单位为 T；

S——磁极截面积，单位为 m^2。

在固定铁心与衔铁之间的气隙值 δ 及外加电压值一定时，对于直流电磁铁，电磁吸力是一个恒定值，但对于交流电磁铁，由于外加正弦交流电压，其气隙磁感应强度亦按正弦规律变化，见式(1-2)，即

$$B = B_{\mathrm{m}} \sin\omega t \qquad (1\text{-}2)$$

将式(1-2)代入式(1-1)得：

$$F_{\mathrm{at}} = \frac{F_{\mathrm{atm}}}{2} - \frac{F_{\mathrm{atm}}}{2}\cos 2\omega t = F_0 - F_0\cos 2\omega t \qquad (1\text{-}3)$$

式中 F_{atm}——电磁吸力最大值，$F_{\mathrm{atm}} = \frac{10^7}{8\pi} B_{\mathrm{m}}^2 S$；

$F_0 = \dfrac{F_{\mathrm{atm}}}{2}$——电磁吸力平均值。

因此，交流电磁铁的电磁吸力是随时间变化而变化的。交流电磁铁在工作过程中，决定其能否将衔铁吸住的是平均吸力 F_0 的大小。所以人们通常说的交流电磁铁的吸力，就是指它的平均吸力。

电磁式电器在衔铁吸合或释放过程中，气隙 δ 是变化的，电磁吸力也将随着 δ 的变化而变化。

所谓吸力特性，是指电磁吸力 F_{at} 随衔铁与铁心间气隙 δ 变化的关系曲线。不同的电磁机构有不同的吸力特性，图1-2表示一般电磁铁的吸力特性。

对于直流电磁铁，其励磁电流的大小与气隙无关，动作过程中为恒磁动势工作，其吸力随气隙的减小而增加，所以吸力特性曲线比较陡峭。而交流电磁铁的励磁电流与气隙成正比，在动作过程中为恒磁通工作，但考虑到漏磁通的影响，其吸力随气隙的减小略有增加，所以吸力特性比较平坦。

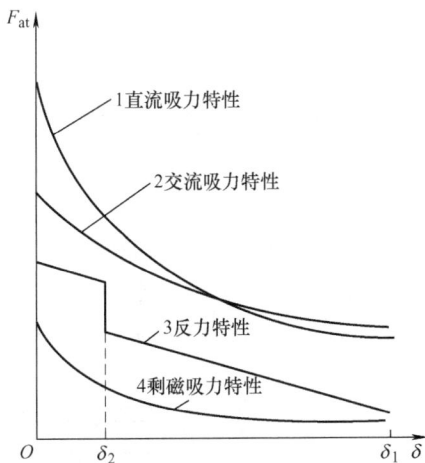

图1-2 一般电磁铁的吸力特性

3. 反力特性和返回系数

所谓反力特性是指反作用力 F_{r} 与气隙 δ 的关系曲线，如图1-2中的曲线3所示。

为了使电磁机构能正常工作，其吸力特性与反力特性配合必须得当。在衔铁吸合过程中，其吸力特性必须始终处于反力特性上方，即吸力要大于反力；反之衔铁释放时，吸力特性必须位于反力特性下方，即反力要大于吸力。

返回系数是指释放电压 U_{re}（或电流 I_{re}）与吸合电压 U_{at}（或电流 I_{at}）的比值，用 β 表示。

具有电压线圈的电磁机构的返回系数见式(1-4)，即

$$\beta_Y = \frac{U_{re}}{U_{at}} \qquad (1\text{-}4)$$

具有电流线圈的电磁机构的返回系数见式（1-5），即

$$\beta_I = \frac{I_{re}}{I_{at}} \qquad (1\text{-}5)$$

返回系数是反映电磁电器灵敏度的一个参数，β 值越大，电器灵敏度高，反之，则灵敏度低。

4. 交流电磁机构上短路环的作用

根据式（1-3）交流电磁吸力公式可知，单相交流电磁机构的电磁吸力 F_{AT} 是一个两倍电源频率的周期性变量。它有两个分量：一个是恒定分量 F_0，其值为最大吸力值的一半；另一个是交变分量 $F_\sim$，$F_\sim = F_0\cos2\omega t$，其幅值为最大吸力值的一半，并以两倍电源频率变化，总的电磁吸力 F_{at} 在从 0 到 F_{atm} 的范围内变化，其吸力曲线如图 1-3 所示。

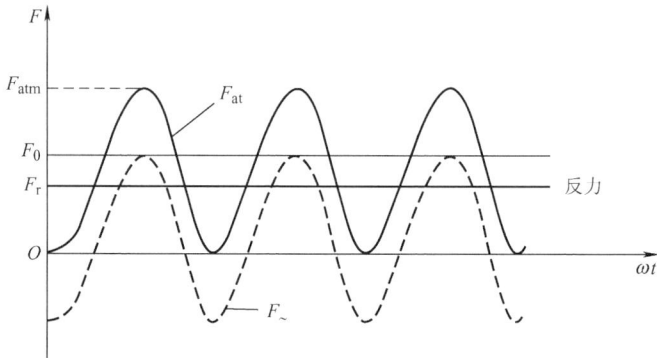

图 1-3　单相交流电磁机构实际吸力曲线

电磁机构在工作中，衔铁始终受到反作用弹簧、触头弹簧等反作用力 F_r 的作用。尽管电磁吸力的平均值 F_0 大于 F_r，但某些时候 F_{at} 将小于 F_r。当 $F_{at} < F_r$ 时，衔铁开始释放，当 $F_{at} > F_r$ 时，衔铁又被吸合，如此周而复始，从而使衔铁产生振动，发出噪声。为此，必须采取有效措施，消除振动和噪声。

具体办法是在铁心端部开一个槽，槽内嵌入称为短路环（或称分磁环）的铜环，如图 1-4 所示。当励磁线圈通入交流电后，在短路环中就有感应电流产生，该感应电流又会产

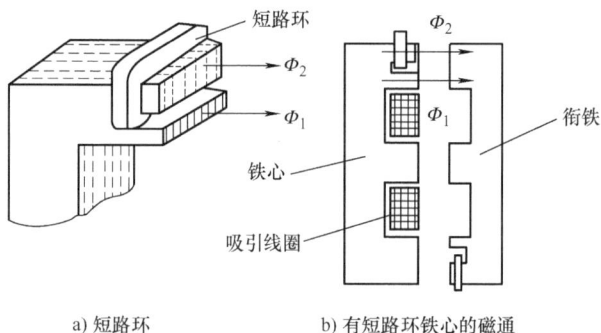

a) 短路环　　　　b) 有短路环铁心的磁通

图 1-4　交流电磁铁的短路环

生一个磁通。短路环把铁心中的磁通分为两部分，即不穿过短路环的 Φ_1 和穿过短路环的 Φ_2。由于短路环的作用，使 Φ_1 与 Φ_2 产生相移，即不同时为零，使合成吸力始终大于反作用力，从而消除了振动和噪声。加短路环后的磁通和吸力特性曲线如图1-5所示。

短路环通常包围2/3的铁心截面，它一般用铜、康铜或镍铬合金等材料制成。

5. 电器的触头系统和电弧

（1）电器的触头系统

触头是电器的执行部分，起接通和分断电路的作用。因此，要求触头导电、导热性能良好，通常用铜制成。但铜的表面容易氧化而生成一层氧化铜，将增大触头的接触电阻，使触头的损耗增大，温度上升。所以有些电器，如继电器和小

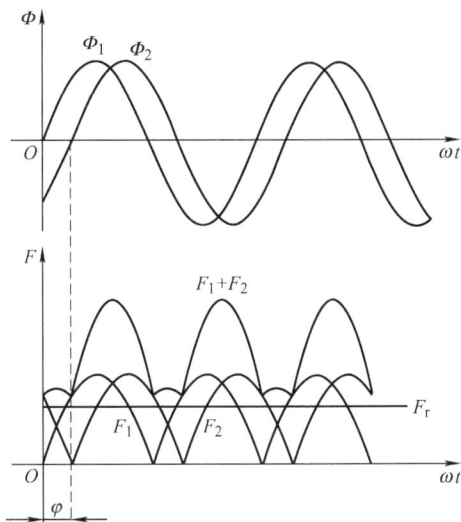

图1-5　加短路环后的磁通和吸力特性曲线

容量的电器，其触头常采用银质材料，这不仅在于其导电和导热性能均优于钢质触头，更主要的是其氧化膜的电阻率与纯银相似（氧化铜则不然，其电阻率可达纯铜的十余倍以上），而且要在较高的温度下才会形成，同时又容易粉化。因此，银质触头具有较低和稳定的接触电阻。对于大中容量的低压电器，在结构设计上，触头采用滚动接触，可将氧化膜去掉，这种结构的触头也常采用铜质材料。

触头主要有以下几种结构形式：

① 桥式触头：图1-6a是桥式触头，有点接触型和面接触型两种。图中的两个触头串在同一条电路中，电路的接通与断开由两个触头共同完成。点接触型适用于电流不大，且触头压力小的场合；面接触型适用于大电流的场合。其接触形式如图1-7a和图1-7c所示。

② 指形触头：图1-6b是指形触头，其接触区为一直线，触头接通或分断时产生滚动摩擦，以利于去掉氧化膜。其接触形式如图1-7b所示。此种形式适用于通电次数多、电流大的场合。

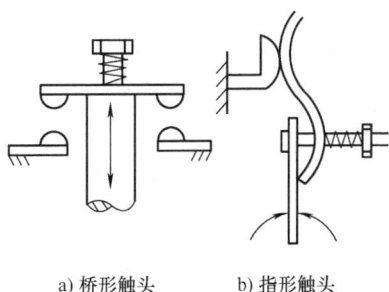

a) 桥形触头　　b) 指形触头

图1-6　触头的结构形式

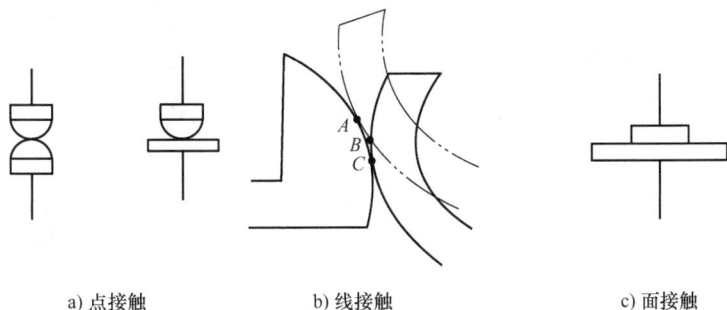

a) 点接触　　　　　b) 线接触　　　　　c) 面接触

图1-7　触头接触形式图

为了使触头接触得更加紧密，以减小接触电阻，并消除开始接触时产生的振动，在触头上装有接触弹簧，在刚刚接触时产生初压力，并且随着触头闭合增大触头压力。

（2）电弧的产生及灭弧方法

在大气中开断电路时，如果被开断电路的电流超过某一数值（根据触头材料的不同其值在 0.25～1A 之间），开断后加在触头间隙（或称弧隙）两端电压超过某一数值（根据触头材料的不同其值在 12～20V 之间）时，则触头间隙中就会产生电弧。

电弧实际上是触头间气体在强电场作用下产生的放电现象，产生高温并发出强光，将触头烧损，并使电路的切断时间延长，严重时会引起火灾或其他事故，因此，在电器中应采取适当措施熄灭电弧。

常用的灭弧方法有以下几种：

1）电动力灭弧：图 1-8 所示的是一种桥式结构双断口触头。当触头打开时，在断口处产生电弧，电弧电流在两电弧间产生图中所示的磁场，根据左手定则，电弧电流要产生一个指向外侧的电动力作用，使电弧向外运动并拉长，迅速穿越冷却介质而加快冷却并熄灭。这种灭弧方法一般用于小容量交流接触器等交流电器中。

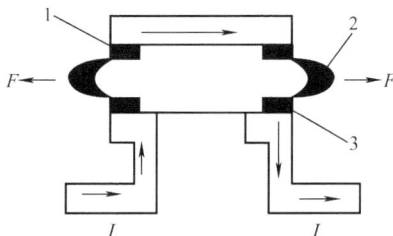

图 1-8　电动力灭弧示意图
1—动触头　2—电弧　3—静触头

2）磁吹灭弧：其原理如图 1-9 所示。在触头电路中串入一个磁吹线圈，负载电流产生的磁场方向如图所示。当触头断开产生电弧后，根据同样的原理，在电动力作用下，电弧被拉长并吹入灭弧罩中，使电弧冷却熄灭。

由于这种灭弧装置是利用电弧电流本身灭弧，因而电弧电流越大，吹弧能力也越强。它广泛应用于直流接触器中。

3）栅片灭弧：图 1-10 为栅片灭弧示意图。灭弧栅是由多片镀铜薄钢片（称为栅片）组成的，它们安放在电器触头上方的灭弧栅内，彼此之间互相绝缘。当触头断开产生电弧后，在电动力作用下，电弧被拉长灭弧栅而被分割成数段串联的短弧，增强消电离能力并使电弧迅速冷却而很快熄灭。

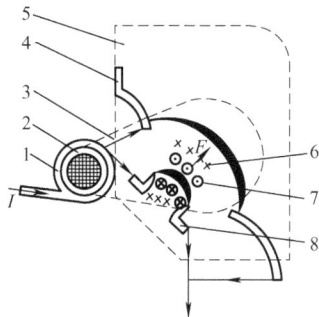

图 1-9　磁吹灭弧示意图
1—磁吹线圈　2—铁心　3—导磁夹板　4—引弧角　5—灭弧罩
6—磁吹线圈磁场　7—电弧电流磁场　8—动触头

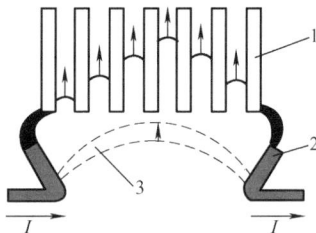

图 1-10　栅片灭弧示意图
1—灭弧栅片　2—触头　3—电弧

1.2 常用低压控制电器中的输入设备和输出设备

继电器-接触器控制系统即电气控制系统，按其功能可分为五个部分：输入设备、输出设备、保护设备、继电器-接触器控制电路和被控生产机械或生产过程。根据生产机械或生产过程的要求，通过输入设备发送指令给继电器-接触器控制电路，使其对应的触点动作，进而控制输出设备的动作，以达到生产要求。继电器-接触器控制系统的结构框图如图1-11所示。

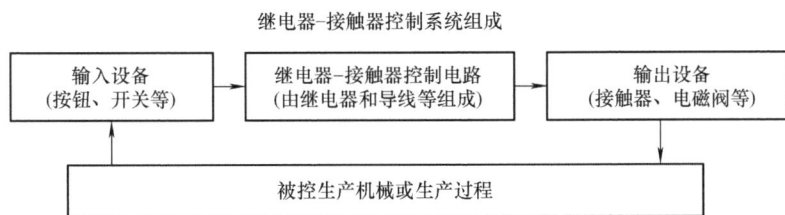

图 1-11 继电器-接触器控制系统的结构框图

以下将针对输入/输出设备及保护设备中所涉及的常用低压控制电器以及对控制系统进行保护的其他低压控制电器进行介绍。

1.2.1 常用低压控制电器中的输入设备

常用低压控制电器中的输入设备一般包括按钮、刀开关、组合开关、行程开关以及热继电器和速度继电器中的常闭触点。

1. 按钮（SB）

按钮是电力拖动系统中一种简单的发送指令的电器，通常用来接通或断开控制电路（其电流很小），从而控制电动机或其他电气设备的运行。按钮的文字符号为SB，其结构和图形符号如图1-12所示。

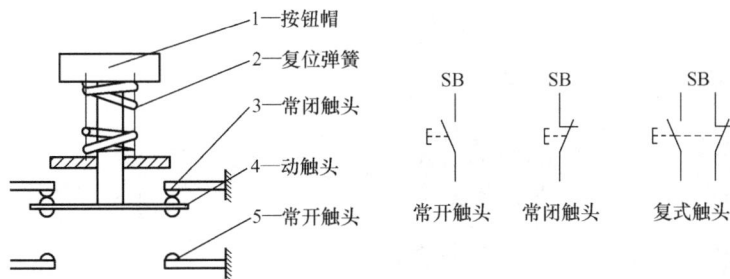

图 1-12 按钮的结构和图形符号

图1-12中，动触头4和其上面的静触头组成动断触头（动开触头），即常闭触头3，动触头4和其下面的静触头组成动合触头（动闭触头），即常开触头5。按下按钮帽时，动断触头分断（常闭触头断开），动合触头接通（常开触头闭合）。放开按钮帽时，在弹簧的作用下，动触头复位（恢复到常态）。

2. 刀开关（QS）

刀开关是低压配电中应用最广的电器，主要用来隔离电源。它的结构简单，主要由刀片（动触头）和刀座（静触头）组成。在电流不大的线路里可以直接用它接通和断开电源，适合额定电压在交流 380V 或直流 440V 以下、额定电流 1500A 以下的场合。

刀开关的种类很多，它的规格有数十种。按极数的不同可分为单极（单刀）、两极（双刀）、三极（三刀）等三种，其文字符号为 QS，结构和图形符号分别如图 1-13a 和图 1-13b 所示。

图 1-13a 所示的为 HK 型三极胶盖瓷底刀开关，是目前普遍应用的手动

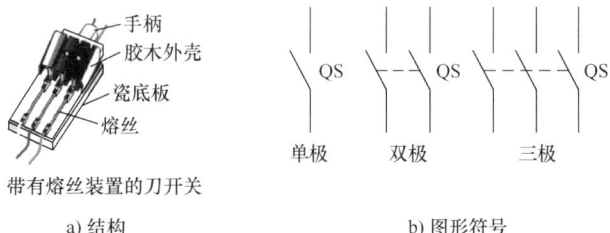

图 1-13 刀开关的结构和图形符号

开关。它由瓷底板、熔丝、胶盖及静刀片和动刀片等组成，胶盖可用来熄灭切断电流时产生的电弧，保证操作人员的安全。这种开关可用于手控不频繁地接通和切断带负载的电路，也可以作异步电动机不频繁地直接起动或停转之用。

选择使用刀开关时，刀的极数要与电源进线相数相等，其额定电流应大于或等于所控制负载的额定电流。

3. 组合开关（QS）

组合开关又称为盒式开关或转换开关。它实质上也是一种刀开关，由若干动触片和静触片（刀片）分别装于数层绝缘垫板内组成。动触片装在附有手柄的转轴上，随转轴旋转而改变通断位置。组合开关的外形与结构如图 1-14a 和图 1-14b 所示。从图中可以看出，随着转动手柄停留位置的改变，它可以同时接通和断开部分电路。图 1-14c 是组合开关的图形符号。在控制电路中，电源的接入、照明设备的通断、小功率电动机的起动和停止都可以用组合开关来实现。组合开关也常用于小功率异步电动机的正转和反转控制。

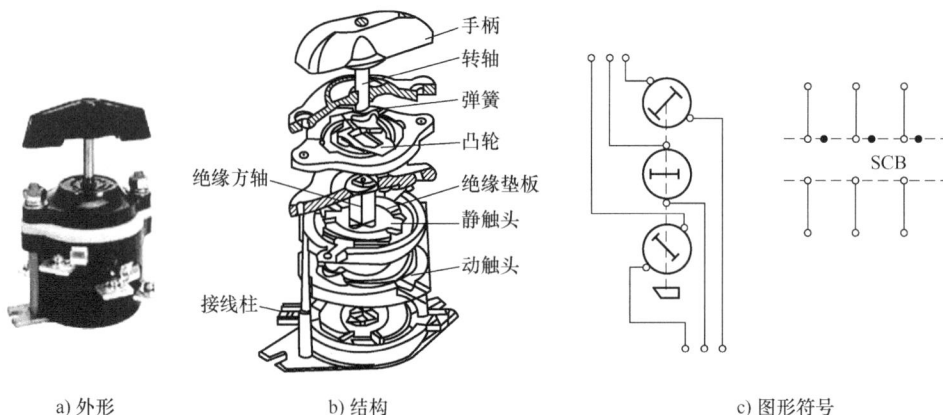

图 1-14 组合开关的外形、结构与图形符号

4. 行程开关（SQ）

行程开关是一种利用生产机械的某些运动部件的碰撞来发出控制指令的主令电器，用于控制

生产机械的运动方向、行程大小和位置保护等。当行程开关用于位置保护时，亦称为限位开关，有自动复位和非自动复位两种。按结构不同行程开关可分为直动式、滚轮式和微动式三种。

1）直动式行程开关：其结构原理如图 1-15 所示。这种行程开关有一对动合触头和一对动断触头。静触头装在绝缘基座上，动触头与推杆相连，当推杆受到装在运动部件上的挡铁作用后，触头换接。当挡铁离开推杆后，恢复弹簧使开关自动复位。这种开关的分合速度与挡铁运动速度直接相关，不能做瞬时换接，属于非瞬时动作的开关。它只适用于挡铁运动速度不小于 0.4m/min 的场合中，否则会由于电弧在触头上所停留时间过长而使触头烧坏。但这种行程开关的结构简单，价格便宜，因此应用甚广。

2）滚轮式行程开关：其结构原理如图 1-16 所示。当被控机械上的撞块撞击带有滚轮的撞杆时，撞杆转向右边，带动滑轮转动，顶下横板，使微动开关中的触头迅速动作。当运动机械返回时，在复位弹簧的作用下，各部分动作部件复位。

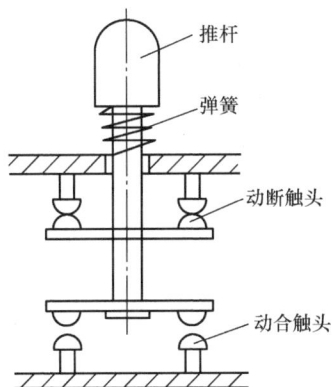

图 1-15 直动式行程开关

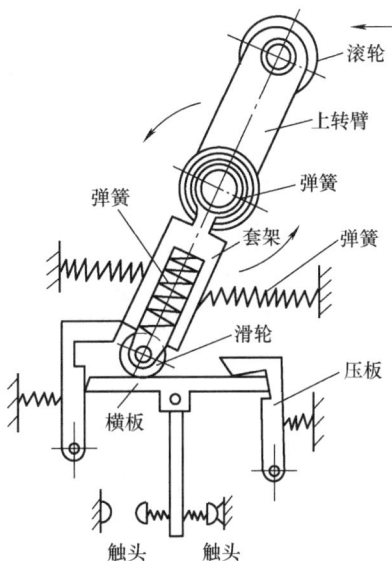

图 1-16 滚轮式行程开关

滚轮式行程开关又分为单滚轮自动复位和双滚轮（羊角式）非自动复位式，双滚轮行程开关具有两个稳态位置，有"记忆"作用，在某些情况下可以简化电路。

3）微动式行程开关：其结构如图 1-17 所示，常用的有 LXW－11 系列产品。

行程开关的图形及文字符号如图 1-18 所示。

5. 热继电器（FR）

热继电器是利用电流的热效应原理来保护设备，使之免受长期过载的危害。主要用于电动机的过载保护、断相保护、三相电流不平衡运行的保护及其他电气设备发热状态的控制。

热继电器的结构如图 1-19 所示，主要由热元件、双金属片和触头三部分组成。当电动机过载时，流过热元件的电流增大，热元件产生的热量使双金属片向上弯曲，经过一定时间后，弯曲位移增大，推动导板将常闭触点断开。常闭触点串接在电动机的控制电路中，控制电路断开使接触器的线圈断电，从而断开电动机的主电路。若要使热继电器复位，则按下复位按钮即可。热继电器由于热惯性，当电路短路时不能立即动作使电路立即断开，因此不能作短路保护。同理，在电动机起动或短时过载时，热继电器也不会动作，这可避免电动机不必要的停车。每一种电流等级的热元件，都有一定的电流调节范围，一般应调节到与电动机额定电流相等，以便更好地起到过载保护作用。

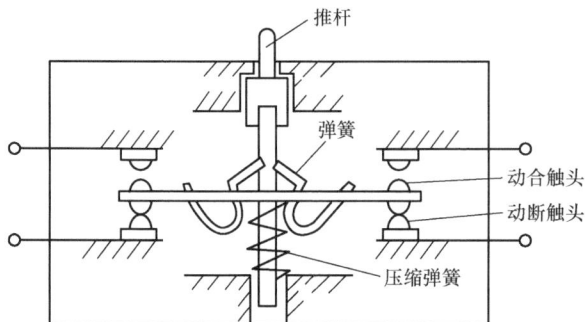

图 1-17 微动式行程开关

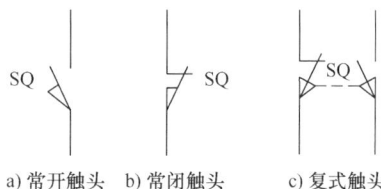

a) 常开触头   b) 常闭触头   c) 复式触头

图 1-18 行程开关的图形及文字符号

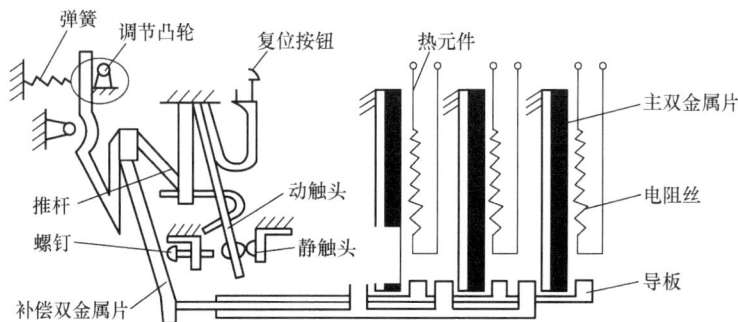

图 1-19 热继电器的结构图

热继电器的图形及文字符号如图 1-20 所示。图 1-20a 的符号用于主电路，图 1-20b 的符号用于控制电路。

热继电器的选择：主要根据电动机的额定电流来确定热继电器的型号及热元件的额定电流等级。

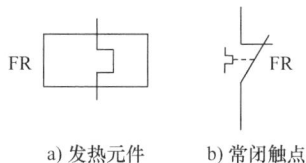

a) 发热元件   b) 常闭触点

图 1-20 热继电器的图形及文字符号

6. 速度继电器（KS）

速度继电器主要用于笼型异步电动机的反接制动控制，也称反接制动继电器。

速度继电器的结构原理如图 1-21 所示。速度继电器的轴与电动机的轴相连接。转子固定在轴上，定子与轴同心。当电动机转动时，速度继电器的转子随之转动，绕组切割磁场产生感应电动势和电流，此电流和永久磁铁的磁场作用产生转矩，使定子向轴的转动方向偏摆，并通过定子柄拨动触头，使常闭触头断开、常开触头闭合。当电动机转速下降到接近零时，转矩减小，定子柄在弹簧力的作用下恢复原位，触头也复原。

速度继电器额定工作转速有 300 ~ 1000r/min 与 1000 ~ 3000r/min 两种。动作转速在 120r/min 左右，复位转速在 100r/min 以下。速度继电器有两组触头，如图 1-22 所示（各有一对常开触头和一对常闭触头），可分别控制电动机正、反转的反接制动。速度继电器的图形和文字符号如图 1-22 所示。

14

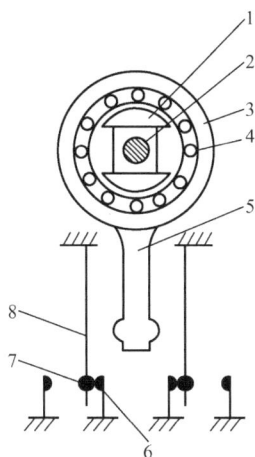

图 1-21 速度继电器的结构原理图

1—转子 2—电动机轴 3—定子 4—绕组
5—定子柄 6—静触头 7—动触头 8—簧片

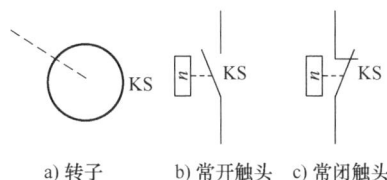

a) 转子　b) 常开触头　c) 常闭触头

图 1-22 速度继电器的图形、文字符号

1.2.2 常用低压控制电器中的输出设备

常用低压控制电器中的输出设备一般包括接触器、继电器、指示灯等。

1. 接触器 （KM）

接触器是一种自动的电磁式电器，适用于远距离频繁接通或断开交直流主电路及大容量控制电路。其主要控制对象是电动机，能实现远距离控制，并具有欠（零）电压保护。

接触器是由触头系统、电磁机构和灭弧装置组成，按其主触头所控制主电路电流的种类，可分为交流接触器和直流接触器两种。交流接触器结构示意图如图 1-23 所示。

（1）接触器的工作原理

当电磁线圈通电后，线圈电流产生磁场，使静铁心产生电磁吸力吸引衔铁，并带

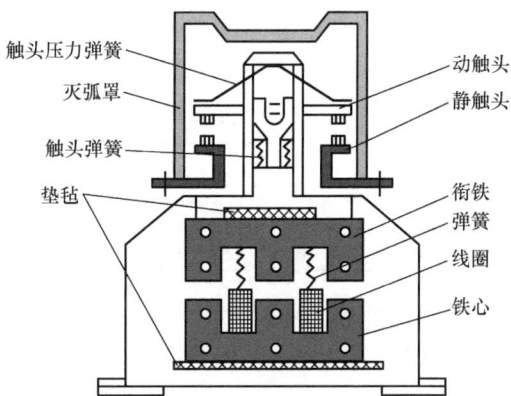

图 1-23 交流接触器结构示意图

动触头动作；常闭触头断开，常开触头闭合，二者是联动的。当线圈断电时，电磁吸力消失，衔铁在释放弹簧的作用下释放，使触头复原；常开触头断开，常闭触头闭合。接触器的图形及文字符号如图 1-24 所示。

（2）电磁机构的继电特性

电磁机构的继电特性如图 1-25 所示，当输入量 $x < x_C$ 时衔铁不动作，其输出量 $y = 0$；当 $x = x_C$ 时，衔铁吸合，输出量 y 从 "0" 跃变为 "1"；再进一步增大输入量使 $x > x_C$，则输出量仍为 $y = 1$。

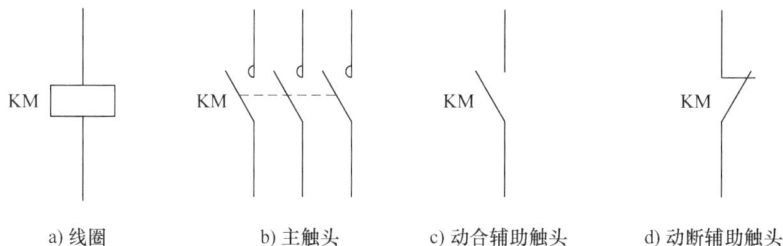

a) 线圈　　　　b) 主触头　　　c) 动合辅助触头　　d) 动断辅助触头

图 1-24　接触器的图形及文字符号

当输入量 x 从 x_C 减小的时候，在 $x > x_F$ 的过程中虽然吸力特性向下降低，但因衔铁吸合状态下的吸力仍比反力大，所以衔铁不会释放，输出量 $y = 1$。当 $x = x_F$ 时，因吸力小于反力，衔铁才释放，输出量由"1"突变为"0"；再减小输入量，输出量仍为"0"。可见，电磁机构的输入—输出特性（或叫"继电特性"）为一矩形曲线。

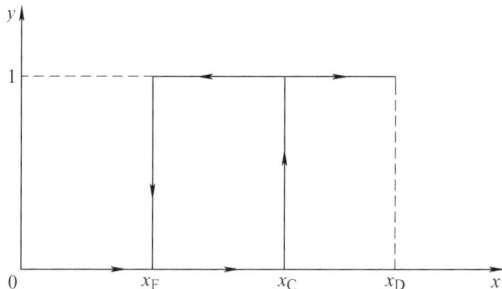

图 1-25　电磁机构的继电特性

（3）接触器的主要技术参数

接触器的主要技术参数有额定电压、额定电流、线圈的额定电压、接通与分断能力、机械寿命与电气寿命和操作频率等。

1）额定电压和额定电流。

额定电压是指主触头的额定工作电压；额定电流是指主触头的额定电流。接触器的额定电压和额定电流的等级见表 1-2。

表 1-2　接触器的额定电压和额定电流的等级表

技 术 参 数	直流接触器	交流接触器
额定电压/V	110、220、440、660	220、380、500、660
额定电流/A	5、10、20、40、60、100、150、250、400、600	5、10、20、40、60、100、150、250、400、600

2）线圈的额定电压。

接触器线圈的额定电压等级见表 1-3。

表 1-3　接触器线圈的额定电压等级表

直流接触器	交流接触器
24、48、110、220、440	36、110、220、380

3）接通与分断能力。

接触器在规定条件下，能在给定电压下可靠接通和分断的预期电流值。接通时，主触头不应发生熔焊；分断时，主触头不应发生长时间燃弧。

4）机械寿命与电气寿命。

机械寿命：1000 万次以上；

电气寿命：100 万次以上。

5）操作频率。

每小时的操作次数，一般为：300 次/h、600 次/h、1200 次/h 几种。

（4）接触器选择的基本原则

1）接触器极数和电流种类的确定。

2）根据接触器所控制负载的工作任务来选择相应使用类别的接触器。

3）根据负载功率和操作情况来确定接触器主触头的电流等级。

4）根据接触器主触头接通与分断主电路电压等级来决定接触器的额定电压。

5）接触器吸引线圈的额定电压应由所接控制电路电压确定。

6）接触器触头数和种类应满足主电路和控制电路的要求。

（5）接触器的选用步骤

1）选择接触器的类型。

交流接触器按负荷种类一般分为一类、二类、三类和四类，分别记为 AC1、AC2、AC3 和 AC4。一类交流接触器对应的控制对象是无感或微感负荷，如白炽灯、电阻炉等；二类交流接触器用于绕线转子异步电动机的起动和停止；三类交流接触器的典型用途是笼型异步电动机的运转和运行中分断；四类交流接触器用于笼型异步电动机的起动、反接制动、反转和点动。

2）选择接触器的额定参数。

根据被控对象和工作参数如电压、电流、功率、频率及工作制等确定接触器的额定参数。

① 接触器的线圈电压，一般应低一些为好，这样对接触器的绝缘要求可以降低，使用时也较安全。但为了方便和减少设备，常按实际电网电压选取。

② 电动机的操作频率不高，如压缩机、水泵、风机、空调、冲床等，接触器额定电流大于负荷额定电流即可。接触器类型可选用 CJ10、CJ20 等。

③ 对重任务型电动机，如机床主电动机、升降设备、绞盘、破碎机等，其平均操作频率超过 100 次/min，运行于起动、点动、正反向制动、反接制动等状态，可选用 CJ10Z、CJ12 型的接触器。为了保证电寿命，可使接触器降容使用。选用时，接触器额定电流大于电动机额定电流。

④ 对特重任务电动机，如印刷机、镗床等，操作频率很高，可达 600 ~ 12000 次/h，经常运行于起动、反接制动、反向等状态，接触器大致可按电寿命及起动电流选用，接触器型号选 CJ10Z、CJ12 等。

⑤ 交流回路中的电容器投入电网或从电网中切除时，接触器选择应考虑电容器的合闸冲击电流。一般地，接触器的额定电流可按电容器的额定电流的 1.5 倍选取，型号选 CJ10、CJ20 等。

⑥ 用接触器对变压器进行控制时，应考虑浪涌电流的大小。例如交流电弧焊机、电阻焊机等，一般可按变压器额定电流的 2 倍选取接触器，型号选 CJ10、CJ20 等。

⑦ 对于电热设备，如电阻炉、电热器等，负荷的冷态电阻较小，因此起动电流相应要大一些。选用接触器时可不用考虑起动电流，直接按负荷额定电流选取，型号可选用 CJ10、CJ20 等。

⑧ 由于气体放电灯起动电流大、起动时间长，对于照明设备的控制，可按额定电流 1.1 ~ 1.4 倍选取交流接触器，型号可选 CJ10、CJ20 等。

⑨ 接触器额定电流是指接触器在长期工作下的最大允许电流，持续时间≤8h，且安装于敞开的控制板上，如果冷却条件较差，选用接触器时，接触器的额定电流按负荷额定电流的110%～120%选取。对于长时间工作的电动机，由于其氧化膜没有机会得到清除，使接触电阻增大，导致触头发热超过允许温升。实际选用时，可将接触器的额定电流减小30%使用。

2. 继电器

继电器是一种根据电量（如电压和电流等）或非电量（如热、时间、压力、转速等）的变化接通或断开控制电路，以实现自动控制或保护电力拖动装置的电器。继电器一般由感测机构、中间机构和执行机构三个基本部分组成。感测机构把感测到的电量或非电量的变化传递给中间机构，将它与所要求的整定值进行比较，当达到控制要求的整定值时，继电器动作，其触头接通或断开交、直流小容量的控制电路。

继电器种类繁多，常用的有电压继电器、电流继电器、中间继电器和时间继电器等；其中，电压继电器、电流继电器和中间继电器属于电磁式低压电器，其结构及工作原理与接触器大体相同，如图1-26所示。由电磁系统、触头系统和释放弹簧等组成。由于继电器用于控制电路，流过触点的电流比较小（一般在5A以下），故不需要灭弧装置。

（1）电磁式继电器的特性

继电器的主要特性是输入—输出特性，又称继电特性，继电特性曲线如图1-26所示。当继电器输入量 X 由零增至 X_2 以前，继电器输出量 Y 为零。当输入量 X 增加到 X_2 时，继电器吸合，输出量为 Y_1；若 X 继续增大，Y 保持不变。当 X 减小到 X_1 时，继电器释放，输出量由 Y_1 变为零，若 X 继续减小，Y 值均为零。

图1-27中，X_2 称为继电器吸合值，欲使继电器吸合，输入量必须等于或大于 X_2；X_1 称为继电器释放值，欲使继电器释放，输入量必须等于或小于 X_1。

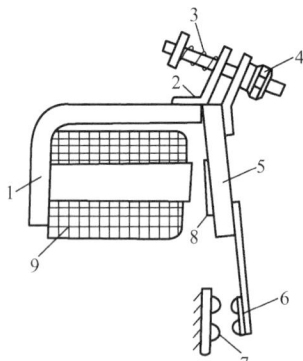

图1-26 电磁式继电器原理图
1—铁心 2—旋转棱角 3—释放弹簧 4—调节螺母
5—衔铁 6—动触头 7—静触头
8—非磁性垫片 9—线圈

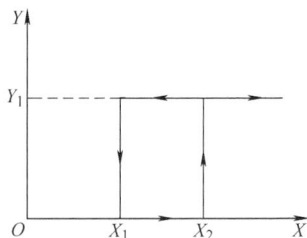

图1-27 继电特性曲线

$K_f = X_1/X_2$ 称为继电器的返回系数，它是继电器重要参数之一。K_f 值是可以调节的。例如，一般继电器要求低的返回系数，K_f 值应在 0.1～0.4 之间，这样当继电器吸合后，输入量波动较大时不致引起误动作；欠电压继电器则要求高的返回系数，K_f 值在 0.6 以上。设某

继电器 $K_f = 0.66$，吸合电压为额定电压的 90% ，则电压低于额定电压的 50% 时，继电器释放，起到欠电压保护作用。

另一个重要参数是吸合时间和释放时间。吸合时间是指从线圈接收电信号到衔铁完全吸合所需的时间；释放时间是指从线圈失电到衔铁完全释放所需的时间。一般继电器的吸合时间与释放时间为 $0.05 \sim 0.15s$ ，快速继电器为 $0.005 \sim 0.05s$ ，它的大小影响继电器的操作频率。

（2）电压继电器（KV）

电压继电器用于电力拖动系统的电压保护和控制。其线圈并联接入主电路，感测主电路的线路电压；触点接于控制电路，为执行元件。

按吸合电压的大小，电压继电器可分为过电压继电器和欠电压继电器。其图形及文字符号如图1-28所示。

过电压继电器（KV）用于线路的过电压保护，其吸合整定值为被保护线路额定电压的 $1.05 \sim 1.2$ 倍。当被保护的线路电压正常时，衔铁不动作；当被保护线路的电压高于额定值，达到过电压继电器的整定值时，衔铁吸合，触头机构动作，控制电路失电，控制接触器及时分断被保护电路。

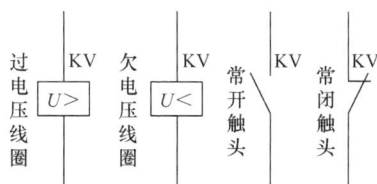

图1-28 过电压、欠电压继电器的图形及文字符号

欠电压继电器（KV）用于线路的欠电压保护，其释放整定值为线路额定电压的 $0.1 \sim 0.6$ 倍。当被保护线路电压正常时，衔铁可靠吸合；当被保护线路电压降至欠电压继电器的释放整定值时，衔铁释放，触头机构复位，控制接触器及时分断被保护电路。

零电压继电器是当电路电压降低到 $5\% \sim 25\% U_N$ 时释放，对电路实现零电压保护，用于线路的失电压保护。

（3）电流继电器（KI）

电流继电器用于电力拖动系统的电流保护和控制。其线圈串联接入主电路，用来感测主电路的线路电流；触头接于控制电路，为执行元件。电流继电器反映的是电流信号，常用的电流继电器有欠电流继电器和过电流继电器两种。其图形及文字符号如图1-29所示。

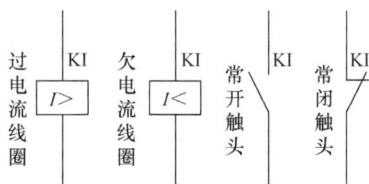

图1-29 过电流、欠电流继电器的图形及文字符号

欠电流继电器（KI）用于电路欠电流保护，吸引电流为线圈额定电流的 $30\% \sim 65\%$ ，释放电流为额定电流的 $10\% \sim 20\%$ ，因此，在电路正常工作时，衔铁是吸合的，只有当电流降低到某一整定值时，继电器释放，控制电路失电，从而控制接触器及时分断电路。

过电流继电器（KI）在电路正常工作时不动作，整定范围通常为额定电流的 $1.1 \sim 4$ 倍，当被保护线路的电流高于额定值，达到过电流继电器的整定值时，衔铁吸合，触头机构动作，控制电路失电，从而控制接触器及时分断电路。对电路起过电流保护作用。

JT4系列交流电磁继电器适合于交流 $50Hz$ 、$380V$ 及以下的自动控制电路中作零电压、过电压、过电流和中间继电器使用，过电流继电器也适用于 $60Hz$ 交流电路。

通用电磁式继电器包括 JT3 系列直流电磁式继电器和 JT4 系列交流电磁式继电器，均为老产品。新产品有 JT9、JT10、JL12、JL14、JZ7 等系列，其中 JLl4 系列为交直流电流继电器，JZ7 系列为交流中间继电器。

（4）中间继电器（KA）

中间继电器实质上是一种电压继电器。它的特点是触头数目较多，电流容量可增大，起到中间放大（触头数目和电流容量）的作用。其主要用途是当其他继电器的触头数或触头容量不够时，可借助中间继电器来扩大它们的触头数或触点容量，从而起到中间转换的作用。由于继电器用于控制电路，流过触头的电流小，所以不需要灭弧装置。中间继电器主要依据被控制电路的电压等级、触头的数量、种类及容量来选用。其图形及文字符号如图 1-30 所示。

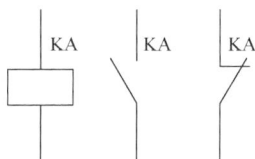

图 1-30　中间继电器的图形及文字符号

（5）时间继电器（KT）

从得到输入信号（线圈的通电或断电）开始，经过一定的延时后才输出信号（触头的闭合或断开）的继电器，称为时间继电器。时间继电器的延时方式有两种：

① 通电延时：接收输入信号后延迟一定的时间，输出信号才发生变化。当输入信号消失后，输出瞬时复原。

② 断电延时：接收输入信号时，瞬时产生相应的输出信号。当输入信号消失后，延迟一定的时间，输出才复原。

按其动作原理与构造不同，可分为电磁式、空气阻尼式、半导体式等。机床控制电路中应用较多的是空气阻尼式时间继电器，目前晶体管式时间继电器也获得了越来越广泛的应用。以下着重介绍空气阻尼式时间继电器。

空气阻尼式时间继电器是利用空气阻尼原理获得延时的。它由电磁系统、延时机构和触头三部分组成，电磁系统为直动式双 E 形，触头系统是借用 LX5 型微动开关，延时机构采用气囊式阻尼器。既具有由空气室中的气动机构带动的延时触头，也具有由电磁机构直接带动的瞬动触头，可以做成通电延时型，也可以做成断电延时型。电磁机构可以是直流的，也可以是交流的。JS7－A 系列时间继电器的原理如图 1-31 所示。现以通电延时型为例介绍其工作原理。

对于如图 1-31a 所示的通电延时型时间继电器，当线圈 1 得电后衔铁（动铁心）3 吸合，活塞杆 6 在塔形弹簧 8 作用下带动活塞 12 及橡皮膜 10 向上移动，橡皮膜下方空气室空气变得稀薄形成负压，活塞杆只能缓慢移动，其移动速度由进气孔气隙大小来决定。经一段延时后，活塞杆通过杠杆 7 压动微动开关 15，使其触头动作，起到通电延时作用。

当线圈断电时，衔铁释放，橡皮膜下方空气室内的空气通过活塞肩部所形成的单向阀迅速地排出，使活塞杆、杠杆、微动开关等迅速复位。由线圈得电到触头动作的一段时间即为时间继电器的延时时间，其大小可以通过调节螺钉 13 调节进气孔气隙大小来改变。

线圈通电和断电时，微动开关 16 在推板 5 的作用下都能瞬时动作，其触头即为时间继电器的瞬动触头。

选择时间继电器主要根据控制电路所需要的延时触头的延时方式、瞬时触头的数目以及使用条件来选择。时间继电器的图形及文字符号如图 1-32 所示。

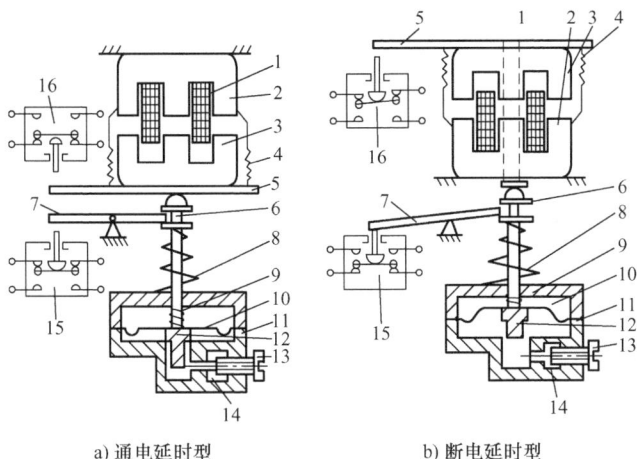

a) 通电延时型　　　　　　　　　b) 断电延时型

图 1-31　JS7－A 系列时间继电器原理图

1—线圈　2—铁心　3—衔铁　4—反力弹簧　5—推板　6—活塞杆　7—杠杆　8—塔形弹簧　9—弱弹簧
10—橡皮膜　11—空气室壁　12—活塞　13—调节螺钉　14—进气孔　15、16—微动开关

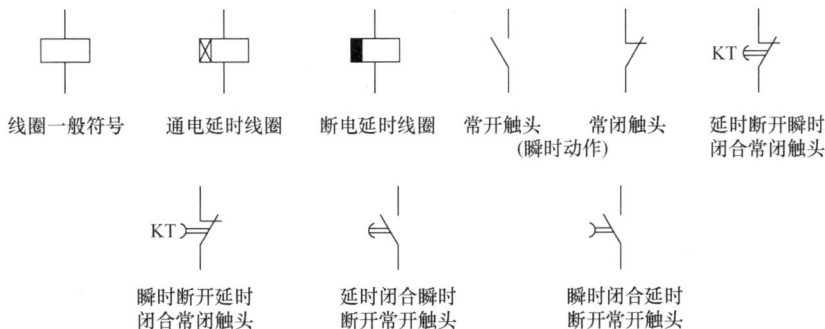

线圈一般符号　　通电延时线圈　　断电延时线圈　　常开触头　　常闭触头　　延时断开瞬时
　　　　　　　　　　　　　　　　　　　　　　　　（瞬时动作）　　　　　　闭合常闭触头

瞬时断开延时　　延时闭合瞬时　　瞬时闭合延时
闭合常闭触头　　断开常开触头　　断开常开触头

图 1-32　时间继电器的图形及文字符号

3. 指示灯

继电器-接触器控制系统中的指示灯主要用于显示控制系统的工作状态。红色表示工作状态停止，绿色表示工作状态运行。

1.3　其他低压控制电器

除了前面所讲的低压电器，还有一些低压电器，在电气控制电路中起保护作用，主要有低压断路器和熔断器等。

1.3.1　低压断路器

断路器又称自动空气开关或自动开关。它可用来分配电能，不频繁地起动异步电动机，对电源线路及电动机等实行保护。当它们发生严重的过载或者短路及欠电压等故障时，能自动切断电路。其功能相当于熔断器式开关与过/欠热继电器等的组合。

（1）低压断路器的组成及工作原理

断路器主要由 3 个基本部分组成，即主触头、灭弧系统和各种脱扣器，包括过电流脱扣器、失电压（欠电压）脱扣器等。其图形和文字符号如图1-33所示。

图1-34所示是低压断路器原理图。断路器开关是靠操作机构手动合闸的，主触头闭合后，就被连杆装置的锁钩锁住。当电路发生上述故障时，通过各自的脱扣器使脱扣机构动作，自动跳闸以实现保护作用。

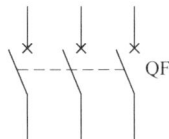

图1-33　低压断路器的图形和文字符号

过电流脱扣器用于线路的短路和过电流保护。当线路的电流大于整定的电流值时，过电流脱扣器所产生的电磁力使挂钩脱扣，动触头在弹簧的拉力下迅速断开，实现短路器的跳闸功能。

失电压（欠电压）脱扣器用于失电压保护。失电压脱扣器的线圈直接接在电源上，处于吸合状态，断路器可以正常合闸；当停电或电压很低时，失电压脱扣器的吸力小于弹簧的反力，弹簧使动铁心向上使挂钩脱扣，实现断路器的跳闸功能。

（2）低压断路器的选用原则

低压断路器在选用的时候应遵循以下原则：

1）断路器额定电压大于或等于线路或设备的额定电压。

2）断路器额定电流大于或等于线路或设备的额定电流。

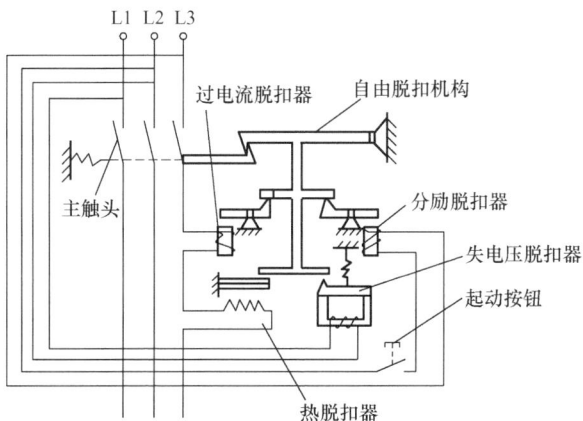

图1-34　低压断路器原理图

3）断路器的通断能力大于或等于电路的最大短路电流。

4）欠电压脱扣器的额定电压等于线路额定电压。

5）分励脱扣器的额定电压等于控制电源电压。

6）瞬时整定电流：对保护笼型感应电动机的断路器，瞬时整定电流为8～15倍电动机额定电流；对于保护绕线转子感应电动机的断路器，瞬时整定电流为3～6倍电动机额定电流。

1.3.2　熔断器

熔断器的结构一般分成熔体座和熔体等部分。熔断器是串联在被保护电路中的，当电路短路时，电流很大，熔体急剧升温，立即熔断，从而起到保护作用。当电路中电流值等于熔体额定电流时，熔体不会熔断，所以熔断器用于短路保护。图1-35所示是熔断器的图形及文字符号。

对熔断器的要求是：在电气设备正常运行时，熔断器不应熔断；在出现短路时，应立即熔断；在电流发生正常变动（如电动机起动过程）时，熔断器不应熔断；在用电设备持续过载时，应延时熔断。对熔断器的选用主要包括类型选择和熔体额定电流的确定。

图1-35　熔断器的图形及文字符号

选择熔断器的类型时，主要依据负载的保护特性和短路电流的大小。例如，用于保护照明和电动机的熔断器，一般是考虑它们的过载保护，这时，希望熔断器的熔化系数适当小些。所以容量较小的照明线路和电动机宜采用熔体为铅锌合金的 RC1A 系列熔断器，而大容量的照明线路和电动机，除过载保护外，还应考虑短路时分断短路电流的能力。

1）电阻性负载或照明电路。这类负载起动过程很短，运行电流较平稳，一般按负载额定电流的 1 ~ 1.1 倍选用熔体的额定电流，进而选定熔断器的额定电流。

2）电动机等感性负载。这类负载的起动电流为额定电流的 4 ~ 7 倍，一般选择熔体的额定电流为电动机额定电流的 1.5 ~ 2.5 倍。

对于多台电动机，要求：

$$I_{FU} \geq (1.5 \sim 2.5) I_{NMAX} + \sum I_N \tag{1-6}$$

式中　I_{FU}——熔体额定电流（A）；

　　　I_{NMAX}——最大一台电动机的额定电流（A）。

3）为防止发生越级熔断，上、下级（供电干、支线）熔断器间应有良好的协调配合。为此，应使上一级（供电干线）熔断器的熔体额定电流比下一级（供电支线）大 1 ~ 2 个级差。

本 章 小 结

本章主要讲解了常用低压电器的工作原理、用途及图形和文字符号等相关的基础知识，学会正确选择和合理使用常用低压电器，能按输入设备和输出设备对各种低压电器进行分类，有助于后续章节的学习。

练 习 与 思 考

1-1　单相交流电磁铁的短路环断裂或脱落后，在工作中会出现什么现象？为什么？

1-2　接触器的主要结构有哪些？如何区分交流接触器和直流接触器？

1-3　中间继电器的作用是什么？中间继电器与接触器有何区别？

1-4　对于星形联结的三相异步电动机，能否用一般三相结构热继电器做断相保护？为什么？

1-5　在电动机的控制电路中，热继电器与熔断器各起什么作用？

1-6　低压断路器具有哪些脱扣装置？试分别说明其功能。

1-7　什么是失电压、欠电压保护？采用什么电器元件来实现失电压、欠电压保护？

1-8　按钮与行程开关有何异同点？

1-9　交流接触器在衔铁吸合前的瞬间，为什么会在线圈中产生很大的电流冲击？直流接触器会不会出现这样的现象？为什么？

1-10　如何区分直流电磁系统和交流电磁系统？

1-11　简述低压电器和高压电器的概念，并分别列举 3 种常用的高低压电器。

1-12　电磁机构由几部分组成？电磁机构的作用是什么？

1-13　单交流电磁线圈误接入直流电源，直流电磁线圈误接入交流电源，会出现什么问题？为什么？

1-14　电弧是如何产生的？有哪些危害？低压电器中常用的灭弧方式有哪些？

第 2 章　继电器-接触器控制系统的基本电路

导读

任何复杂的电气控制电路都是按照一定的控制原则，由基本的控制电路组成的。基本控制电路是学习电气控制的基础，特别是对生产机械整个电气控制电路工作原理的分析与设计有很大的帮助。本章首先介绍电气控制原理图的基本知识和绘图方法，然后结合上一章所讲的常用低压电器，如继电器、接触器和按钮等，介绍其基本的控制电路，如全压起动控制电路、正反转控制电路、点动与连续运动的控制电路、自动循环控制电路及反接制动控制电路等。

学习要点：

1）掌握常用电气设备图形符号、文字符号及电气控制电路的绘制原则。

2）掌握基本控制电路的设计方法。

3）能在基本控制电路的基础上，进行比较复杂的控制电路的设计。

2.1　电气控制电路的绘制

2.1.1　常用电气设备图形符号及文字符号

电气设备的标记应符合 GB/T 4728《电气简图用图形符号》、GB/T 6988《电气技术用文件的编制》和 GB 7159—1987《电气技术中的文字符号制订通则》。接线端子的标记应符合国家标准 GB/T 4026—2010《人机界面标志标识的基本和安全规则　设备端子和导体终端的标识》。控制电路中电气常用图形符号和文字符号可见附录 A。

2.1.2　电气控制电路的绘制原则

电气控制电路的定义：以各类电机或其他执行电器为被控对象，以继电器、接触器、按钮、行程开关、保护元件等器件组成的自动控制电路，通称为电气控制电路。

电气控制电路的表示方法包括电气原理图、安装接线图和电器布置图三种。以下主要以电气原理图为例进行介绍。

电气原理图是根据工作原理而绘制的，具有结构简单、层次分明、便于研究和分析电路的工作原理等优点，在各种生产机械的电气控制中，无论在设计部门或生产现场都得到了广泛的应用。图 2-1 所示为 CW6132 型卧式车床电气原理图。图中，按被控对象和控制功能的不同，对图面区域进行了划分。

图 2-2 中，对符号位置也进行了索引。符号位置的索引用图号、页次和图区号的组合索引法，索引代号的组成如图 2-2 所示。

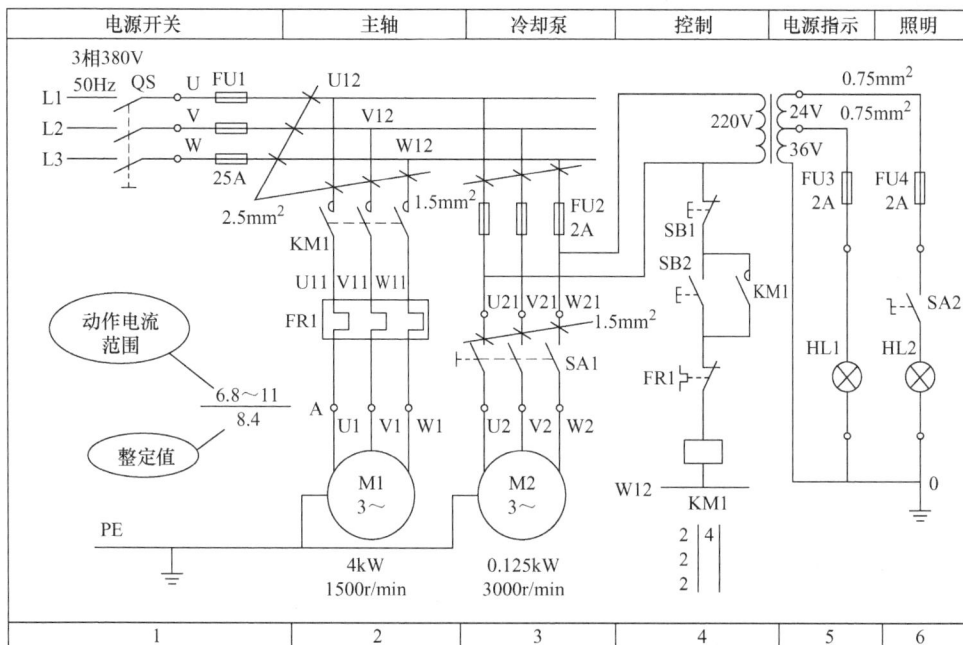

图 2-1 CW6132 型卧式车床电气原理图

当某原理图仅有一页图样时，只写图号和图区的行、列号，在只有一个图号、多页图样时，则图号可省略，而元件的相关触点只出现在一张图样上时，只标出图区号。

电气原理图中，接触器和继电器线圈与触头的从属关系应用附图表示。附图中各栏的含义如图 2-3 所示。

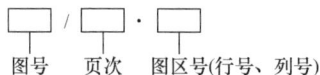

图 2-2 索引代号的组成

接触器KM		
左栏	中栏	右栏
主触头所在图区号	辅助常开触头所在图区号	辅助常闭触头所在图区号

继电器KA或KT	
左栏	右栏
常开触头所在图区号	辅助常闭触头所在图区号

图 2-3 附图中各栏的含义

绘制电气原理图应遵循以下原则：

1）电气控制电路根据电路通过的电流大小可分为主电路和控制电路。主电路包括从电源到电动机的电路，是强电流通过的部分。控制电路是通过弱电流的电路，一般由按钮、电器元件的线圈、接触器的辅助触头、继电器的触头等组成。

2）电气原理图中，所有电器元件的图形、文字符号必须采用国家规定的统一标准。

3）采用电器元件展开图的画法。同一电器元件的各部件可以不画在一起，但需用同一文字符号标出。若有多个同一种类的电器元件，可在文字符号后加上数字序号，如 KM1、KM2 等。

4）所有按钮、触头均按没有外力作用和没有通电时的原始状态画出。

5）控制电路的分支线路，原则上按照动作先后顺序排列，两线交叉连接时的电气连接点须用黑点标出。

2.2 三相笼型异步电动机的基本控制电路

2.2.1 全压起动控制电路

三相笼型异步电动机的起动和停止控制电路是应用最广泛的，也是最基本的控制电路。主要有直接起动和减压起动两种方式。

全压起动控制有刀开关直接起动控制及接触器直接起动控制两种方式。

1. 刀开关直接起动控制电路

刀开关直接起动控制电路如图 2-4 所示。一些控制要求不高的简单机械，如小型台钻、砂轮机、冷却泵等常采用刀开关直接控制电动机起动和停止。它适用于不频繁起动的小容量电动机，不能远距离控制和自动控制。

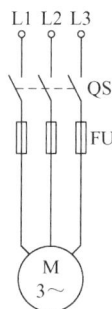

2. 接触器直接起动控制电路

在电源容量足够大时，小容量笼型电动机可直接起动。直接起动的优点是电气设备少，电路简单。缺点是起动电流大，引起供电系统电压波动，干扰其他用电设备的正常工作。采用接触器直接起动的控制电路包括点动、连续、既能点动又能连续运行的 3 种控制电路。

图 2-4　刀开关直接起动控制电路

（1）点动控制电路

点动控制电路如图 2-5 所示。主电路由刀开关 QS、熔断器 FU、交流接触器 KM 的主触头和笼型电动机 M 组成；控制电路由起动按钮 SB 和交流接触器线圈 KM 组成，电路的工作过程如下：

起动过程：先合上刀开关 QS→按下起动按钮 SB→接触器 KM 线圈通电→KM 主触头闭合→电动机 M 通电直接起动。

停车过程：松开 SB→KM 线圈断电→KM 主触头断开→M 停电停转。

按下按钮，电动机转动；松开按钮，电动机停转，这种控制就叫点动控制。它能实现电动机短时转动，常用于对机床的刀调整和对电动葫芦控制等。

（2）连续运行控制电路

在实际生产中往往要求电动机实现长时间连续转动，即所谓长动控制，如图 2-6 所示为其控制电路。主电路由刀开关 QS、熔断器 FU、接触器 KM 的主触头、热继电器 FR 的发热元件和电动机 M 组成，控制电路由停止按钮 SB2、起动按钮 SB1、接触器 KM 的常开辅助触头和线圈、热继电器 FR 的常闭触头组成。

工作过程如下：

起动过程：合上刀开关 QS→按下起动按钮 SB1→接触器 KM 线圈通电→KM 主触头和常开辅助触头闭合→电动机 M 接通电源运转；松开 SB1，利用接通的 KM 常开辅助触头自锁，电动机 M 连续运转。

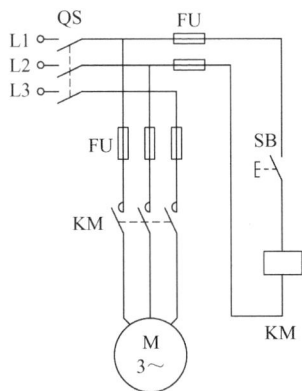

图 2-5 点动控制电路　　　　　　图 2-6 连续运行控制电路

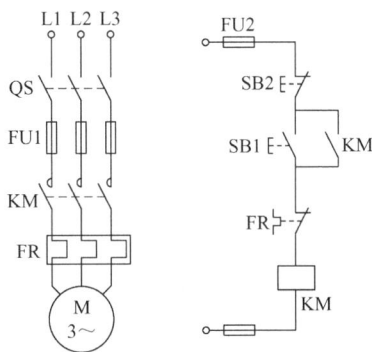

停车过程：按下停止按钮 SB2→KM 线圈断电→KM 主触头和辅助常开触头断开→电动机 M 断电停转。

在连续控制中，当起动按钮 SB1 松开后，接触器 KM 的线圈通过其辅助常开触头的闭合仍继续保持通电，从而保证电动机的连续运行。这种依靠接触器自身辅助常开触头的闭合而使线圈保持通电的控制方式，称为自锁或自保。起到自锁作用的辅助常开触头称为自锁触头。

电路设有以下保护环节：

短路保护：短路时熔断器 FU 的熔体熔断而切断电路起保护作用。

电动机长期过载保护：采用热继电器 FR 实现。由于热继电器的热惯性较大，即使发热元件流过几倍于额定值的电流，热继电器也不会立即动作。因此在电动机起动时间不太长的情况下，热继电器不会动作，只有在电动机长期过载时，热继电器才会动作，用它的常闭触头断开使控制电路断电。

欠电压、失电压保护：通过接触器 KM 的自锁环节来实现。当电源电压由于某种原因而严重欠电压或失电压（如停电）时，接触器 KM 断电释放，电动机停止转动。当电源电压恢复正常时，接触器线圈不会自行通电，电动机也不会自行起动，只有在操作人员重新按下起动按钮后，电动机才能起动。

本控制电路具有如下优点：

1）防止电源电压严重下降时电动机欠电压运行。

2）防止电源电压恢复时，电动机自行起动而造成设备和人身事故。

3）避免多台电动机同时起动造成电网电压的严重下降。

（3）既能点动又能连续运行的控制电路

在生产实践中，机床调整完毕后，需要连续进行切削加工，则要求电动机既能实现点动又能连续运行，其控制电路如图2-7所示，主电路与图2-6相同。图2-7a中，SB3控制点动，SB2控制连续运行；图2-7b中，点动运行时SA是打开的，连续运行时SA是闭合的，SB3控制连续运行；图2-7c中，SB3控制点动，SB2控制连续运行。3种电路具体的工作过程在这里就不详述了。

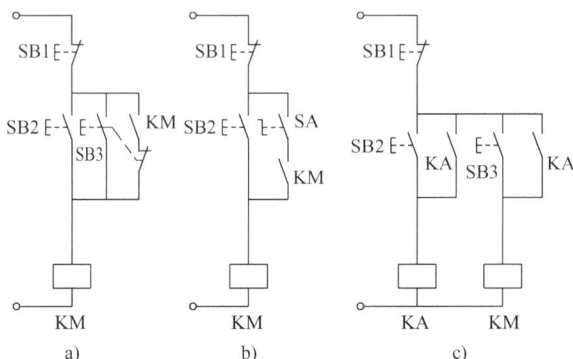

图2-7　既能点动又能长动的控制电路

2.2.2　正反转控制电路

在实际应用中，往往要求生产机械改变运动方向，如工作台的前进和后退；电梯的上升和下降等，这就要求电动机能实现正、反转的运行。对于三相笼型异步电动机来说，可通过两个接触器来改变电动机定子绕组的电源相序来实现。电动机正、反转控制电路如图2-8所示，接触器KM1为控制电动机M正向运转的接触器；接触器KM2为控制电动机M反向运转的接触器。

如图2-8b所示为无互锁控制电路，其工作过程如下：

合上刀开关QS→按下正向起动按钮SB2→正向接触器KM1线圈得电→KM1主触头和自锁触头闭合→电动机M正转。

反转控制：合上刀开关QS→按下反向起动按钮SB3→正向接触器KM2线圈得电→KM2主触头和自锁触头闭合→电动机M反转。

停机：按下停止按钮SB1→KM1（或KM2）断电→M停转。

该控制电路的缺点是，若误操作会使KM1与KM2线圈同时得电，从而引起主电路电源短路，为此要求电路设置必要的联锁环节。

如图2-8c所示，将控制正转的接触器KM1的辅助常闭触头串入到控制反转的接触器KM2线圈电路中，将控制反转的接触器KM2的辅助常闭触头串入到控制正转的接触器KM1线圈电路中，则如果当正转接触器线圈先通电后，则其辅助常闭触头KM1打开，切断了反转接触器线圈的控制回路，即使此时按下反转起动按钮，控制反向运转的接触器线圈也无法通电。这种利用两个接触器的辅助常闭触头互相控制的方式，叫作电气互锁，或叫电气联锁。起互锁作用的常闭触头叫作互锁触头。另外，该电路只能实现"正→停→反"或者"反→停→正"控制，即必须按下停止按钮后，再反向或正向起动。这对需要频繁改变电动机运转方向的设备来说，是很不方便的。

为了提高生产率，通常直接正、反向操作，利用复合按钮组成"正→反→停"或"反→正→停"的互锁控制。如图2-8d所示，复合按钮的常闭触头同样起到互锁的作用，这样的

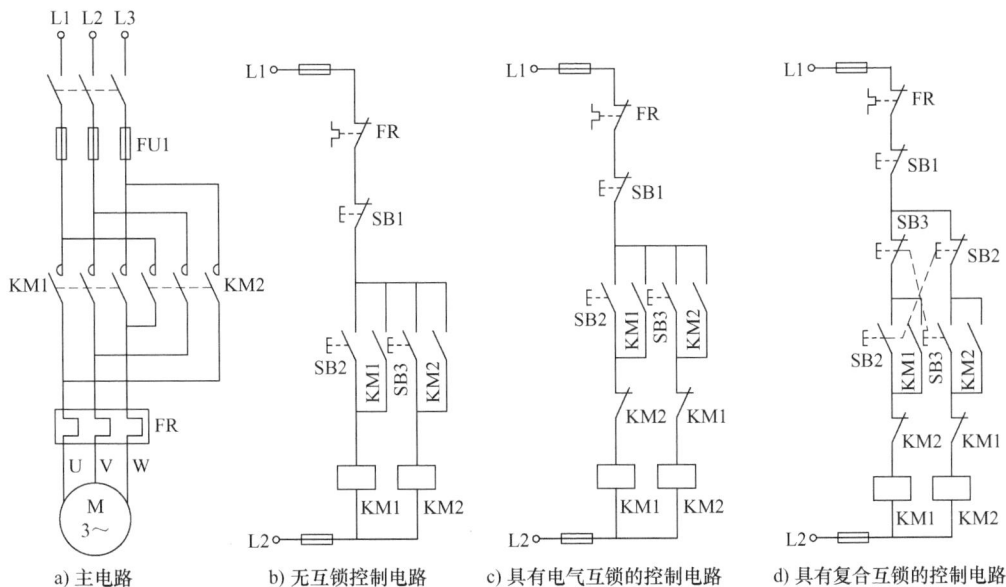

a) 主电路　　b) 无互锁控制电路　　c) 具有电气互锁的控制电路　　d) 具有复合互锁的控制电路

图2-8　电动机正、反转控制电路

互锁称为机械互锁。该电路既有接触器常闭触头的电气互锁，也有复合按钮常闭触头的机械互锁，即具有双重互锁。该电路操作方便，安全可靠，故应该广泛应用。

2.2.3　多地点控制电路

在大型机床设备中，为了操作方便，常要求能在多个地点进行控制。把一个起动按钮和一个停止按钮组成一组，并把两组或多组起动、停止按钮分别放置在两地或多地，即能实现两地或多地点控制。如图2-9所示，把3个起动按钮并联连接，3个停止按钮串联连接，分别安置在三个地方，就可三地操作一台三相笼型电动机的单向运行了。

2.2.4　自动循环控制电路

在机床电气设备中，有些是通过工作台自动往复循环工作的，例如龙门刨床的工作台前进、后退。电动机的正、反转是实现工作台自动往复循环的基本环节。自动循环控制电路如图2-10所示。控制电路按照行程控制原则，利用生产机械运动的行程位置实现控制，通常采用限位开关。

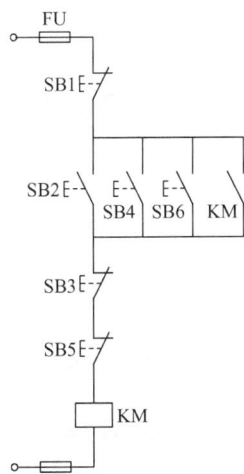

图2-9　多地点控制的单向笼型异步电动机控制电路

工作过程：如图2-10c所示的控制电路，合上刀开关QS→按下起动按钮SB2→接触器KM1线圈得电→电动机M正转，工作台向前→工作台前进到一定位置，撞块压动限位开关SQ2→SQ2常闭触头断开→KM1线圈断电→M停止向前。

SQ2常开触头闭合→KM2线圈得电→电动机M改变电源相序而反转，工作台向后→工

29

作台后退到一定位置，撞块压动限位开关 SQ1→SQ1 常闭触头断开→KM2 线圈断电→M 停止后退。

SQ1 常开触头闭合→KM1 通电线圈得电→电动机 M 又正转，工作台又前进，如此往复循环工作，直至按下停止按钮 SB1→KM1 （或 KM2）线圈断电→电动机停止转动。

另外，SQ3、SQ4 分别为正、反向终端保护限位开关，防止限位开关 SQ1、SQ2 失灵时造成工作台从机床上冲出的事故。

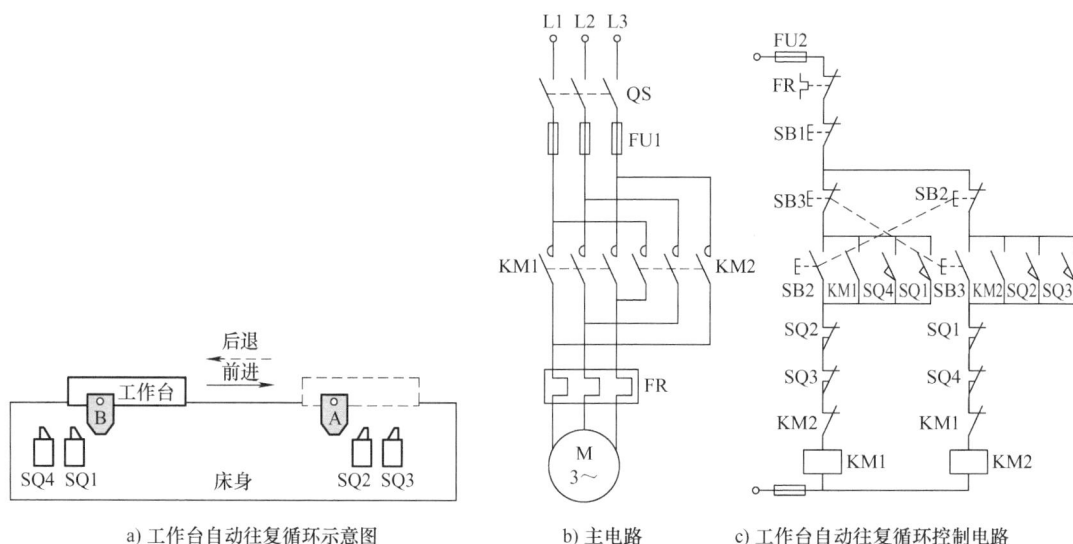

a) 工作台自动往复循环示意图 b) 主电路 c) 工作台自动往复循环控制电路

图 2-10　自动循环控制电路

2.3　三相笼型异步电动机的减压起动控制电路

较大容量的笼型异步电动机（大于 10kW）直接起动时，电流为其额定电流的 4～8 倍，过大的起动电流会对电网产生巨大的冲击，所以一般采用减压方式来起动。具体实现的方案有：定子串电阻或电抗器减压起动、星-三角形（Y-△）变换减压起动、自耦变压器减压起动、延边三角形减压起动以及目前最流行的电子软起动器等。下面详细讲解星-三角形（Y-△）减压起动控制电路和自耦变压器减压起动控制电路。

2.3.1　星-三角形减压起动控制电路

图 2-11 所示的星-三角形（Y-△）减压起动控制电路是按时间原则实现控制的。起动时将电动机定子绕组联结成星形，加在电动机每相绕组上的电压为额定电压的 $1/\sqrt{3}$，从而减小了起动电流。待起动后按预先整定的时间把电动机换成三角形联结，使电动机在额定电压下运行。

起动过程：合上刀开关 QS→按下起动按钮 SB2，接触器 KM1 和 KM2 线圈得电→其 KM1 和 KM2 的主触头均闭合，同时 KM1 的辅助触头使接触器 KM1 和 KM2 保持线圈通电状态→此时定子绕组联结成星形，电动机 M 接通电源后减压起动；KM1 的辅助触头接通后，

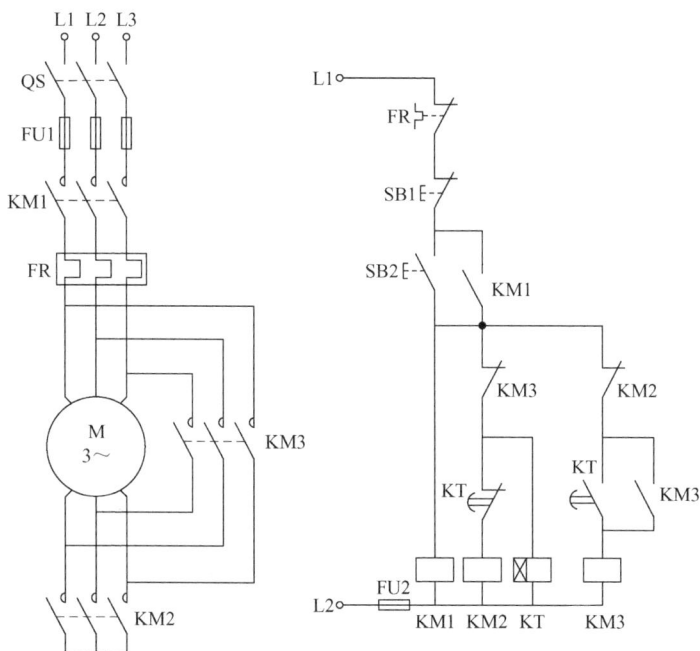

图 2-11　星-三角形（丫-△）减压起动控制电路

时间继电器 KT 线圈通电，延时 t→KT 延时断开常闭辅助触头断开→KM2 线圈断电；KT 延时闭合常开触头闭合→KM3 接触器线圈得电，其主触头闭合，定子绕组联结成三角形→电动机 M 加以额定电压正常运行。KM3 常闭辅助触头断开→KT 线圈断电。

该电路结构简单，缺点是起动转矩也相应下降为三角形联结的 1/3，转矩特性差。因而本电路适用于电网 380V、额定电压 660V/380V、星-三角形联结的电动机轻载起动的场合。

2.3.2　自耦变压器减压起动控制电路

电动机起动电流的限制是依靠自耦变压器的减压作用来实现的。电动机起动时，定子绕组得到的电压是自耦变压器的二次电压，一旦起动完毕，自耦变压器便被甩开，额定电压即自耦变压器的一次电压直接加于定子绕组，电动机进入全电压正常工作。

起动时电动机定子串入自耦变压器，定子绕组得到的电压为自耦变压器的二次电压，起动完毕，自耦变压器被切除，额定电压加于定子绕组，电动机以全电压投入运行。主电路和控制电路如图 2-12 所示。

起动过程：合上刀开关 QS→按下起动按钮 SB2→接触器 KM1 线圈通电→KM1 主触头和辅助触头闭合→电动机定子串自耦变压器减压起动。SB2 按下的同时，时间继电器 KT1 线圈通电→（延时 t 秒）→KT1 延时打开常闭触头→KM1 线圈断电→切除自耦变压器→KT1 延时闭合常开触头闭合→KM2 线圈通电→KM2 主触头闭合→KM2 辅助常闭触头打开→KM1 线圈和 KT1 线圈断电，同时 KM2 辅助常开触头闭合进行自锁，电动机 M 进入全压正常运行。

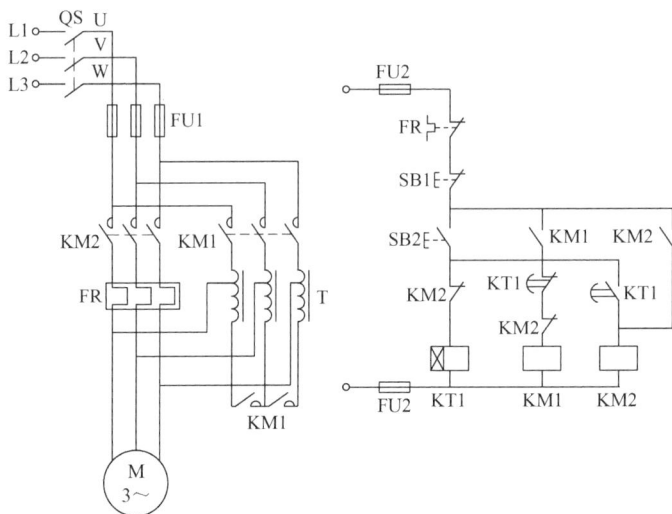

图 2-12　定子串自耦变压器减压起动控制电路

2.4　三相笼型异步电动机制动控制电路

三相异步电动机的制动方法有机械制动和电气制动，而电气制动方法中有反接制动、能耗制动、发电制动等，以下重点介绍反接制动和能耗制动控制电路。

2.4.1　反接制动控制电路

断开电动机电源后，电动机由于惯性不会马上停下来，需要一段时间才能完全停止。这种情况对于某些生产机械是不适宜的，如起重机的吊钩需要准确定位，铣床要求立即停转等，都要求采取相应措施使电动机脱离电源后立即停转，反接制动是一种很有效的机械制动。

三相异步电动机反接制动是利用改变电动机电源相序，使定子绕组产生的旋转磁场与转子旋转方向相反，因而产生制动力矩的一种制动方法。应注意的是，当电动机转速接近零时，必须立即断开电源，否则电动机会反向旋转。由于反接制动电流较大，制动时需在定子回路中串入电阻以限制制动电流。反接制动电阻的接法有两种：对称电阻接法和不对称电阻接法，如图 2-13 所示。图 2-13a 为对称电阻接法，图 2-13b 为不对称电阻接法。

单向运行的三相异步电动机反接

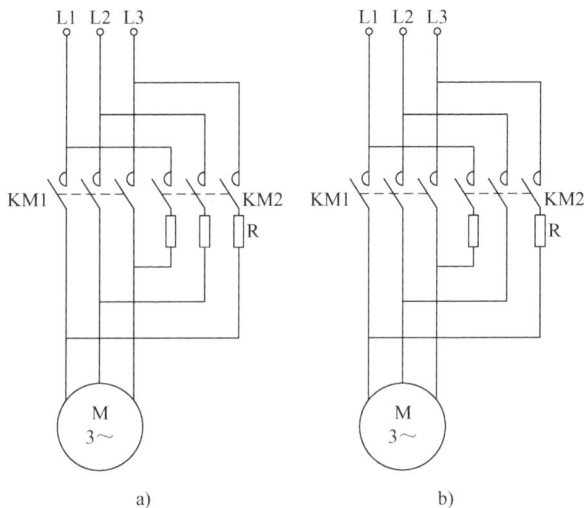

图 2-13　三相异步电动机反接制动电阻接法

制动控制电路如图 2-14 所示。控制电路按速度原则实现控制，通常采用速度继电器。速度继电器与电动机同轴相连，在 120 ~ 3000r/min 范围内速度继电器触头动作，当转速低于 100r/min 时，其触头复位。

工作过程：合上刀开关 QS→按下起动按钮 SB1→接触器 KM1 线圈得电→电动机 M 起动运行→速度继电器 KS 常开触头闭合，为制动做准备。制动时按下停止按钮

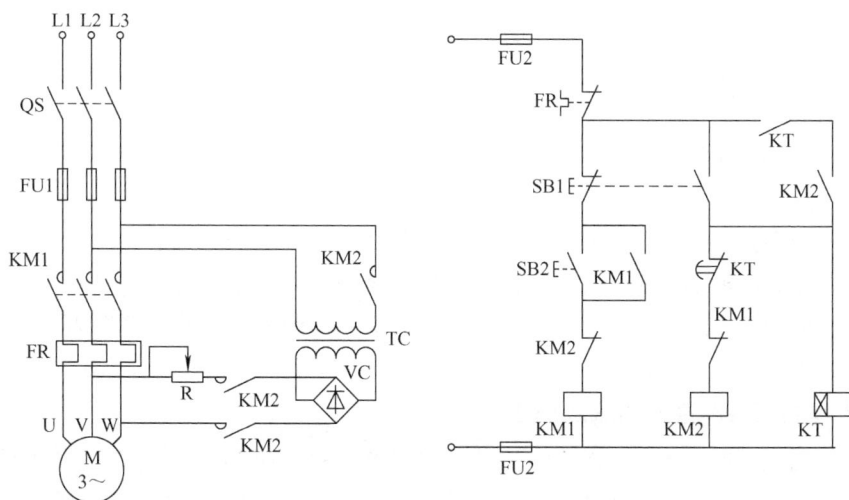

图 2-14 电动机单向运行的反接制动控制电路

SB2→KM1 线圈断电→KM2 线圈得电（KS 常开触头尚未打开）→KM2 主触头闭合，定子绕组串入限流电阻 R 进行反接制动→当 n 低于 100r/min 时，KS 常开触头断开→KM2 线圈断电，电动机制动结束。

此种制动方法适用于 10kW 以下的小容量电动机，特别是一些中小型卧式车床、铣床中的主轴电动机的制动，常采用这种反接制动。

2.4.2 能耗制动控制电路

三相异步电动机能耗制动时，切断定子绕组的交流电源后，在定子绕组任意两相通入直流电流，形成一固定磁场，与旋转着的转子中的感应电流相互作用产生制动力矩。制动结束必须及时切除直流电源。时间原则的单向电动机能耗制动控制电路如图 2-15 所示。

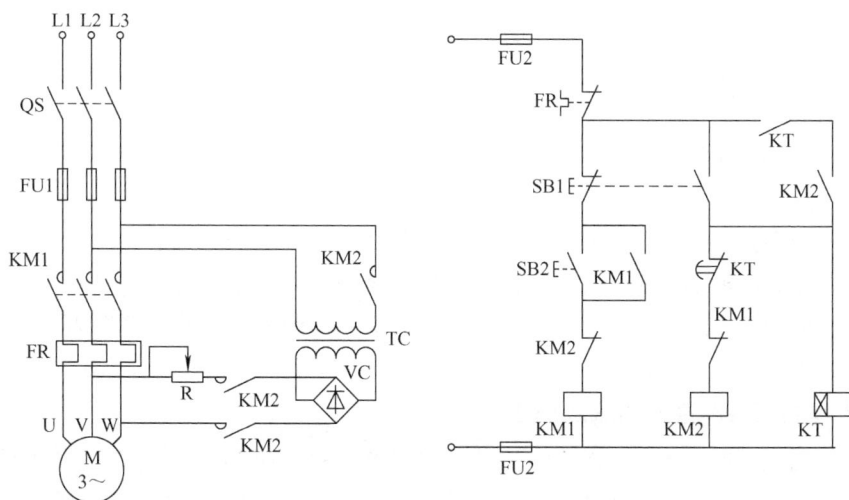

图 2-15 时间原则的单向电动机能耗制动控制电路

停车时，按下复合按钮 SB1，KM1 线圈断电，主电路中 KM1 主触头断电，电动机定子绕组脱离三相电源的同时，接触器 KM2 线圈通电，KM2 主触头闭合，使桥式整流器 VC 能将交流电变为直流电送入定子绕组，进行能耗制动，电动机转子转速迅速下降，当时间继电器 KT 的延时时间一到，电动机转速接近零，KT 延时触头断开，使 KM2 和 KT 的线圈断电，电动机脱离直流电源，制动过程结束。

2.5 电气控制电路的设计

2.5.1 电气控制电路的基本内容

1. 电气控制设计的一般原则

1）最大限度地满足生产机械和生产工艺对电气控制的要求，这些生产工艺要求是电气控制设计的依据。

2）在满足控制要求的前提下，设计方案力求简单、经济、合理，不要盲目追求自动化和高指标。

3）正确、合理地选用电器元件，确保控制系统安全可靠地工作。

4）为适应生产的发展和工艺的改进，在选择控制设备时，设备能力留有适当裕量。

2. 电气控制设计的基本任务和内容

电气控制系统设计的基本内容是根据控制要求，设计和编制出电气设备制造和使用维修中必备的图样和资料等。包括电气原理图设计和电气工艺设计两部分。

（1）电气原理图设计内容

1）拟定电气设计任务书。

2）选择电气拖动方案和控制方式。

3）确定电动机类型、型号、容量和转速。

4）设计电气控制原理框图，确定各部分之间的关系，拟订各部分技术指标与要求。

5）设计并绘制电气控制原理图，计算主要技术参数。

6）选择电器元件，制定元件目录清单。

7）编写设计说明书。

（2）电气工艺设计内容

1）依据电气原理图，绘制电气控制系统的总装配图及总接线图。

2）对总原理图进行编号，绘制各组件原理电路图，列出各部件的元件目录表。

3）设计组件电气装配图、接线图，图中应反映元件的安装方式和接线方式。

4）编写使用维护说明书。

3. 电气控制原理图设计的基本步骤

1）分析并设计主电路：从主电路入手，根据每台电动机和执行电器的控制要求去分析并设计各电动机和执行电器的控制内容，包括之前所讲的电动机起动、正反转控制、制动等基本控制环节。

2）分析并设计控制电路：根据主电路中各电动机和执行电器的控制要求，逐一找出控制电路中的控制环节，用前两节学过的基本控制环节的知识，将控制电路"化整为零"，按功能不同划分成若干个局部控制电路进行分析和设计。

3）分析并设计辅助电路：辅助电路包括执行元件的工作状态显示、电源显示、照明和故障报警等部分，辅助电路中很多部分是由控制电路中的元件来控制的，在分析和设计辅助电路时，还要回过头来对照控制电路进行分析和设计。

4）分析并设计联锁与保护环节：生产机械对于安全性、可靠性有很高的要求，实现这些要求，除了合理地选择拖动、控制方案以外，在控制电路中还设置了一系列电气保护和必要的电气联锁。在电气控制原理图的分析和设计过程中，电气联锁与电气保护环节是一个重要内容，不能遗漏。

5）分析并设计特殊控制环节：在某些控制电路中，还设置了一些与主电路、控制电路关系不密切，相对独立的某些特殊环节。如产品计数装置、自动检测系统、晶闸管触发电路、自动调温装置等。这些部分往往自成一个小系统，其设计方法可参照上述分析过程，并灵活运用所学过的电子技术、变流技术、自控系统、检测与转换等知识逐一分析。

6）总体检查：经过"化整为零"，逐步分析并设计了每一局部电路以及各部分之间的控制关系之后，还必须用"集零为整"的方法，检查整个控制电路，看是否有遗漏。特别要从整体角度去进一步检查和理解各控制环节之间的联系，以达到清楚地理解原理图中每一个电器元件的作用、工作过程及主要参数。

7）合理选择电气原理图中每一电器元件，制订出元器件目录清单。

2.5.2 电气控制电路的设计方法

电气控制电路的设计方法通常有两种：经验设计法和逻辑设计法。

1. 经验设计法

经验设计法是根据生产机械的工艺要求和加工过程，利用各种典型的基本控制环节加以修改、补充、完善，最后得出最佳方案。若没有典型的控制环节可采用，则按照生产机械的工艺要求逐步进行设计。

经验设计法比较简单，但必须熟悉大量的控制电路，掌握多种典型电路的设计资料，同时具有丰富的实践经验。通常是先采用一些典型的基本环节，实现工艺基本要求，然后逐步完善其功能，并加上适当的联锁与保护环节。

采用经验设计法，一般应注意以下几个问题：

（1）保护控制电路工作的安全和可靠性

电器元件要正确连接，电器的线圈和触头连接不正确，会使控制电路发生误动作，有时会造成严重的事故。

1）电路中线圈的连接方式。

在交流控制电路中，不能串联接入两个及以上电器线圈，即使外加电压是两个线圈额定电压之和，也是不允许的。图2-16a为不正确的接入方式，图2-16b为正确的接入方式。

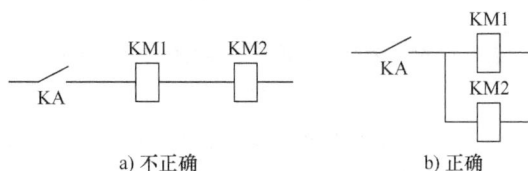

图2-16 交流控制电路中线圈接入电路的方式

2）电路中电器触头的连接方式。

同一个电器的常开触头和常闭触头位置靠得很近，不能分别接在电源的不同相上。图2-17a 为不正确的连接方式，图2-17b 为正确的连接方式。

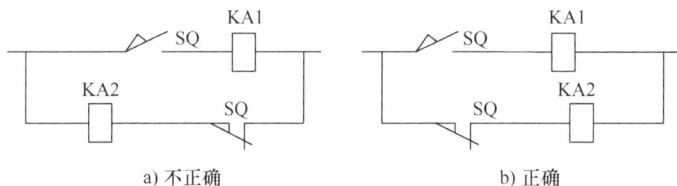

图2-17 电路中电器触头的连接方式

3）电路中应尽量减少多个电器元件依次动作后才能接通另一个电器元件的情况，图2-18a 为不正确的连接方式，图2-18b 为正确的连接方式。

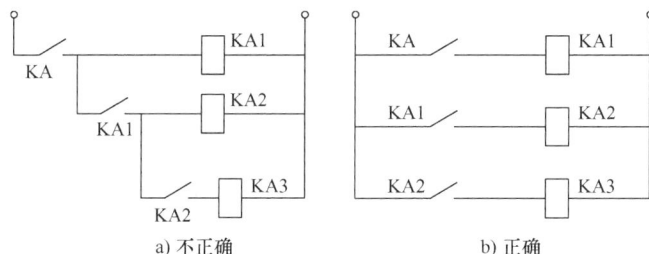

图2-18 减少多个电器元件依次接通

4）应考虑电器触头的接通和分断能力，若容量不够，可在电路中增加中间继电器，或增加电路中触头数目。

5）增加接通能力用多触头并联连接；增加分断能力用多触头串联连接。

6）应考虑电器触头"竞争"问题。如图2-19 所示为触头竞争电路，在控制电路的设计中应避免出现。

（2）控制电路力求简单和经济

1）尽量减少触头的数目，如图2-20 所示。

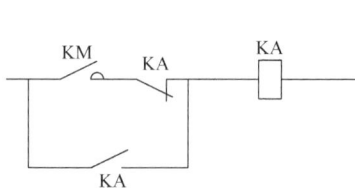

图2-19 触头竞争电路

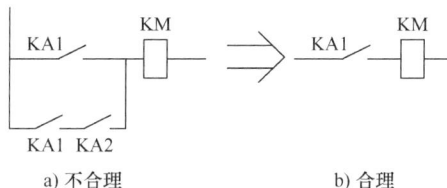

图2-20 尽量减少触头的数目

2）尽量减少连接导线，如图2-21 所示。

3）尽量减少电器元件的带电时间。某些电器元件，如时间继电器等在完成控制任务后，最好将其供电切断，以减少故障，延迟电器使用寿命。

（3）防止寄生电路

控制电路在正常工作或事故情况下，发生意外接通的电路叫作寄生电路。若控制电路中存在寄生电路，将破坏电器和电路的工作顺序，造成误动作。如图 2-22 所示，电路在正常工作时能完成正、反向起动，停止时信号指示，但当热继电器 FR 动作时，电路出现了寄生电路，如图中虚线所示，使正向接触器 KM1 不能释放，起不到保护作用。

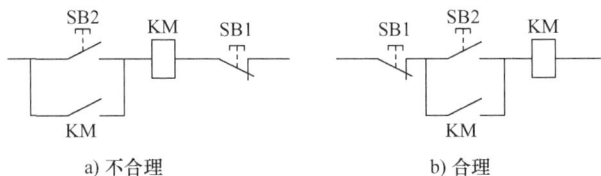

图 2-21　尽量减少连接导线

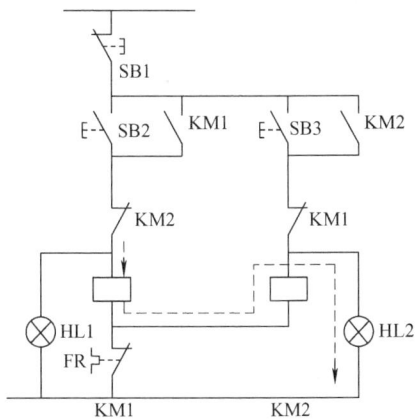

图 2-22　寄生电路

（4）应具有必要的保护环节

电气控制系统除了能满足生产机械加工工艺要求外，还应保证设备长期、安全、可靠无故障地运行，因此保护环节是所有电气控制系统不可缺少的组成部分。利用它来保护电动机、电网、电气控制设备以及人身安全等。常用的保护环节有短路保护、过载保护、过电流保护及零电压和欠电压保护等。

1）短路保护。

电机、电器的绝缘，导线的绝缘损坏或电路发生故障时，都可能造成短路事故。很大的短路电流和电动力可能使电气设备损坏。因此要求一旦发生短路故障时，控制电路能迅速切除电源。常用的短路保护元件有熔断器和断路器。

2）过载保护。

电动机长期超载运行，绕组温升将超过其允许值，造成绝缘材料变脆，寿命缩短，严重时会使电机损坏。过载电流越大，达到允许温升的时间就越短。常用的过载保护元件是热继电器。

由于热惯性的原因，热继电器不会受电动机短时过载冲击电流或短路电流的影响而瞬时动作，所以在使用热继电器作过载保护的同时，还必须设有短路保护，并且选作短路保护的熔断器熔体的额定电流不应超过 4 倍热继电器发热元件的额定电流。

3）过电流保护。

过电流保护广泛用于直流电动机或绕线转子异步电动机。对于三相笼型异步电动机，其短时过电流不会产生严重后果，故可不设置过电流保护。

过电流保护往往是由于不正确的起动和过大的负载引起的，一般比短路电流要小，在电动机运行中产生过电流比发生短路的可能性更大，尤其是在频繁正反转起动的重复短时工作制电动机中更是如此。直流电动机和绕线转子异步电动机控制电路中，过电流继电器也起着短路保护的作用，一般过电流的动作值为起动电流的 1.2 倍。

必须强调指出，短路、过电流、过载保护虽然都是电流保护，但由于故障电流、动作值以及保护特性、保护要求以及使用元件的不同，它们之间是不能相互取代的。

4）零电压和欠电压保护。

在电动机运行中，如果电源电压因某种原因消失，那么在电源电压恢复时，如果电动机自行起动，将可能使生产设备损坏，也可能造成人身事故。对供电系统的电网，电动机及其他用电设备自行起动也会引起不允许的过电流及瞬间网络电压下降。为了防止电网失电后恢复供电时电动机自行起动的保护叫作零电压保护。

当电动机正常运行时，电源电压过分地降低将引起一些电器释放，造成控制电路工作不正常，甚至产生事故；电网电压过低，如果电动机负载不变，则会造成电动机电流增大，引起电动机发热，严重时甚至烧坏电动机。此外，电源电压过低还会引起电动机转速下降，甚至停转。因此，在电源电压降到允许值以下时，需要采取保护措施，及时切断电源，这就是欠电压保护。通常是采用欠电压继电器，或设置专门的零电压继电器来实现。如图 2-23 中的中间继电器就是起零电压保护作用的，欠电压继电器 KV 是起欠电压保护作用的。

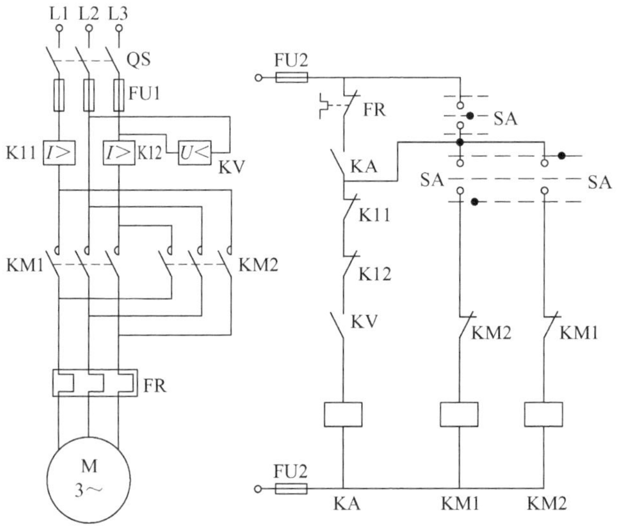

图 2-23 电气控制电路常用保护环节

图 2-23 是电气控制电路常用的保护环节。需要哪些保护环节要结合具体的电路需求，但短路保护、过载保护和零电压保护一般是不可缺少的。

2. 逻辑设计法

逻辑设计法是把电气控制电路中的接触器、继电器等电器元件线圈的通电和断电、触头的闭合和断开看成是逻辑变量，线圈的通电状态和触头的闭合状态设定为"1"态；线圈的断电状态和触头的断开状态设定为"0"态。根据工艺要求将这些逻辑变量关系表示为逻辑函数的关系式，再运用逻辑函数基本公式和运算规律对逻辑函数式进行化简，然后由简化的逻辑函数式画出相应的电气原理图，最后再进一步检查、完善，以期得到既满足工艺要求，又经济合理、安全可靠的最佳设计电路。

用逻辑函数来表示控制元件的状态，实质上是以触头的状态作为逻辑变量，通过简单的

"逻辑与""逻辑或""逻辑非"等基本运算，得出其运算结果，此结果即表明电气控制电路的结构。下面以"逻辑或"为例，说明其表示方法。

图 2-24 表示常开触头 KA1 与 KA2 并联的逻辑或电路。当常开触头 KA1 或 KA2 闭合（即 KA1 = 1 或 KA2 = 1）时，则 KM 线圈通电，即 KM = 1；KA1 和 KA2 都不闭合时，KM = 0。图 2-24 可用逻辑或关系式表示为

$$KM = KA1 + KA2 \tag{2-1}$$

逻辑或的真值表见表 2-1。

图 2-24 逻辑或电路

表 2-1 逻辑或的真值表

KA1	KA2	KM = KA1 + KA2
0	0	0
1	0	1
0	1	1
1	1	1

本 章 小 结

1. 绘制电气控制电路时，必须掌握各类图样的规定画法及国家标准。

2. 各类电动机在起动控制中，应注意避免过大的起动电流对电网及传动机械的冲击作用，小容量电动机（通常在 10kW 以内）允许采用直接起动控制方式，大容量或起动负载大的场合应采用减压起动。

3. 掌握电动机运行中的点动、连续运转、正反转、自动循环等基本控制电路，并注意设置自锁、互锁、短路、过载、欠电压和过电流等保护环节。

4. 常用的制动方式有反接制动和能耗制动，制动控制电路设计应考虑限制制动电流和避免反向再起动。反接制动是在主电路中串限流电阻实现，采用速度继电器进行控制；能耗制动是通入直流电流产生制动转矩，采用时间继电器进行控制。

练习与思考

2-1 图 2-25 所示电路能否控制电动机的起停？

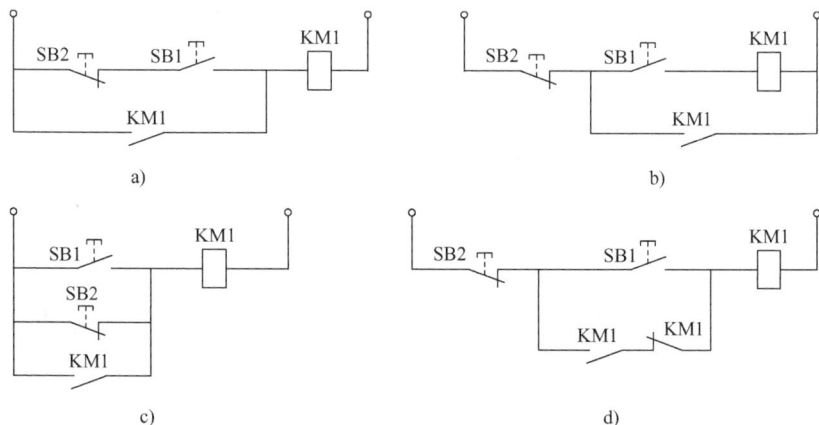

图 2-25 练习与思考 2-1 图

2-2 画出一台电动机 $\curlyvee$-$\triangle$ 减压起动控制的电路图，要求有必要的保护环节（包括主电路和控制电路）。

2-3 两条传送带运输机分别由两台笼型电动机拖动，用一套起停按钮控制它们的起停，为了避免物体堆积在运输机上，要求电动机的起动、停止顺序为：起动时，M1 起动后，M2 才随之起动；停止时，M2 停止后，M1 才随之停止。

2-4 试设计一个正反转控制电路，满足下列要求：
(1) 为"正—反—停"控制；
(2) 具有短路、过载保护；
(3) 具有正反转限位保护。

2-5 试设计一个控制两台笼型电动机的接触器 KM1、KM2 的控制电路，并满足如下要求：
(1) KM1 先起动，KM2 才可起动；
(2) KM1、KM2 同时停止；
(3) 要求 KM1 能点动。

2-6 试设计一个控制两台笼型电动机运行的电路，满足如下要求：
(1) 只有电动机 M1 先起动，电动机 M2 才能起动；
(2) 先停 M2 再停 M1。

2-7 为两台异步电动机设计一个控制电路，其要求如下：
(1) 两台电动机互不影响地独立操作；
(2) 能同时控制两台电动机的起动与停止；
(3) 当一台电动机发生过载时，两台电动机均停止。

2-8 设计一小车运行的控制电路，小车由异步电动机拖动，其动作程序如下：
(1) 小车由原位开始前进，到终端后自动停止；
(2) 在终端停留 2min 后自动返回原位停止；
(3) 要求能在前进或后退途中任意位置都能停止或起动。

2-9 设计一个控制电路，要求第一台电动机起动 10s 后，第二台电动机自动起动，运行 5s 后，第一台电动机停止并同时使第三台电动机自动起动，再运行 15s，电动机全部停止。

第3章 可编程序控制器的基础知识

![导读]

PLC 是专为在工业环境下应用而设计的，是一种工业标准设备。虽然 PLC 的生产厂家和产品种类众多，但它们的基本组成相似，并且都具有相同的工作原理，使用方法也大同小异。因此，学习和掌握 PLC 的基本组成和工作原理是学习各种类型 PLC 的基础。

学习要点：
1）了解 PLC 的产生、发展及编程语言。
2）熟悉 PLC 的性能指标及分类方法。
3）掌握 PLC 的定义、组成、工作原理。

3.1 可编程序控制器的产生、定义及发展

3.1.1 可编程序控制器的产生和定义

1. 可编程序控制器的产生

可编程序控制器的产生和发展与继电器-接触器控制系统有很大的关系。在可编程序控制器出现之前，生产线控制多采用继电器-接触器控制系统。其特点是结构简单、价格低廉、抗干扰能力强，且能在一定范围内满足单机和自动化生产线的需要。但这种系统是一种有触头的接线程序控制系统。由于触头繁多，组合复杂，因此通用性和灵活性较差，而且控制系统体积大、制作周期长、接线复杂、可靠性差。对于复杂的继电器-接触器控制系统，检修维护、查找故障非常困难。若工艺要求改变，需重新进行硬件组合、改变接线，这无疑是非常麻烦的，不仅工期长、成本高，还可能影响生产。因此，它制约了工业发展，为了适应市场的需求和生产的快速发展，人们对这些自动控制装置提出了更通用、更灵活、更经济和更可靠的要求，并寻求一种新型的通用控制设备取代原有的继电器-接触器控制系统。

20 世纪 60 年代，美国的汽车生产技术相对成熟，汽车制造业竞争激烈，导致汽车产品不断更新，生产线也随之频繁改变。而当时的自动控制装置是继电器-接触器控制系统，要改变工艺十分困难，这不仅阻碍了产品更新换代周期，而且可靠性不高。1968 年，美国通用汽车公司（GM）为适应这种工艺不断更新的需求，公开招标，对新的汽车流水线控制系统提出具体要求，归纳起来有如下几点：
1）编程方便，现场可修改程序。
2）维修方便，采用模块化结构。
3）可靠性高于继电器-接触器控制装置。
4）体积小于继电器-接触器控制装置。

5）数据可直接送入管理计算机。

6）成本可与继电器–接触器控制装置竞争。

7）可直接用115V交流输入。

8）输出为115V、2A以上，能直接驱动电磁阀、接触器等。

9）通用性强，易于扩展。

10）用户程序存储器容量可扩展到4KB。

根据 GM 公司提出的要求，1969 年，美国数字设备公司（DEC）研制出了世界上第一台可编程序控制器，并应用于 GM 的汽车自动生产线，获得了极大的成功。这项新技术的成功使用在工业界产生了巨大影响，从此，可编程序控制器在世界各地迅速发展起来。

1971 年，日本引进了这项技术并开始生产可编程序控制器，1973 – 1974 年德国和法国也研制出自己的可编程序控制器。

2. 可编程序控制器的定义

可编程序控制器一直在发展中，所以至今尚未对其下最后的定义。国际电工委员会（IEC）曾先后于 1982.11、1985.1 和 1987.2 发布了可编程序控制器标准草案的第一、二、三稿。

1987 年，IEC 颁布的可编程序控制器标准草案中（第三稿）对其做了如下定义："可编程序控制器是一种专门为在工业环境下应用而设计的数字运算操作的电子装置。它采用可以编制程序的存储器，用来在其内部存储执行逻辑运算、顺序运算、计时、计数和算术运算等操作的指令，并能通过数字式或模拟式的输入和输出，控制各种类型的机械或生产过程。PLC 及其有关的外围设备都应该按易于与工业控制系统形成一个整体、易于扩展其功能的原则而设计。"

定义强调了可编程序控制器具有如下特征：

1）数字运算操作的电子系统——也是一种计算机。

2）专为在工业环境下应用而设计。

3）面向用户指令——编程方便。

4）逻辑运算、顺序控制、定时计算和算术操作。

5）数字量或模拟量输入/输出控制。

6）易与控制系统联成一体。

7）易于扩充。

可编程序控制器（Programmable Logic Controller，PLC）经历了可编程序矩阵控制器（PMC）、可编程序顺序控制器（PSC）、可编程序逻辑控制器（Programmable Logic Controller，PLC）和可编程序控制器（PC）几个不同时期。为了与个人计算机（PC）相区别，现在仍然沿用 PLC 这个简称。

3.1.2 可编程序控制器的发展

自第一台 PLC 诞生以来，它的发展经历了 5 个重要时期。PLC 产生于 20 世纪 60 年代，崛起于 70 年代，成熟于 80 年代，于 90 年代取得了技术上的新突破，进入 21 世纪以来，PLC 为适应市场需要，其功能和应用领域不断加强和完善，各厂家的产品都已形成了完整的产品系列。各时期的具体发展概况详述如下。

1. 从 1969 年到 20 世纪 70 年代初期

主要特点：CPU 由中小规模数字集成电路组成，存储器为磁心存储器；控制功能比较简单，能完成定时、计数及逻辑控制；有多个厂商推出一些产品，但产品没有形成系列化；应用的范围不是很广泛，仅仅是继电器–接触器控制系统的替代产品。

2. 20 世纪 70 年代末期

主要特点：采用 CPU 微处理器，存储器也采用了半导体存储器，不仅使整机的体积减小，而且数据处理能力有很大提高，增加了数据运算、传送、比较等功能；实现了对模拟量的控制；软件上开发出自诊断程序，使 PLC 的可靠性进一步提高。这一时期的产品已初步实现了系列化，其应用范围在迅速扩大。

3. 20 世纪 70 年代末期到 20 世纪 80 年代中期

主要特点：由于大规模集成电路的发展，PLC 开始采用 8 位和 16 位微处理器，使数据处理能力和速度大大提高；PLC 开始具有了一定的通信能力，为实现 PLC 的分散控制、集中管理奠定了重要基础；软件上开发出了面向过程的梯形图语言及助记符语言，为 PLC 的普及提供了必要条件。在这一时期，发达的工业化国家在多种工业控制领域开始应用 PLC 控制。

4. 20 世纪 80 年代中期到 20 世纪 90 年代中期

主要特点：超大规模集成电路促使 PLC 完全计算机化，CPU 已经开始采用 32 位微处理器；数学运算、数据处理能力大大提高，增加了运动控制、模拟量 PID 控制等，联网通信能力进一步加强；PLC 功能在不断增加的同时，体积在减小，可靠性更高。在此期间，国际电工委员会（IEC）颁布了 PLC 标准，使 PLC 向标准化、系列化发展。

5. 20 世纪 90 年代中期至今

主要特点：PLC 使用 16 位和 32 位微处理器，运算速度更快、功能更强，具有更强的数值运算、函数运算和大批量数据处理能力；出现了智能化模块，可以实现对各种复杂系统的控制；编程语言除了传统的梯形图、助记符语言之外，还增加了高级编程语言。21 世纪以来，为适应市场需要，PLC 的联网通信能力和运算速度等诸多方面的技术都得到了很大的提高和发展。21 世纪 PLC 技术发展的特点如下：

（1）适应市场需要，加强 PLC 通信联网的信息处理能力

在信息时代的今天，几乎所有 PLC 制造商都注意到了加强 PLC 通信联网的信息处理能力这一点。小型 PLC 都有通信接口，中、大型 PLC 都有专门的通信模块。随着计算机网络技术的飞速发展，PLC 的通信联网能使其与 PC 和其他智能控制设备很方便地交换信息，实现分散控制和集中管理。也就是说，用户需要 PLC 与 PC 更好地融合，通过 PLC 在软技术上协助改善被控过程的生产性能，在 PLC 这一级就可以加强信息处理能力。例如，CONTEC 公司与日本三菱电机公司（以下简称为三菱电机）合作，推出专门插在小 Q 系列 PLC 的机架上的 PC 模块，该模块实际上就是一台可在工厂现场环境下正常运行，而且可通过 PLC 的内部总线与 PLC 的 CPU 模块交换数据的 PC。其处理芯片采用 Intel Celeron 400MHz 主频、系统内存 128MB、Cache128KB，支持外挂显示器，该模块内装 Windows NT4.0 或 Windows 2000。支持的软件有三菱综合 F4 软件，包括 PLC 编程软件 GT、FA 数据处理软件 MX、人机界面画

面设计软件 GT、运动控制设计编程软件 MT 等。

最近，国外一些中、大型 PLC 制造商推出了一个机架上可以插多个 CPU 模块的结构，将 PC 模块与 PLC 的 CPU 模块、过程控制 CPU 模块或运动控制模块同时插在一个机架上。实际上就是将原来 PLC 要通过工厂自动化（FA）用 PC 与管理计算机通信的三层结构改为 PLC 系统可直接与生产管理用的计算机通信的两层结构，这样生产管理更加快捷方便。

小型 PLC 之间通信"傻瓜化"。为了尽量减少 PLC 用户在通信编程方面的工作量，PLC 制造商做了大量工作，使设备之间的通信自动地周期性地进行，而不需要用户为通信编程，用户的工作只是在组成系统时做一些硬件或软件上的初始化设置。如欧姆龙公司的两台 CPM1A 之间一对一连接通信只需用三根导线，将它们的 RS - 232C 通信接口连在一起后将通信有关的参数写入 5 个指定的数据存储器中，即可方便地实现两台 PLC 之间的通信。

（2）PLC 向开放性发展

早期的 PLC 缺点之一是它的软、硬件体系结构是封闭的而不是开放的，如专用总线、通信网络及协议、I/O 模块互不通用，甚至连机架、电源模板也各不相同，编程语言之一的梯形图名称虽一致，但组态、寻址、语言结构均不一致，因此，几乎各个公司的 PLC 均互不兼容。目前，PLC 在开放性方面已有实质性突破。十多年前 PLC 被攻破的一个重要方面就是它的专有性，现在情况有了极大改观，不少大型 PLC 厂商在 PLC 系统结构上采用了各种工业标准，如 IEC61131 - 3、IEEE802.3 以太网、TCP/IP、UDP/IP 等。例如，AEG Schneider 集团已开发以 PLC 为基础，在 Windows 平台下，符合 IEC61131 - 3 国际标准的全新一代开放体系结构的 PLC，实现高度分散控制，开放度高。高度分散控制是一种全新的工业控制结构，不但控制功能分散化。而且网络也分散化。所谓高度分散化控制，就是控制算法常驻在该控制功能的节点上，而不是常驻在 PLC 上或 PC 上，凡挂在网络节点上的设备，均处于同等的位置，将"智能"扩展到控制系统的各个环节，从传感器、变送器到 I/O 模块，乃至执行器，无处不采用微处理器芯片，因而产生了智能分散系统（SDS）。

为了使 PLC 更具开放性和执行多任务，在一个 PLC 系统中同时装几个 CPU 模块，每个 CPU 模块都执行某一种任务。例如，三菱电机公司的小 Q 系列 PLC 可以在一个机架上插 4 个 CPU 模块，富士电机公司的 MICREX - ST 系列最多可在一个机架上插 6 个 CPU 模块，这些 CPU 模块可以进行专门的逻辑控制、顺序控制、运动控制和过程控制。这些都是在 Windows 环境下执行 PC 任务的模块，组成混合式的控制系统。

近几年，众多 PLC 厂商都开发了自己的模块型 I/O 或端子型 I/O，而通信总线都符合 IEC61131 - 3 标准，这极大地增强了 PLC 的开放性。

创建开放的网络环境后，推出了能挂 100Mbit/s 的高速以太网的 Web 服务器模块，如三菱电机公司小 Q 系列的 QJ71WS96、横河电机公司 FA - M3 系列的 F3WBM1 - 0T - S0；模块内的软件捆绑了目前常用的 TCP/IP、UDP/IP 等传输层和网络层规约，以及 HTTP、FTP、SMTP、POP3 等应用层规约，使 PLC 可直接进入因特网，成为不折不扣的 Web 的 PLC。

（3）PLC 的体积小型化，运算速度高速化

PLC 小型化的好处是节省空间、降低成本、安装灵活。目前一些大型 PLC，其外形尺寸比它们前一代的同类产品的安装空间要小 50% 左右。

近几年，很多 PLC 厂商推出了超小型 PLC，用于单机自动化或组成分布式控制系统。

西门子公司的超小型 PLC 称为通用逻辑模块 LOGO!，它采用整体式结构，集成了控制功能、实时时钟和操作显示单元，可用面板上的小型液晶显示屏和 6 个键来编程。LOGO! 超小型 PLC 使用功能模块图 FBD 编程语言，有在 PC 上运行的 Windows 98/NT 编程软件。

运算速度高速化是 PLC 技术发展的重要特点，在硬件上，PLC 的 CPU 模块采用 32 位的 RISC 芯片，使 PLC 的运算速度大为提高，一条基本指令的运算速度达到数十个纳秒（ns）。三菱电机公司的 ANA 系列 PLC 最早使用 32 位的 CPU 模块，当今它的 Q02H 系列 PLC 的 CPU 模块也用了 32 位的 RISC 芯片，基本指令的执行时间为 34ns；富士电机公司 MICREX - SX 系列 PLC 的 CPU 模块由于采用了 32 位 RISC 芯片后，其一条基本指令的运算时间为 20ns。

PLC 主机运算速度大大提高，与外设的数据交换速度也呈高速化。大家知道，PLC 的 CPU 模块通过系统总线与装插在基板上的各种 I/O 模块、特殊功能模块、通信模块等交换数据，基板上装的模块越多，PLC 的 CPU 模块与那些模块之间的数据交换的时间就会增加，在一定程度上会使 PLC 的扫描时间加长。为此，不少 PLC 厂商采用新技术，增加 PLC 系统的带宽，使一次传输的数据量增多；在系统总线数据存取方式上，采用连续成组传送技术实现连续数据的高速批量传送，大大缩短了存取每个字所需的时间；通过向系统总线相连接的模块实现全局传送，即针对多个模块同时传送同一数据的技术，有效地活用系统总线。

当前，不少 PLC 厂商采用了多 CPU 芯片并行处理方式，用专门的 CPU 处理编程及监控服务，大大减轻了对执行控制程序的 CPU 芯片的影响，只让执行控制程序的 CPU 进行顺控和逻辑运算。另外，为提高服务处理速度，缩短操作时间，采用高速的串行通信（最大波特率为 115kbit/s），并将 USB 口（最大波特率为 12Mbit/s）引入 PLC 的 CPU 模块，从而实现与编程工具及监控设备之间通信的高速化，并允许许多人同时使用这两个通信端口同时进行编程和调试程序。

（4）软 PLC 出现

所谓软 PLC，实际就是在 PC 平台上，在 Windows 操作环境下，用软件来实现 PLC 的功能，也就是说，软 PLC 是一种基于 PC 开发结构的控制系统，它具有硬 PLC 的功能、可靠性、速度、故障查找等方面的特点，利用软件技术可以将标准的工业 PC 转换成全功能的 PLC 过程控制器。软 PLC 综合了计算机和 PLC 的开关量控制、模拟量控制、数学运算、数值处理、网络通信等功能，通过一个多任务控制内核，提供强大的指令集、快速而准确的扫描周期、可靠的操作和可连接各种 I/O 系统及网络的开放式结构。软 PLC 具有硬 PLC 的功能，同时又提供了 PC 环境的各种优点。GE Fanuc 公司推出了一种外形类似笔记本式计算机的 PC，以 Windows 为操作系统，可实现 PLC 的 CPU 模块的功能，通过以太网和 I/O 模块、通信模块用于工厂的现场控制。在美国底特律汽车城，大多数汽车装配自动生产线、热处理工艺生产线等都已由传统 PLC 控制改为软件 PLC 控制，可以说，高性能价格比的软 PLC 将成为今后高档 PLC 的发展方向。

（5）PLC 编程语言趋于标准化

IEC61131 是可编程控制器的国际标准，共有 8 个部分，从 1992 年开始陆续颁布实行。IEC61131 - 3 是 PLC 编程语言的标准，于 1993 年颁布实施。IEC61131 - 8 于 2001 年颁布实施，与 IEC61131 - 3 并称为 PLC 语言的实现准则。IEC61131 - 3 PLC 编程语言国际标准是将现代软件概念和现代软件工程的机制与传统的 PLC 编程语言成功结合，使它在工业控制领域的影响远远超出 PLC 的界限，已成为 DCS、PC 控制、运动控制以及 SCADA 的编程系统事实上的标准。IEC61131-3 规定了两大类编程语言：文本化编程语言和图形化编程语言。前者包括指令语句表语言（IL）和结构化文本化语言（ST），后者包括梯形图语言（LD）和功能块图语言（FBD）。而顺序功能图（SFC）可以在梯形图语言中使用，也可以在指令语句表语言中使用。IEC61131-3 允许在同一个 PLC 中使用多种编程语言，也允许程序开发人员对一个特定的任务选择最合适的编程语言，还允许在同一个控制程序中其不同的软件模块用不同的编程语言编制，这一规定既解决了 PLC 发展历史形成编程语言多样化的现状，又为 PLC 的软件技术进一步发展提供了足够的空间。

欧美 PLC 厂商的 PLC 大都支持 IEC61131-3 标准，特别是西门子公司的 PLC。我国在 1995 年就采用 IEC61131-3 作为 PLC 的国家标准。日本虽然工业发达，技术还是相对封闭，但 IEC61131-3 标准成为 PLC 的公认世界主流标准后，日本的 PLC 生产商开始在新一代 PLC 软件平台中广泛采用。三菱电机公司的 PLC 编程软件包 GX Ver. 8 开发系统就支持梯形图语言（LD）、指令语句表语言（IL）、顺序功能图编程语言（SFC）、结构化文本语言（ST）。三菱电机公司的 PX 开发系统支持功能块图 FBD，供 PLC 用于过程控制。欧姆龙公司的编程软件包 GX 除了支持 LD、IL 外，近期即将推出支持功能块 FBD 和结构化文本语言 ST 的编程软件包。富士电机公司及横河电机公司的 PLC 编程软件包也都支持 IEC61131-3。

PLC 经过 30 多年的发展，其应用领域不断扩大，并延伸到过程控制、批处理、运动和传动控制、无线电遥控以至实现全厂的综合自动化。PLC 的技术发展除了小型化、超高速、大容量存储器、多 CPU、多任务并行运行外，其开放性更大，通信联网能力更强，集成化软件更优。标准化的 IEC61131-3 PLC 编程语言已被众多 PLC 厂商所接受，其推广速度越来越快，软 PLC 的应用范围将更广。

3.1.3　我国 PLC 的发展状况

国内开始研制 PLC 产品是 20 世纪 70 年代中期，当时上海、北京、西安、广州和长春等地的不少科研单位、大专院校和工厂，总计 20 多家单位都在研制和生产 PLC（绝大多数都是小型 PLC）。特别值得一提的是，国家科委和原机械工业部在仪器仪表重点课题攻关专项中组织了"六五""七五""八五"的可编程序控制器子项攻关，由部属北京机械工业自动化研究所负责，先后研制开发了 MPC-10、MPC-20、MPC-85 型 PLC。这几种型号的 PLC I/O 点数为 256～512，并可扩展到 1024 点，开创了国内研制大型 PLC 的先河，先后在注塑机、恒温室、锅炉控制、汽车压力机生产线上获得了应用。这些项目有自动开发的操作系统、工业控制编程语言，并具有与上位机、HMI 联网和通信等功能。当时国内研制开发的 PLC 产品由于缺乏资金、后续研制力量不足及生产技术相对落后等原因，没有形成批量工业化生产，因而被国外产品淘汰而纷纷消失。可喜的是，在 20 世纪 90 年代，由于 PLC 应用不断深入，国内又掀起研制 PLC 的高潮，虽然仍是小型 PLC，批量也不大，但其功能、质量和可靠性比 20 世纪 70 年代的产品有了明显的提高。其代表产品如：南京冠德科技有限公司（原江苏嘉华实业有限公司 PLC 工厂）的 JH200 系列 PLC，I/O 点数为 12～120 点，具有高速计数器和模拟量功能；杭州新箭电子有限公司的 D 系列 PLC，D20P 的 I/O 点数为 20 点，D100 的 I/O 点数为 40～120 点；兰州全志电子有限公司的 RD 系列小型 PLC 很有特点，RD100 型 PLC 的 I/O 点数为 9/4 点，2 点模拟量输入，而 RD200 型 PLC 的 I/O 点数为 20～

40 点，扩展的功能有编码盘测速、热电偶测温和模拟量 I/O，RD200 型 PLC 最多可实现 32 台联网，并能与上位 PC 进行实时通信。

为了尽快提升我国 PLC 的技术水平，引进 PLC 的先进生产技术，中外合资或外商独资企业在国内开始批量生产 PLC。西门子公司首先在大连开办 PLC 生产企业；欧姆龙公司在上海生产的 PLC 远销海内外；中日合资后又成独资的江苏无锡光洋电子有限公司的 PLC 已有小、中、大系列产品。中外合资、引进技术使国产 PLC 上了一个新的台阶。

特别是近几年，国产 PLC 有了更新的产品。北京和利时系统工程股份有限公司推出的 FOPLC 有小型、中型、大型几种。该公司推出的 HOLiAS - LECG3 新一代高性能的小型 PLC 有 14 点（8/6）、24 点（14/10）、40 点（24/16）三个规格，基本指令的执行时间为 0.6μs。程序存储器的容量为 52KB。为方便用户选用，该公司开发了 19 种、35 个不同规格的 I/O 扩展模块，G3 型 PLC 可最多扩展 7 个模块，I/O 最大可到 264 点。G3 系列 PLC 有符合 IEC61131 - 3 的 5 种编程语言，编程软件具有超强的计算功能，如其他小型 PLC 所不具备的 64 位浮点数运算、优化的 PID 可同时处理有十几个模拟量的多个闭环回路。G3 系列 PLC 具有极强的通信功能，有集成于 CPU 模块的标准 Modbus 协议、专有协议和自由协议的通信接口，通过该接口可方便地挂到 Profibus 等总线上去。该公司的 FOPLC 中型机，开关量 I/O 为 256 点；内置 TCP/IP 通信接口，很容易接入管理网；配有 Profibus - DP 现场总线的主站、从站和远程 I/O 都通过 ISO9001 严格的质量保证体系认证。FOPLC 编程语言符合 IEC61131 - 3 标准。深圳德维森公司开发的基于 PC 的软 PLCTOMC 系列，其特点是符合 IEC61131 - 3 国际标准的编程语言，允许梯形图、顺序功能图和功能块图混合编程；用户可开发基于内置 PC 资源的 C 语言和定义功能块，通过以太网、TCP/IP 与上位机联网。TOMC1 软 PLC 可连接最多 32 个本地 I/O 模块，最多 15 个远程站，每个远程站可带 32 个 I/O 点。

在 90% 的国内 PLC 市场由国外 PLC 产品占领的今天，国产 PLC 能脱颖而出，并具有和国外同类产品进行竞争的能力，相信不久的将来，国产 PLC 将会占有市场更大份额。

3.2 可编程序控制器的结构和工作原理

可编程序控制器的结构多种多样，但其组成的一般原理基本相同，都是以微处理器为核心的结构。其功能的实现不仅基于硬件的作用，更要靠软件的支持。

3.2.1 可编程序控制器的基本结构

PLC 的整个系统是由硬件系统和软件系统两大部分构成。其中硬件系统的基本结构如图 3-1 所示。其基本单元包括：CPU、输入模块、输出模块及存储器等。

1. 中央处理器（CPU）

CPU 包括运算器和控制器，按照其系统程序所赋予的功能，完成以下任务：

1）接收编程器或上位机键入的用户程序和数据，存入随机存储器 RAM 中。

2）用扫描的方式接收现场输入设备的状态或数据，并存入输入状态表或数据寄存器中。

3）诊断电源、PLC 内部电路的工作状态和编程过程中的语法错误等。

4）PLC 进入运行状态后，从存储器中逐条读取用户程序，经过指令解释后，按指令规

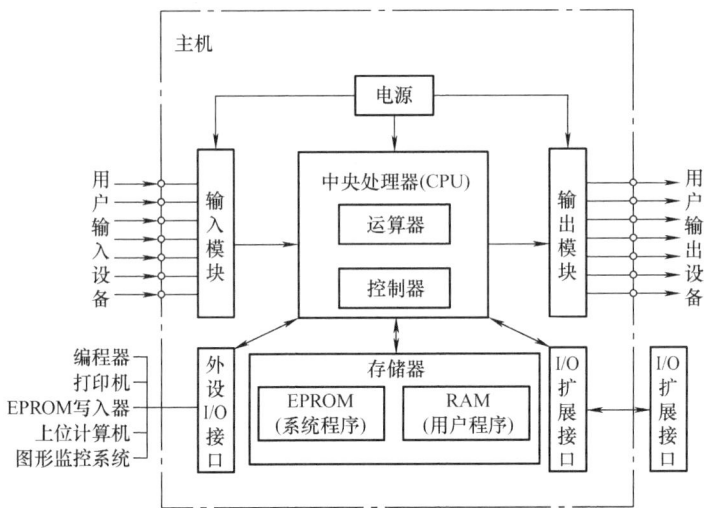

图 3-1　PLC 的基本结构框图

定的任务产生相应的控制信号，去接通或断开相关的控制电路，分时、分渠道地去执行数据的存取、传送、组合、比较和变换等操作，完成用户程序中规定的逻辑运算或算术运算等任务。

5）根据运算结果，更新有关标志位的状态和输出寄存器表的内容，再由输出状态表的位状态或数据寄存器的有关内容，实现输出控制、打印或数据通信等功能。

6）CPU 除顺序执行程序以外，还能接收输入/输出接口发来的中断请求，并进行中断处理，中断处理完后，再返回原址继续执行。

2. 存储器

存储器主要用于存放系统程序、用户程序及工作数据。存放系统软件的存储器称为系统程序存储器；存放应用软件的存储器称为用户程序存储器；存放工作数据的存储器称为数据存储器。常用的存储器有 RAM、EPROM 和 EEPROM。RAM 是一种可进行读写操作的随机存储器，用于存放用户程序，生成用户数据区，存放在 RAM 中的用户程序可方便地修改。RAM 存储器是一种高密度、低功耗、价格便宜的半导体存储器，可用锂电池做备用电源。掉电时，可有效地保持存储的信息。EPROM、EEPROM 都是只读存储器，用这些类型存储器固化系统管理程序和应用程序。

3. 输入/输出模块

输入/输出（简称 I/O）模块是现场输入设备（如限位开关、操作按钮、选择开关、行程开关等）、输出设备（如驱动电磁阀、接触器、电机等）或其他外部设备之间的连接部件。

对输入/输出接口的要求：良好的抗干扰能力；对各类输入/输出信号（开关量、模拟量、直流量、交流量）的匹配能力。

PLC 输入/输出接口的类型：模拟量输入/输出接口、开关量输入/输出接口（直流、交流及交直流）。用户应根据输入/输出信号的类型选择合适的输入/输出接口。

（1）开关量输入接口电路

各种输入接口均采取了抗干扰措施。如带有光耦合器隔离使 PLC 与外部输入信号进行隔离；并设有 RC 滤波器，用以消除输入触点的抖动和外部噪声干扰。

通常有三种类型：直流（12～24）V 输入、交流（100～120）V 输入与交流（200～240）V 输入和交直流（12～24）V 输入。直流输入模块的电源一般由机内 24V 电源提供，输入信号接通时输入电流一般小于 10mA；交流输入模块的电源一般由用户提供。直流输入模块和交流输入模块的原理电路分别如图 3-2 和图 3-3 所示。

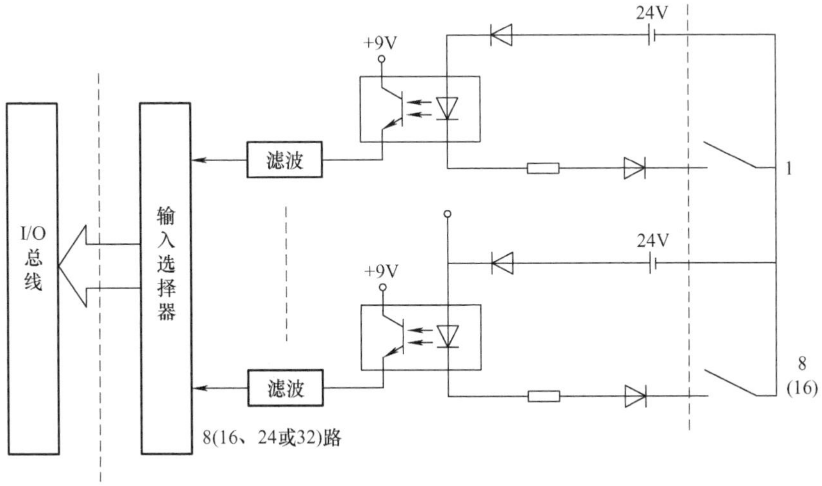

图 3-2　直流输入模块的原理电路

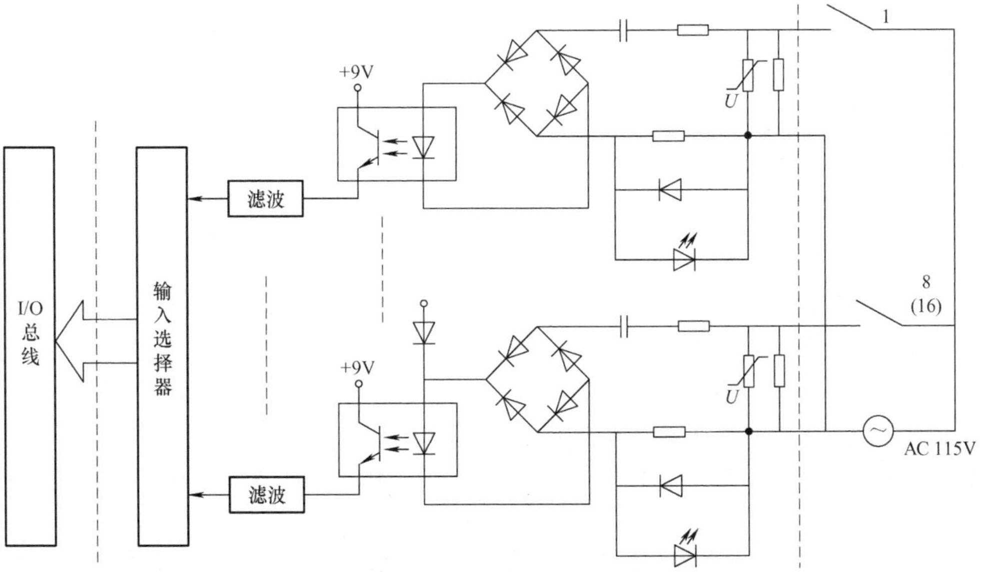

图 3-3　交流输入模块的原理电路

（2）开关量输出接口电路

有三种形式：即继电器输出、晶体管输出和晶闸管输出。开关量输出端的负载电源一般由用户提供，输出电流一般不超过 2A。其原理电路如图 3-4 所示。

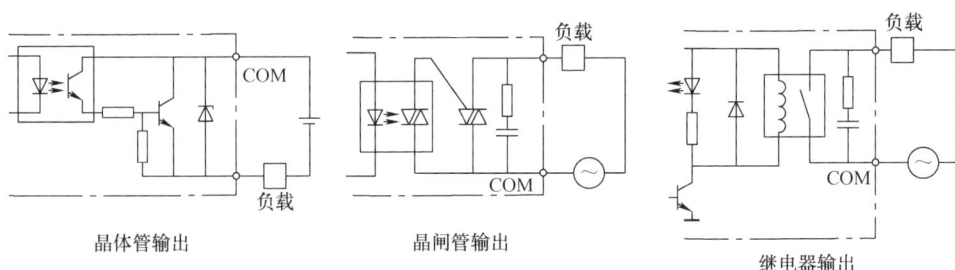

图 3-4　开关量输出接口的原理电路

输出端子的两种接法：隔离式和汇点式。

隔离式：输出各自独立，无公共点，各输出端子各自形成独立回路。

汇点式：全部输入点（输出点）共用一个公共点。或者将输入点（输出点）分成几组，组内各点共用一个公共点，各组的公共点之间相互隔离。组内的各点必须使用同一电压类型和同一电压等级，各组可使用不同电压类型和等级的负载。

4. 智能模块

智能模块自身不仅带有微处理器芯片，而且还带有存储器和系统程序。它通过系统总线与 CPU 模块相连，并可在 CPU 模块协调管理之下独立工作，提高处理速度，便于用户编制程序。

智能模块包括可编程序控制器之间互连的通信处理模块、带有 PID 调节的模拟量控制模块、高速计数器模块、数字位置译码模块、阀门控制模块、中断控制模块等。

5. 电源

PLC 的供电电源一般是市电，也有用直流 24V 电源供电的。

6. 外围设备

外围设备包括：编程器、打印机、计算机等。

利用编程器可将用户程序输入 PLC 的存储器，还可以用编程器检查程序、修改程序。利用编程器还可以监视 PLC 的工作状态。

7. PLC 的软件结构

在可编程序控制器中，PLC 的软件分为两大部分：

1）系统程序：包括监控程序、编译程序及诊断程序等。监控程序又称为管理程序，主要用于管理全机。编译程序用来把程序语言翻译成机器语言。诊断程序用来诊断机器故障。系统程序由 PLC 生产厂家提供，并固化在 EPROM 中，用户不能直接存取，故也不需要用户干预。

2）用户程序：它是由可编程序控制器的使用者编制的，用于控制被控装置的运行。

3.2.2　PLC 的工作原理

1. PLC 的等效电路

由前面的分析可知，PLC 控制系统的输入、输出部分和继电器–接触器控制系统的输入、输出部分基本相同，但控制部分是采用"可编程"的PLC，而不是实际的继电器–接触器控制电路。因此，PLC控制系统可以方便地通过改变用户程序实现各种控制功能，从根本上解决了电气控制系统控制电路难以改变的问题。因此，对于使用者来说，可以将PLC等效成是许许多多各种各样的"软继电器"和"软接线"的集合，而用户程序就是用"软接线"将"软继电器"及其"触点"按一定要求连接起来的"控制电路"。

图3-5为PLC的等效电路。图中，输入设备SB1、SB2、FR与PLC内部的"软继电器"I0.0、I0.1、I0.2的"线圈"对应，由输入设备控制相对应的"软继电器"的状态，即通过这些"软继电器"将外部输入设备状态变成PLC内部的状态，这类"软继电器"称为输入继电器；同理，输出设备KM与PLC内部的"软继电器"Q0.0对应，由"软继电器"Q0.0状态控制对应的输出设备KM的状态，即通过这些"软继电器"将PLC内部状态输出，以控制外部输出设备，这类"软继电器"称为输出继电器。

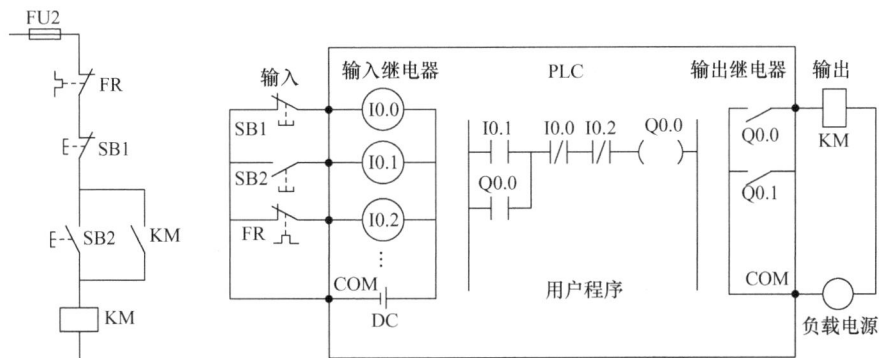

图3-5 PLC等效电路

因此，PLC用户程序要实现的是：如何用输入继电器I0.0、I0.1、I0.2来控制输出继电器Q0.0。当控制要求复杂时，程序中还要采用PLC内部的其他类型的"软继电器"，如辅助继电器、定时器、计数器等，以达到控制要求。

要注意的是，PLC等效电路中的继电器并不是实际的物理继电器，它实质上是存储器单元的状态。单元状态为"1"，相当于继电器接通；单元状态为"0"，则相当于继电器断开。因此，称这些继电器为"软继电器"。

2. PLC的工作方式

PLC是采用循环扫描的方式进行工作的。即在PLC运行时，CPU根据用户的控制要求编制好并存于用户存储器中的程序，按指令步序号（或地址号）做周期性循环扫描，如无跳转指令，则从第一条指令开始逐条顺序执行用户程序，直至程序结束。然后重新返回第一条指令，开始下一轮新的扫描。在每次扫描过程中，还要完成对输入信号的采样和对输出状态的刷新等工作。

PLC的一个扫描周期必经输入采样、程序执行和输出刷新三个阶段，如图3-6所示。

PLC在输入采样阶段：首先以扫描方式按顺序将所有暂存在输入锁存器中的输入端子的通断状态或输入数据读入，并将其写入各对应的输入状态寄存器中，即刷新输入。随即关闭输入端口，进入程序执行阶段。

PLC在程序执行阶段：按用户程序指令存放的先后顺序扫描执行每条指令，经相应的运

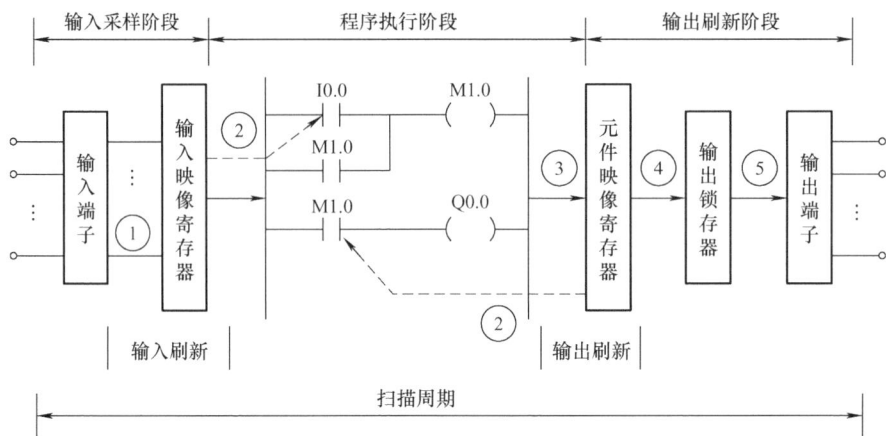

图 3-6　PLC 的工作过程

算和处理后，其结果再写入输出状态寄存器中，输出状态寄存器中所有的内容随着程序的执行而改变。

输出刷新阶段：当所有指令执行完毕，输出状态寄存器的通断状态在输出刷新阶段送至输出锁存器中，并通过一定的方式(继电器、晶体管或晶闸管) 输出，驱动相应输出设备工作。

3. 可编程序控制器对输入/输出的处理原则

1）输出映像寄存器的数据取决于输入端子板上各输入点在上一刷新周期的接通和断开状态。

2）程序执行结果取决于用户所编程序和输入/输出映像寄存器的内容及其他各元件映像寄存器的内容。

3）输出映像寄存器的数据取决于输出指令的执行结果。

4）输出锁存器的数据，由上一次输出刷新期间输出映像寄存器的数据决定。

5）输出端子的接通和断开状态，由输出锁存器决定。

6）PLC 的输入与输出存在滞后现象，一般为 2～3 个扫描周期。

3.3　PLC 的编程语言

PLC 的用户程序是设计人员根据控制系统的工艺控制要求，通过 PLC 编程语言的编制设计的。国际电工委员会（IEC）1994 年 5 月公布了可编程序控制器标准（IEC1131），其中第三部分（IEC1131–3）是 PLC 的编程语言标准。该标准详细说明了句法、语义和 5 种 PLC 编程语言的表达方式，分别是梯形图（Ladder Diagram）、指令表（Instruction List）、顺序功能图（Sequential Function Chart）、功能块图（Function Block Diagram）、结构文本（Structured Text）。

1. 梯形图（LD）

梯形图程序设计语言是用图形符号来描述程序的一种程序设计语言。这种程序设计语言采用因果关系来描述事件发生的条件和结果，每个梯级是一个因果关系。在梯级中，描述事件发生的条件表示在左边，描述事件发生的结果表示在右边。梯形图编程语言是由电气原理图演变而来的，它沿用了电气控制原理图中的触点、线圈、串并联等术语和图形符号，比较形象直观，并且逻辑关系明确，因此熟悉电气控制的工程技术人员和一线的工人师傅非常容易接受。

图 3-7a 所示是电气控制电路中带自锁的长动控制电路，图 3-7b 所示的 PLC 梯形图可以完成图 3-7a 的控制作用。两种图形很接近，但也有些区别。梯形图中没有实际的继电器，只是存储器的存储位，也称为软元件，当它的逻辑为"1"时，表示继电器线圈通电或者表示动合（又叫常开）触点闭合、动断（又叫常闭）触点断开。

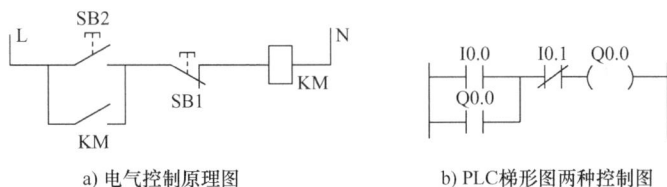

a) 电气控制原理图　　　b) PLC梯形图两种控制图

图 3-7　梯形图举例

2. 指令表（IL）

PLC 的指令是一种与微机汇编语言中的指令极其相似的助记符表达式，由指令组成的程序叫作指令表程序。

每条指令都由步序号、操作码和操作数组成。步序号为指令的步数，每条指令都有规定的步长，程序的步数从 0 开始，最大步序由程序存储器的容量决定。操作码是用助记符表示的要执行的功能，操作数（参数）表明操作的地址或一个预先设定的值。

指令表程序较难阅读，其逻辑功能不如梯形图直观，但输入方便。由于指令表的逻辑关系很难一眼看出，所以在设计时一般使用梯形图语言。

3. 顺序功能图（SFC）

顺序功能图又叫功能表图，也称状态转移图，是一种位于其他编程语言之上的图形语言，它主要用来编制顺序控制程序。顺序功能图提供了一种组织程序的图形方法，在其中可以用其他语言嵌套编程。顺序功能图表示程序的流程，常用来编制顺序控制类程序，主要由步、有向连线、转换条件和动作组成，如图 3-8 所示。

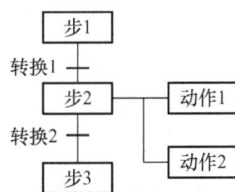

图 3-8　顺序功能图表示的程序流程

4. 功能块图（FBD）

这是一种类似于数字逻辑门电路的编程语言，有数字电路基础的人很容易掌握。该编程语言用类似与门、或门的方框来表示逻辑运算关系，方框的左侧为逻辑运算的输入变量，右侧为输出变量，输入、输出端的小圆圈表示"非"运算，方框被"导线"连接在一起，信号自左向右流动。有的微型 PLC 模块（如西门子公司的"LOGO!"逻辑模块）使用功能块图语言，除此之外，国内很少有人使用功能块图语言。

5. 结构文本（ST）

结构文本（ST）是为 IEC61131 - 3 标准创建的一种专用的高级编程语言。与梯形图相比，它能实现复杂的数学运算，编写的程序非常简洁和紧凑。

除了提供几种编程语言供用户选择外，标准还允许编程者在同一程序中使用多种编程语言，这使编程者能选择不同的语言来适应特殊的工作。

3.4 PLC 的性能指标及分类

PLC 产品种类繁多，其规格和性能也各不相同，PLC 性能指标和类型体现了 PLC 的功能和性能。因此，了解其性能指标和分类方法，有利于对 PLC 的选型和系统设计。

3.4.1 PLC 的性能指标

不同 PLC 产品的技术性能不同，其性能指标也有所不同，常用的 PLC 性能指标包含下列几个方面：

1. 存储容量

存储容量指用户程序存储器的容量。存储容量决定了 PLC 可以容纳的用户程序的长短，一般以字为单位来计算。每 1024 个字为 1K 字。中、小型 PLC 的存储容量一般在 8K 字以下，大型 PLC 的存储容量可达到 256K ~ 2M 字。也有的 PLC 用存放用户程序指令的条数来表示容量，一般中、小型 PLC 存储指令的条数为 2K 条。

2. 输入/输出点数

I/O 点数指输入点及输出点数之和。I/O 点数越多，外部可接入的输入元件和输出元件就越多，控制规模就越大，因此 I/O 点数是衡量 PLC 规模的指标。国际上流行将 I/O 总点数在 64 点及 64 点以下的称为微型 PLC；总点数在 64 点以上、256 点以下的 PLC 称为小型 PLC；总点数在 256 ~ 2048 点之间的为中型 PLC；总点数在 2048 点以上的为大型机等。

3. 扫描速度

扫描速度是指 PLC 执行程序的速度。一般以执行 1K 字所用的时间来衡量扫描速度。由于不同功能的指令执行速度差别较大，时下也有以布尔指令的执行速度表征 PLC 工作快慢的。有些品牌的 PLC 在用户手册中给出执行各种指令所用的时间，可以通过比较各种 PLC 执行类似操作所用的时间来衡量 CPU 工作速度的快慢。

4. 指令的功能和数量

指令功能的强弱及数量的多少涉及 PLC 能力的强弱，一般来说，编程指令种类及条数越多，处理能力、控制能力就越强，用户程序的编制也就越容易。

5. 内部元件的种类及数量

在编制程序时，需要用到大量的内部元件来存储变量、中间结果、定时/计数信息、模块设置参数及各种标志位等。这类元件的种类及数量越多，表示 PLC 的信息处理能力越强。

6. 智能单元的数量

为了完成一些特殊的控制任务，PLC 厂商都为自己的产品设计了专用的智能单元，如模拟量控制单元、定位控制单元、速度控制单元以及通信工作单元等。智能单元种类的多少和功能的强弱是衡量 PLC 产品水平高低的重要指标。

7. 扩展能力

PLC 的扩展能力包括 I/O 点数的扩展、存储容量的扩展、联网功能的扩展及各种功能模块的连接扩展等。绝大部分 PLC 可以用 I/O 扩展单元进行 I/O 点数的扩展；有的 PLC 可以使用各种功能模块进行功能扩展，但 PLC 的扩展功能总是有限制的。

3.4.2 PLC 的分类

PLC 发展至今已经有多种形式，其功能也不尽相同。分类时，一般按以下原则进行考虑。

1. 按 I/O 点数分类

（1）小型机

小型 PLC 输入/输出总点数一般在 256 点以下，其功能以开关量控制为主，用户程序存储器容量在 4K 字以下。小型 PLC 的特点是体积小、价格低，适合控制单台设备、开发机电一体化产品。

典型的小型机有 SIEMENS 公司的 S7 - 200 系列、OMRON 公司的 CPMIA 系列、三菱公司的 F - 40、MODICONPC - 085 等整体式 PLC 产品。

（2）中型机

中型 PLC 的输入/输出总点数一般在 256 ~ 2048 点，用户程序存储容量达到 2 ~ 8K 字。中型 PLC 不仅具有开关量和模拟量的控制功能，还具有更强的数字计算能力，它的通信功能和模拟量处理能力更强大，适用于复杂的逻辑控制系统以及连续生产过程控制场合。

典型的中型机有 SIEMENS 公司的 S7 - 300 系列、OMRON 公司的 C200H 系列、AB 公司的 SLC500 系列模块式 PLC 等产品。

（3）大型机

大型 PLC 的输入/输出总点数在 2048 点以上，用户程序存储容量达 8 ~ 16K 字，它具有计算、控制和调节的功能，还具有强大的网络结构和通信联网能力。它的监视系统采用 CRT 显示，能够表示过程的动态流程。大型机适用于设备自动化控制、过程自动化控制和过程监控系统等。

典型的大型 PLC 有 SIEMENS 公司的 S7 - 400、OMRON 公司的 CVM1 和 CS1 系列、AB 公司的 SLC5/05 系列等产品。

2. 按结构分类

根据 PLC 结构的不同，PLC 主要可分为整体式和模块式两类。

（1）整体式结构

整体式又叫单元式或箱体式，它的体积小、价格低，小型 PLC 一般采用整体式结构。

整体式结构的特点是将 PLC 的基本部件，如 CPU 模块、I/O 模块和电源等紧凑地安装在一个标准机壳内，组成 PLC 的一个基本单元或扩展单元。基本单元上没有扩展端口，通过扩展电缆与扩展单元相连，以构成 PLC 不同的配置。整体式 PLC 还配备有许多专用的特殊功能模块，使 PLC 的功能得到扩展。

（2）模块式结构

模块式结构的PLC由一些模块单元构成，将这些模块插在框架上或基板上即可。各模块功能是独立的，外形尺寸统一，可根据需要灵活配置插入的模块。目前，大中型PLC多采用这种结构形式。

3. PLC产品概览

（1）PLC的几种流派

PLC产品按地域大体可以分成三个流派：美国产品、欧洲产品、日本产品。PLC产品实例图如图3-9所示。

美国的PLC：如罗克韦尔（Rockwell）公司（包括 AB 公司）产品、通用电气（GE）公司产品。

欧洲的PLC：如西门子（SIEMENS）公司产品、施耐德（Schneider）公司的产品。

日本的PLC：如欧姆龙（OMRON）公司的产品、三菱（Mitsubishi）公司的产品。

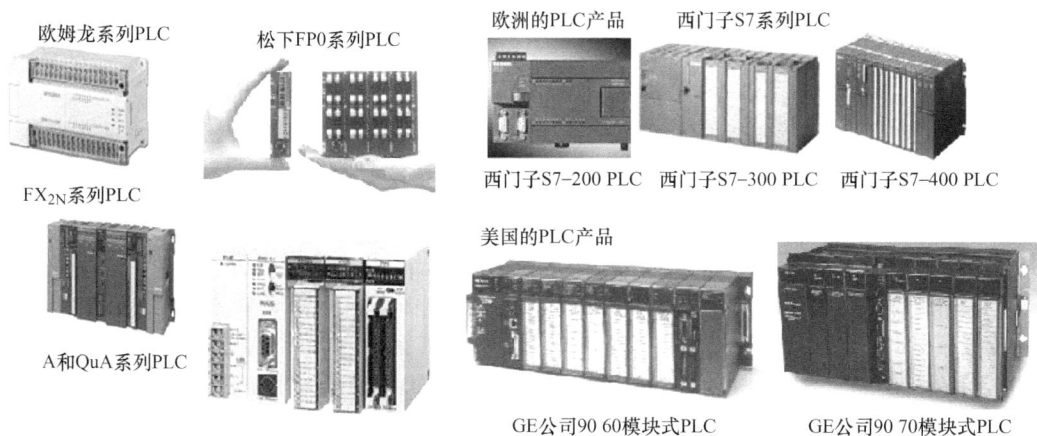

图 3-9　PLC 产品实例图

（2）三种流派的三类代表产品（见表3-1）

表3-1　代表产品的比较

序号	代表产品（型号）	PLC 网络	生 产 公 司
1	PLC—3，PLC—5	3 级总线复合型拓扑结构	美国 AB 公司（AB）
2	S7 系列	3 级总线复合型拓扑结构	德国西门子公司（SIEMENS）
3	FP 系列	4 级子网的复合型网络	日本松下电工公司
4	C 系列	复合型网络结构	日本立石公司（OMRON）

本 章 小 结

PLC作为一种工业标准设备，虽然生产厂家众多，产品种类层出不穷，但它们都具有相同的工作原理，使用方法也大同小异。

（1）PLC是专为在工业环境下应用而设计，可靠性高，使用方便，应用广泛。PLC功能的不断增强，使PLC的应用领域不断扩大和延伸，应用方式也更加丰富。

（2）PLC 的组成部件有中央处理器（CPU）、存储器、输入/输出（I/O）接口和电源等。

（3）PLC 采用顺序周期性循环扫描用户程序的工作方式。当 PLC 处于正常运行时，它将不断重复扫描过程，其工作过程的中心内容分为输入采样、程序执行和输出刷新三个阶段。

（4）PLC 从结构上可分为整体式和模块式；从 I/O 点数容量上可分为小型、中型和大型。

（5）PLC 是为取代继电器-接触器控制系统而产生的，因而两者存在着一定的联系。PLC 与继电器-接触器控制系统具有相同的逻辑关系，但 PLC 使用的是计算机技术，其逻辑关系用程序实现，而不是实际电路。

（6）可用多种形式的编程语言来编写 PLC 的用户程序，而梯形图和语句表是两种最常用的编程语言。

练习与思考

3-1　PLC 有什么特点？

3-2　PLC 与继电器-接触器控制系统相比有哪些异同？

3-3　简述 PLC 的组成及各部分的作用。

3-4　PLC 是按什么样的工作方式进行工作的？它的中心工作过程分为哪几个阶段？在每个阶段主要完成什么控制任务？

3-5　一般来说，PLC 对输入信号有什么要求？

第4章 S7-200 系列 PLC 系统配置

导读

西门子（SIEMENS）公司生产的 S7 系列 PLC 包括：微型 S7-200 系列 PLC、较低性能 S7-300 系列 PLC 和中/高性能 S7-400 系列 PLC。本章主要以 S7-200 小型 PLC 为例，介绍 PLC 系统的硬件系统组成、内部资源、寻址方式和编程语言等。

学习要点：

了解 S7-200 PLC 的主要技术指标；掌握 S7-200 PLC 的系统组成及内部资源；熟练掌握 S7-200 PLC 的系统配置方法；熟悉 S7-200 PLC 的编程语言。

4.1 S7-200 系列 PLC 概述

德国的西门子（SIEMENS）公司是欧洲最大的电子和电气设备制造商，它生产的 SIMATIC 可编程序控制器在欧洲处于领先地位。其第一代可编程序控制器是 1975 年投放市场的 SIMATIC S3 系列的控制系统。在 1979 年，微处理器技术被应用到可编程序控制器中，产生了 SIMATIC S5 系列，取代了 S3 系列，之后在 20 世纪末又推出了 S7 系列产品。最新的 SIMATIC 产品为 SIMATIC S7、M7 和 C7 等几大系列。

SIMATIC S7 包括微型 PLC（S7-200）系列、较低性能系列（S7-300）和中/高性能系列（S7-400）。

S7-200 PLC 是德国西门子公司生产的一种小型 PLC，其某些功能可达到中型 PLC 的水平，而价格却是小型 PLC 的价格，因此，它一经推出，即受到了广泛的关注。2000 年以前，西门子公司在中国市场的 PLC 产品主要是大中型 PLC，日本的小型 PLC 占据了中国的大部分市场份额，在 S7-200 PLC 推出后，这种情况得到了明显改变，2000 年以后，在小型 PLC 市场上，S7-200 PLC 成为了主流产品。

西门子最早的小型 PLC 产品是在 20 世纪末推出的 S7-200 CPU21X 系列的 PLC，但很快就被 CPU22X 系列的产品所取代了。由于它具有多种功能模块和人机界面（HMI）可供选择，所以系统的集成非常方便，并且可以很容易地组成 PLC 网络。同时它具有功能齐全的编程和工业控制组态软件，使得在完成控制系统的设计时更加简单，几乎可以完成任何功能的控制任务。现在最新版的 S7-200 系列 PLC 是在 2004 年推出的，它的主要特点是：较高的可靠性、丰富的指令集、丰富的内置集成功能、实时特性强和强大的通信能力。

最近几年，西门子公司针对小型 PLC 市场加大了创新力度，先后推出了 S7-1200 系列 PLC 和 S7-200 Smart PLC，前者的市场定位略高于 S7-200 PLC，后者略低于 S7-200 PLC。不能简单说这两款产品就是 S7-200 PLC 的替代品，它们各有其特色功能。可能西门子公司从全球战略和自身其他方面的因素考虑推出了 S7-1200 和 S7-200 Smart，但目前不论从市场占有率，还是从性价比、产品线、通信联网，以及某些实用功能等方面来比较，S7-200 PLC 都超过 S7-1200 和 S7-200 Smart。

4.2　S7-200 PLC 的硬件系统

4.2.1　硬件系统基本构成

S7-200 PLC 属于小型 PLC，其主机的基本结构是整体式，主机上有一定数量的输入/输出（I/O）点，一个主机单元就是一个系统。它还可以进行灵活的扩展，如果 I/O 点数不够，则可增加 I/O 扩展模块；如果需要其他特殊功能，如特殊通信或定位控制等，则可以增加相应的功能模块。

一个完整的系统组成如图 4-1 所示。

1. 主机单元

主机单元又称基本单元或 CPU 模块。它由 CPU、存储器、基本输入/输出单元和电源等组成，是 PLC 的主要部分。实际上它就是一个完整的控制系统，可以单独完成一定的控制任务。

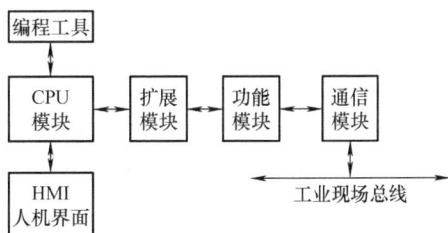

图 4-1　S7-200 PLC 系统组成

2. 扩展单元

扩展单元也称扩展模块。当主机 I/O 点数量不能满足控制系统的要求时，用户可以根据需要扩展各种 I/O 模块。根据 I/O 点数的数量不同（如 4 点、8 点、16 点等）、性质不同（如 DI、DO、AI、AO 等）、供电电压不同（如 DC24V、AC220V 等），I/O 扩展模块有多种类型。每个 CPU 所能连接的扩展单元的数量和实际所能使用的 I/O 点数是由多种因素共同决定的。

3. 功能模块

当需要完成某些特殊功能的控制任务时，需要扩展功能模块。它们是完成某种特殊控制任务的一些装置，如运动控制模块、特殊通信模块等。

4. 相关设备

相关设备是为充分和方便利用系统的硬件和软件资源而开发、使用的一些设备，主要有编程设备、人机界面和网络设备等。

5. 软件

软件是为管理和使用这些设备而开发的与之相配套的程序，对 S7-200 PLC 来说，与其配套的软件主要有编程软件 STEP7-Micro/WIN 和 HMI 人机界面的组态编程软件 ProTool、WinCC flexible。

4.2.2　主机结构及性能特点

1. 主机模块

CPU22X 系列 PLC 主机（CPU 模块）的外形如图 4-2 所示。S7-200 PLC 的 CPU 模块包

括一个中央处理单元、电源以及 I/O 单元，这些都被集成在一个紧凑、独立的设备中。CPU 负责执行程序，输入单元从现场设备中采集信号，输出单元则输出控制信号，驱动外部负载。

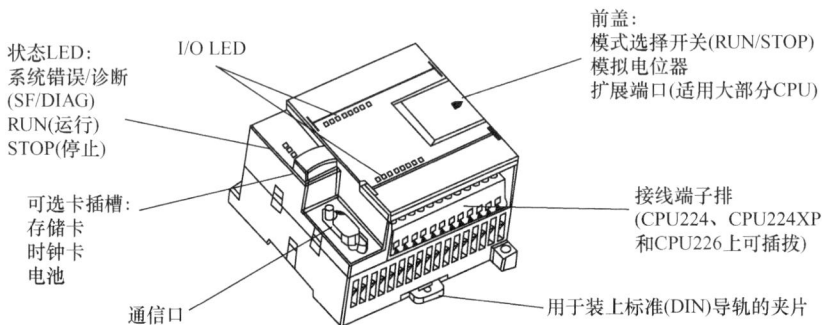

图 4-2　CPU22X 系列 PLC 主机（CPU 模块）的外形图

最新一代的 CPU 模块按 I/O 点数多少不同和效能不同而有五种不同结构配置的品种，即 CPU221、CPU222、CPU224、CPU224XP 和 CPU226。每个品种里又分出两种类型，一种是 DC24V 供电/晶体管输出，另一种是 AC220V 供电/继电器输出，再加上新增的 CPU224XPsi，所以一共有 11 种 CPU 模块。

新一代的 CPU 模块在运算速度、程序存储区容量、变量存储区容量和其他性能方面都有极大的提高。只有新的 CPU 模块才支持新版本的编程软件 STEP 7 – Micro/WIN 4.0（及以上）中新增的指令和某些软件工具的功能。

（1）CPU221

本机集成 6 输入/4 输出，无扩展能力，程序和数据存储容量较小，有一定的高速计数功能和通信功能，非常适合于少点数的或特定的控制系统使用。

（2）CPU222

本机集成 8 输入/6 输出，和 CPU221 相比，它最多可以扩展两个模块，因此是应用更广泛的全功能控制器。

（3）CPU224

本机集成 14 输入/10 输出，和前两者相比，程序存储容量扩大了一倍，数据存储容量扩大了四倍，它最多可以有 7 个扩展模块，有内置时钟，有更强的模拟量和高速计数的处理能力，是使用得最多的 S7 – 200 产品。

（4）CPU224XP

这是最新推出的一种实用机型，其大部分功能和 CPU224 相同，但和 CPU224 相比，它的程序存储容量和数据存储容量都增加了不少，处理高速计数器的能力也有增强；其最大的区别是在主机上增加了 2 输入/1 输出的模拟量单元和一个通信口，非常适合在有少量模拟量信号的系统中使用，在有复杂通信要求的场合使用也非常合适。

在 CPU224XPsi 之前，200 系列所有晶体管型输出的 CPU 都是源型的，而 CPU224XPsi 的数字量输出为漏型，可直接驱动步进电动机和伺服电动机等负载，这样 S7 – 200 PLC 能控制的设备更多了，丰富了产品类型。

（5）CPU226

本机集成 24 输入/16 输出，I/O 共计 40 点，和 CPU224 相比，程序存储容量扩大了一倍，数据存储容量增加到 10KB，它具有两个通信口，通信能力大大增强。它可用于点数较多、要求较高的小型或中型控制系统。

2. CPU 模块的性能特点

CPU 的主要特点如下：

（1）供电电压：直流 24V 和交流 220V 两种供电电源电压。

（2）输出方式：输出类型有晶体管（DC）和继电器（DC/AC）两种输出方式。

（3）集成电源：主机集成有 24V 直流电源，可以直接用于传感器和执行机构的供电。

（4）高速计数：它可以用普通输入端子捕捉比 CPU 扫描周期更快的脉冲信号，进行高速计数，输入脉冲频率可达 200kHz（CPU224XP）。

（5）脉冲输出：2 路最大可达 100kHz（CPU224XP）的高频脉冲输出，可用以驱动步进电动机和伺服电动机以实现准确定位任务。

（6）集成模拟电位器：可以用模块上的电位器来改变它对应的特殊寄存器中的数值，可以实时更改程序运行中的一些参数，如定时器/计数器的设定值和过程量的控制参数等（该功能使用较少）。

（7）实时时钟：可用于对信息加注时间标记，记录机器运行时间或对过程进行时间控制。

S7-200 CPU22X 系列产品的技术指标见表 4-1。

表 4-1　S7-200 CPU22X 系列产品的技术指标

	CPU221	CPU222	CPU224	CPU224XPsi	CPU226
电源					
输入电压	DC20.4~28.8V/AC85~264V（47~63Hz）				
DC24V 传感器电源容量	180mA		280mA		400mA
存储器					
用户程序大小： 运行模式下编辑 非运行模式下编辑	4 096 B 4 096 B	8 192B 12 288 B	12 288 B 16 384 B		16 384 B 24 576 B
用户数据 （EEPROM）	2 048 B （永久存储）	8 192 B （永久存储）	10 240 B （永久存储）		
装备（超级电容） 可选电池	50 h/典型值 （40℃时最少 8h） 200 天/典型值	100 h/典型值 （40℃时最少 70 h） 200 天/典型值			
I/O					
本机输入/输出	6DI 4DO	8DI 6DO	14DI 10DO	14DI, 2AI 10DO, 1AO	24DI 16DO
数字 I/O 映像区	256（128 输入/128 输出）				
模拟 I/O 映像区	无	32(16 入/16 出)	64 （32 入/32 出）		

（续）

	CPU221	CPU222	CPU224	CPU224XPsi	CPU226
允许最大的扩展模块	无	2 模块	7 模块		
允许最大的智能模块	无	2 模块	7 模块		
脉冲捕捉输入	6	8	14		24
高速计数器	4 个计数器		6 个计数器	6 个计数器	6 个计数器
单相	4 个 30kHz		6 个 30kHz	4 个 30kHz 2 个 200kHz	6 个 30kHz
两相	2 个 20kHz		4 个 20kHz	3 个 20kHz 1 个 200kHz	4 个 30kHz
脉冲输出（仅限 DC）	2 个 20kHz			2 个 100kHz	2 个 20kHz
常规					
定时器	256 个定时器：4 个定时器（1ms）；16 个定时器（10ms）；236 个定时器（100ms）				
计数器	256（由超级电容或电池备份）				
内部存储器位	256（由超级电容或电池备份）				
掉电保护	112（存储在 EEPROM）				
时间中断	2 个 1ms 的分辨率				
边沿中断	4 个上升沿和/或 4 个下降沿				
模拟电位器	1 个 8 位分辨率			2 个 8 位分辨率	
布尔量运算执行速度	0.22μs 每条指令				
时钟	可选卡件			内置	
卡件选项	存储器、电池和实时时钟			存储卡和电池卡	
集成的通信功能					
接口	1 个 RS-485 口			2 个 RS-485 口	
PPI，DP/T 波特率	9.6kbit/s、19.2kbit/s、187.5kbit/s				
自由口波特率/(kbit·s^{-1})	1.2~115.2				
每段最大电缆长度	使用隔离的中继器：187.5kbit/s 可达 1 000m，38.4kbit/s 可达 1200m，未使用中继器：50m				
最大站点数	每段 32 个站，每个网络 126 个站				
最大主站数	32				
点到点（PPI 主站模式）	是（NETR/NETW）				
MPI 连接	共 4 个，2 个保留（1 个给 PG，1 个给 OP）				

3. 存储系统

最早的 PLC 不仅数据需要电池保护，而且用户程序也需要电池保护，一旦电池寿命到期，如果不及时更换电池，将面临整个程序丢失的危险。由于采用了新的存储技术，现在的 PLC 不再需要电池来保护用户程序，对于一些需要临时保存的数据，也可以由超级电容保护，需要时间较长的保护时才使用电池卡。S7-200 系列 PLC 提供了三种方式来保存用户程序、程序数据和组态数据。

（1）保持型数据存储器

在有效的存储器中，变量 V、中间继电器 M、定时器 T 和计数器 C 的存储器可以进行组态使其成为掉电保持型的存储器。在断电情况下，这些数据如果由超级电容保护，则可以维持 50～100 h；如果由电池卡保护，则可以维持 200 天。一般来说，没有必要保存这些数据或保存这么长的时间，所以现在很少使用电池卡了。

（2）永久存储器

用户程序、数据块、系统块、强制设定值、组态为掉电保存的 M 存储器（MB0～MB13）和在用户程序的控制下写入的指定值可以被永久保存，用户不必担心这些数据由于 PLC 断电而造成的丢失。需要说明的是，使用用户程序把一些数据写入永久存储器（EEPROM）的操作参数是有限的（小于 100 万次），超过规定的次数后有可能损坏 EEPROM，PLC 的循环扫描周期非常快，虽然 100 万次看起来很多，但如果设置的存储时间间隔过短，也会很快用完的，所以要慎用该功能。

（3）存储卡

这是一种可以移动的存储卡，是一个可选件。可以用它来存储用户程序、数据块、系统块、强制设定值、配方和数据归档等，也可以将文档文件存放到存储卡上。因为需要另外付费，所以一般情况下很少使用存储卡。

4.2.3　数字量输入与数字量输出

各数字量 I/O 点的通断状态用发光二极管（LED）显示，PLC 与外部接线的连接采用接线端子。大多数 CPU 和扩展模块有可拆卸的端子排，不需断开端子排上的外部连线，就可以迅速地更换模块。

1. 数字量输入电路

数字量输入模块的每个输入点可接收一个来自用户设备的离散信号（ON/OFF），典型的输入设备有：按钮、限位开关、选择开关、继电器触点等。每个输入点与一个且仅与一个输入电路相连，通过输入接口电路把现场开关信号变成 CPU 能接收的标准电信号。数字量输入模块可分为直流输入模块和交流输入模块，以适应实际生产中输入信号电平的多样性。

直流输入模块的输入电路如图 4-3 所示。光耦合器隔离了输入电路与 PLC 内部电路的电气连接，使外部信号通过光耦合器变成内部电路能接收的标准信号。当现场开关闭合后，外部直流电压经过电阻 R1 和阻容滤波后加到双向光耦合器的发光二极管上，经光耦合器、光敏晶体管接收光信号，并将接收的信号送入内部电路，在输入采样时送至输入映像寄存器。

现场开关通断状态，对应输入映像寄存器的 1/0 状态，即当现场开关闭合时，对应的输入映像寄存器为"1"状态；当现场开关断开时，对应的输入映像寄存器为"0"状态。当输入端的发光二极管（VL）点亮时，即指示现场开关闭合。外部直流电源用于检测输入点的状态，其极性可以任意接入。

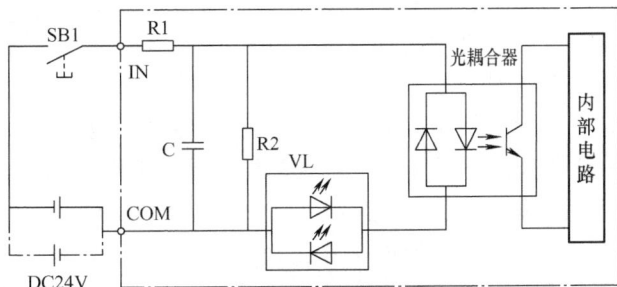

图 4-3　直流输入电路

图4-3中，电阻R2和电容C构成滤波电路，可滤掉输入信号的高频抖动。双向光耦合器起整流和隔离的双重作用，双向发光二极管VL用于状态指示。

S7－200 PLC有AC 120V/230V数字量输入模块。交流输入方式适合在有油雾、粉尘的恶劣环境下使用。直流输入模块可以直接与接近开关、光电开关等电子输入装置连接。

2. 数字量输出电路

数字量输出模块的每个输出点能控制一个用户的离散（ON/OFF）负载。典型的负载包括：继电器线圈、接触器线圈、电磁阀线圈、指示灯等。每一个输出点与一个且仅与一个输出电路相连，输出电路把CPU运算处理的结果转换成能够驱动现场执行机构的各种大功率开关信号。PLC的输出端子是PLC向外部负载发出控制命令的窗口。

S7－200 PLC CPU模块的数字量输出电路的功率元件有驱动直流负载的场效应晶体管和小型继电器，后者既可以驱动交流负载，也可以驱动直流负载，负载电源由外部提供。

输出电流的额定值与负载的性质有关，例如S7－200 PLC的继电器输出电路可以驱动2A的电阻性负载，但是只能驱动200W的白炽灯。输出电路一般分为若干组，对每一组的总电流也有限制。

继电器输出电路如图4-4所示。当PLC有信号输出时，输出接口电路使继电器线圈激励，继电器触点的闭合使负载回路接通，同时状态指示发光二极管VL导通点亮。根据负载的性质（直流负载或交流负载）来选用负载回路的电源（直流电源或交流电源）。

图4-4中，继电器作为功率放大的开关器件，同时又是电气隔离器件。为消除继电器触点的火光，并联有阻

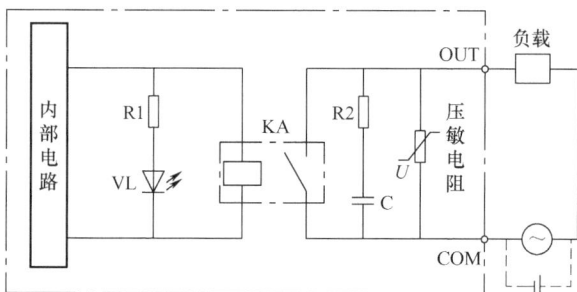

图4-4 继电器输出电路

容熄弧电路。在继电器的触点两端还并联有金属氧化膜压敏电阻，当外接交流电压低于150V时，其阻值极大，视为开路；当外接交流电压为150V时，压敏电阻开始导通，随着电压的增加其导通程序迅速增加，以使电平被钳位，使继电器触点在断开时不会出现两端电压过高的现象，从而保护该触点。电阻R1和发光二极管VL组成输出状态显示电路。

使用场效应晶体管（MOSFET）的输出电路如图4-5所示。当PLC进入输出刷新阶段时，通过数据总线把CPU的运算结果由输出映像寄存器集中传送给输出锁存器；输出锁存器的输出使光耦合器的发光二极管发光，光敏晶体管受光导通后，使场效应晶体管饱和导通，相应的直流负载在外部直流电源的激励下通电工作。当对应的输出映像寄存器为"1"状态时，负载在外部电源激励下通电工作；当对应的输出映像寄存器为"0"状态时，外部负载断电，停止工作。图4-5中光耦合器实现光电隔离，场

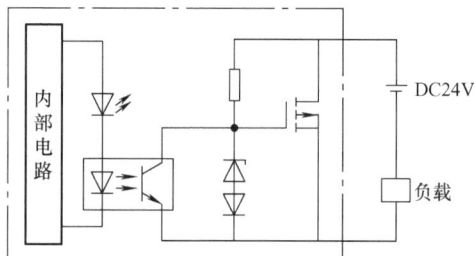

图4-5 场效应晶体管输出电路

效应晶体管作为功率驱动的开关器件,稳压管用于防止输出端过电压时保护场效应晶体管,发光二极管用于指示输出状态。

S7-200 PLC 的数字量扩展模块中还有一种用双向晶闸管作为输出元件的 AC230V 的输出模块。每点的额定输出电流为 0.5A,灯负载为 60W。最大漏电流为 1.8mA,由接通到断开的最大时间为 0.2ms 与工频半周期之和。

继电器输出电路可用的电压范围广,导通压降小,可以驱动直流负载和交流负载,承受瞬时过电压和过电流的能力较强,动作速度慢,寿命(动作次数)有一定的限制。如果输出量的变化不是很频繁,建议优先选用继电器型的输出模块。

场效应晶体管输出电路只能驱动直流负载,它的反应速度快、寿命长,过载能力稍差。

CPU 224XPsi 具有 MOSFET 漏型输出(电流从输出端子流入),可以驱动具有源型输入的设备。S7-200 PLC 所有其他场效应晶体管型输出的 CPU 都是 MOSFET 源型输出(电流从输出端子流出)。

继电器输出的开关延时最大为 10ms,无负载时触点的机械寿命为 10000000 次,额定负载时触点寿命为 100000 次。非屏蔽电缆最大长度为 150m,屏蔽电缆为 500m。

4.2.4 I/O 点数的扩展及功能的扩展

当 CPU 的 I/O 点数不够用或需要进行特殊功能的控制时,就要进行系统扩展。系统扩展包括 I/O 点数的扩展和功能的扩展。不同的 CPU 有不同的扩展规范,比如可连接的扩展模块的数量和种类等,这些主要受 CPU 的功能限制。大家在使用时可参考 SIEMENS 公司的系统手册。

1. I/O 扩展模块

S7-200 系列的 PLC 的主机提供一定数量的数字量 I/O 和模拟量 I/O,在采购 PLC 时,用户可根据需要选择最合适的主机产品,以满足具体工程项目的需要。对于 I/O 点数不够的情况,就必须增加 I/O 扩展模块,对 I/O 点数进行扩展。S7-200 PLC 的 I/O 扩展模块有以下几种:

1)输入扩展模块 EM221。共有 3 种产品,即 8 点和 16 点 DC、8 点 AC。

2)输出扩展模块 EM222。共有 5 种产品,即 8 点 DC 和 4 点 DC(5A)、8 点 AC、8 点继电器和 4 点继电器(10A)。

3)输入/输出混合扩展模块 EM223。共有 8 种产品:4 点(8 点、16 点、32 点)DC 输入/4 点(8 点、16 点、32 点)DC 输出和 4 点(8 点、16 点、32 点)DC 输入/4 点(8 点、16 点、32 点)继电器输出。

4)模拟量输入扩展模块 EM231。共有 6 种产品:4 路(8 路)AI、2 路(4 路)热电阻输入和 4 路(8 路)热电偶输入。前者是普通的模拟量模块,可以用来连接标准的电流和电压信号;后两种是专门为特定的物理量输入到 PLC 而设计的模块。热电阻和热电偶可以直接连接到模块上而不需要使用变送器对其进行标准电流或电压信号的转换,模块上具有热电阻和热电偶型号选择开关,热电偶模块还具有冷端补偿功能。

5)模拟量输出扩展模块 EM232。只有 2 路和 4 路 AO 等两种模拟量输出的扩展模块产品。

6)模拟量输入/输出扩展模块 EM235。只有 1 种 4 路 AI/1 路 AO(占用两路输出地址)的产品。

2. 特殊功能扩展模块

当需要完成某些特殊功能的控制任务时，CPU 主机可以扩展特殊功能模块。如要求进行 PROFIBUS – DP 现场总线连接时，就需要 EM277 PROFIBUS – DP 通信模块。现在适合 S7 – 200 PLC 使用的新模块在不断推出，这更加增强了 S7 – 200 PLC 在市场上的竞争力。

典型的特殊功能模块有以下几种：

1）调制解调器模块 EM241。用于替代连接于 CPU 通信口的外部 MODEM 功能。在和一个连接有该模块的系统进行通信时，只需在 PC（安装有编程软件 STEP7 – Micro/WIN）上连接一个外置 MODEM 即可。使用该模块可通过电话线、Modbus 或 PPI 协议进行 CPU to PC 的通信或 CPU to CPU 的通信，实现远程诊断和维护功能。

2）定位模块 EM253。用于高精度的运动控制系统，控制范围从微型步进电动机到智能伺服系统。集成的脉冲接口能产生高达 200kHz 的脉冲信号，并指定位置、速度和方向。集成的位置开关输入能够脱离 CPU 独立地完成任务。

3）PROFIBUS – DP 模块 EM277。通过该模块可以把 S7 – 200 PLC 连接到 PROFIBUS – DP 网络中，从而使其作为 DP 网络中的一个从站。具体应用参见第 7 章。

4）以太网模块 CP243 – 1。通过该模块可以把 S7 – 200 PLC 连接到工业以太网中，波特率 10/100Mbit/s 自整定，采用 RJ45 接口、TCP/IP。

5）以太网模块 CP243 – 1IT。通过该模块可以把 S7 – 200 PLC 连接到工业以太网中，波特率 10/100Mbit/s 自整定，采用 RJ45 接口、TCP/IP。此外，该模块支持诸如 FTP 客户端/服务器、E – mail 和 HTML 页面等功能。

6）AS – i 接口模块 CP243 – 2。通过该模块可以把 S7 – 200 PLC 连接到 AS – i 网络中，从而使其作为 AS – i 网络中的主站。

7）SIWAREX MS 称重模块。该模块适用于所有简单称重和测力任务，其基本功能就是测量传感器电压，然后将电压值转换为重量值。该模块拥有两个串行接口，一个可用于连接数字式远程指示器，一个可用于和主机相连，进行串行通信。可借助于 S7 – 200 的编程软件将称重模块集成到设备软件中，与串行通信连接的称重仪表相比，该模块可省去连接到 PLC 所需要的成本昂贵的通信组件。另外，SIWAREX MS 称重模块还可以和多个电子秤配合使用，这样可在 S7 – 200 PLC 控制系统中组成一个可任意编程的模块化称重系统。

8）SINAUT MD720 – 3 调制解调器。该模块用于基于 S7 – 200 PLC 和 WinCC flexible 的移动无线通信，它通过 GSM 网络进行基于 IP 的数据传输，可自动建立 GPRS 连接，可以切换到 CSD 方式。

功能模块性能的讲解请参见最新的 S7 – 200 PLC 的系统手册或本书后面的有关章节。

3. I/O 点数扩展和编址

每种主机上集成的 I/O 点，其地址是固定的；进行扩展时，可以在 CPU 右边连接多个扩展模块，每个扩展模块的组态地址编号取决于各模块的类型和该模块在 I/O 链中所处的位置。编址方法是同种类型输入或输出点的模块在链中按与主机的位置而递增，其他类型模块的有无以及所处的位置不影响本类型模块的编号。例如，输出模块不会影响输入模块上的点的地址；同理，模拟量模块不会影响数字量模块的地址安排。

S7 – 200 系统扩展对输入/输出的地址空间分配规则如下：

1）同类型输入或输出点的模块进行顺序编址。

2）对于数字量，输入/输出映像寄存器的单位长度为8位（一个字节）。本模块高位实际位数未满8位的，未用位不能分配给I/O链的后续模块，后续同类地址编排须重新从一个新的连续的字节开始。

3）对于模拟量，输入/输出以两个字节递增方式来分配空间。本模块中未使用的通道地址不能被后续的同类模块继续使用，后续地址的编排需重新从新的两个字以后的地址开始。

例4-1 某一控制系统选用CPU224，系统所需的输入/输出点数各为：数字量输入24点、数字量输出20点，模拟量输入6点和模拟量输出2点。

本系统可有多种不同模块的选取组合，并且各模块在I/O链中的位置排列方式也可能有多种，图4-6所示为其中的一种模块连接形式。表4-2所列为其对应的各模块的编址情况。

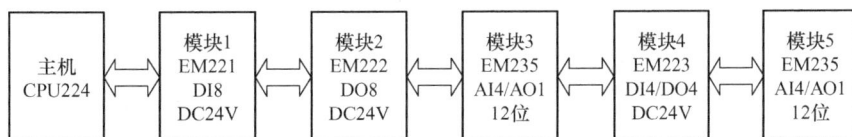

图4-6 模块连接方式

表4-2 各模块编址

主机 I/O		模块1 I/O	模块2 I/O	模块3 I/O		模块4 I/O		模块5 I/O	
I0.0	Q0.0	I2.0	Q2.0	AIW0	AQW0	I3.0	Q3.0	AIW8	AQW2
I0.1	Q0.1	I2.1	Q2.1	AIW2		I3.1	Q3.1	AIW10	
I0.2	Q0.2	I2.2	Q2.2	AIW4		*I3.2*	*Q3.2*	AIW12	
I0.3	Q0.3	I2.3	Q2.3	*AIW6*		*I3.3*	*Q3.3*	*AIW14*	
I0.4	Q0.4	I2.4	Q2.4			*I3.4*	*Q3.4*		
I0.5	Q0.5	I2.5	Q2.5			*I3.5*	*Q3.5*		
I0.6	Q0.6	I2.6	Q2.6			*I3.6*	*Q3.6*		
I0.7	Q0.7	I2.7	Q2.7			*I3.7*	*Q3.7*		
I1.0	Q1.0								
I1.1	Q1.1								
I1.2	*Q1.2*								
I1.3	*Q1.3*								
I1.4	*Q1.4*								
I1.5	*Q1.5*								
I1.6	*Q1.6*								
I1.7	*Q1.7*								

注：表中斜体排列（浅色）的地址为后续模块不能使用的地址间隙。

4. 人机界面HMI

人机界面（Human Machine Interface，HMI）最大的作用就是架起操作人员和机器之间的一座桥梁，除了能代替和节省大量的I/O点外，还能完成各种各样的参数设定、画面显示、数据处理的任务，从而使得工业控制变得更加舒适和友好，功能也更加强大。和S7-200 PLC配套的SIMATIC HMI主要有：文本显示器TD200和TD400C、触摸屏TP170A和TP170B、覆膜键盘显示器OP170A、OP170B、OP77A、OP77B等。

4.3 S7 – 200 系列 PLC 的内部资源及寻址方式

4.3.1 软元件（软继电器）

1. 软元件的定义和特点

用户使用的 PLC 中的每一个输入/输出、内部存储单元、定时器和计数器等都称作软元件。软元件有其不同的功能，有固定的地址。软元件的数量决定了可编程序控制器的规模和数据处理能力，每一种 PLC 的软元件数量是有限的。

软元件是 PLC 内部的具有一定功能的器件，这些器件实际上是由电子电路和寄存器及存储器单元等组成。例如，输入继电器是由输入电路和输入映像寄存器构成；输出继电器是由输出电路和输出映像寄存器构成；定时器和计数器也都是由特定功能的寄存器构成。它们都具有继电器特性，但没有机械性的触点。为了把这种元器件与传统电气控制电路中的继电器区别开来，把它们称作软元件或软继电器。这些软继电器的最大特点是：

1）软元件是看不见、摸不着的，也不存在物理性的触点。

2）每个软元件可提供无限多个常开触点和常闭触点（和实际继电器的触点功能一样），即它们的触点可以无限次使用。

3）体积小、功耗低、寿命长。

编程时，用户只需要记住软元件的地址即可。每一软元件都有一个地址与之相对应，软元件的地址编排采用区域号加区域内编号的方式，根据 PLC 内部软元件的功能不同，它们被分成了许多区域，如输入继电器区、输出继电器区、定时器区、计数器区和特殊继电器区等。

2. S7 – 200 PLC 的软元件

S7 – 200 PLC 中有众多类型的软元件，每一种类型中其软元件的数量是有限的。具体的软元件的数量和地址分配请参考附录 B。

（1）输入继电器（I）

输入继电器位于 PLC 存储器的输入过程映像寄存器（Process – Image Input Register）区，其外部有一个物理的输入端子与之对应，该触点用于接收外部的开关信号，比如按钮、行程开关、光电开关等传感器的信号都是通过输入继电器的物理端子接入到 PLC 的。当外部的开关信号闭合时，则输入继电器（软元件）的线圈得电，在程序中其常开触点闭合，常闭触点断开。这些触点可以在编程时任意使用，使用次数不受限制。

每个输入继电器都对应有一个映像寄存器，在每个扫描周期的开始，PLC 对各输入点进行采样，并把采样值通过输入继电器送到输入映像寄存器。PLC 在接下来的本周期各阶段不再改变输入映像寄存器中的值，直到下一个扫描周期的输入采样阶段。

实际输入点数不能超过 PLC 所提供的具有外部接线端子的输入继电器的数量，具有地址而未用的输入映像区可能剩余，它们可以作为其他编程元件使用，但为了程序的清晰和规范，建议不把这些未用的输入继电器作为它用。

（2）输出继电器（Q）

输出继电器位于 PLC 存储器的输出过程映像寄存器（Process – Image Output Register）

区，都有一个PLC上的物理输出端子与之对应。当通过程序使得输出继电器线圈得电时，PLC上的输出端开关闭合，可以作为控制外部负载的开关信号。同时在程序中其常开触点闭合，常闭触点断开。这些内部的触点可以在编程时任意使用，使用次数不受限制。

在每个扫描周期的输入采样、程序执行等阶段，并不把输出结果信号直接送到输出继电器，而只是送到输出映像寄存器；只有在每个扫描周期的最后阶段才将输出映像寄存器中的结果同时送到输出锁存器，对输出点进行刷新。实际输出点数不能超过PLC所提供的具有外部接线端子的输出继电器的数量，未用的输出映像寄存器可作为它用；但为了程序的清晰和规范，建议不使用这些未用的输出继电器。

（3）通用辅助继电器（M）

通用辅助继电器（或中间继电器）位于PLC存储器的位存储器（Bit Memory Area）区，其作用和继电器-接触器控制系统中的中间继电器相同，它在PLC中没有外部的输入端子或输出端子与之对应，因此它不能受外部信号的直接控制，其触点也不能直接驱动外部负载。这是它与输入继电器和输出继电器的主要区别。它主要用来在程序设计中处理逻辑控制任务。

（4）特殊继电器（SM）

有些辅助继电器具有特殊功能或用来存储系统的状态变量、有关的控制参数和信息，称其为特殊继电器或特殊存储器（Special Memory）。用户可以通过特殊标志来建立PLC与被控对象之间的关系，如可以读取程序运行过程中的设备状态和运算结果信息，利用这些信息实现一些特殊的控制动作，如高速计数和中断，等等。用户也可以通过直接设置某些特殊继电器位来使设备实现某种功能。

主要的特殊继电器有以下几类：

① 表示状态：SMB0、SMB1和SMB5；

② 存储扫描时间：SMW22、SMW26；

③ 存储模拟电位器值：SMB28、SMB29；

④ 用于通信：

SMB2、SMB3、SMB30、SMB130：用于自由口通信；

SMB86～SMB94、SMB186～SMB194：接收信息控制。

⑤ 用于高速计数：SMB36～SMB65、SMB131～SMB165。

⑥ 用于脉冲输出：SMB66～SMB85、SMB166～SMB185。

⑦ 用于中断：SMB4、SMB34、SMB35。

常用特殊继电器SMB0和SMB1的状态位信息见表4-3。

（5）变量存储器（V）

变量存储器（Variable Memory）用来存储变量的值，它可以存放程序执行过程中控制逻辑操作的中间结果，也可以使用变量存储器来保存与工序或任务相关的其他数据。这些数据或值可以是数值，也可以是"1"或"0"这样的位逻辑值。在进行数据处理时或使用大量的存储单元逻辑时，变量存储器会经常使用。

（6）局部变量存储器（L）

局部变量存储器（Local Variable Memory）用来存放局部变量。局部变量与变量存储器所存储的全局变量十分相似，主要区别在于全局变量是全局有效的，而局部变量是局部有效的。全局有效是指同一个变量可以被任何程序（包括主程序、子程序和中断程序）访问；而局部有效是指变量只和特定的程序相关联。

表 4-3　常用特殊继电器 SMB0 和 SMB1 的状态位信息

SM0.0	该位始终为 ON，即常 ON	SM1.0	执行某些指令，结果为 0 时置位
SM0.1	首次扫描时为 ON，常用作初始化脉冲	SM1.1	执行某些指令，结果溢出或非法数值时置位
SM0.2	保持数据丢失时为 ON 一个扫描周期，可用作错误存储器位	SM1.2	执行运算指令，结果为负数时置位
SM0.3	开机进入 RUN 时为 ON 一个扫描周期，可在不断电的情况下代替 SM0.1 的功能	SM1.3	试图除以零时置位
SM0.4	时钟脉冲：30s 闭合/30s 断开	SM1.4	执行 ATT 指令，超出表范围时置位
SM0.5	时钟脉冲：0.5s 闭合/0.5s 断开	SM1.5	从空表中读数时置位
SM0.6	扫描时钟脉冲：闭合 1 个扫描周期/断开 1 个扫描周期	SM1.6	非 BCD 数转换为二进制数时置位
SM0.7	开关放置在 RUN 位置时为 1，在 TERM 位置时为 0，常用在自由口通信处理中	SM1.7	ASCII 码到十六进制数转换出错时置位

S7-200 PLC 提供 64B 的局部变量存储器，其中 60B 可以作暂时存储器或给子程序传递参数。主程序、子程序和中断程序都有 64B 的局部存储器可以使用。不同程序的局部存储器不能互相访问。机器在运行时，根据需要动态地分配局部存储器，在执行主程序时，分配给子程序或中断程序的局部变量存储区是不存在的；当子程序调用或出现中断时，需要为之分配局部存储器，新的局部存储器可以是曾经分配给其他程序块的同一个局部存储器。

使用局部变量存储器最多的场合是在带参数的子程序调用过程中。

（7）顺序控制继电器（S）

顺序控制继电器（Sequence Control Relay）称作状态器（State Memory）。顺序控制继电器用在顺序控制或步进控制中。如果它未被使用在顺序控制中，它也可以作为一般的中间继电器使用。有关顺序控制继电器的使用请参考第 5 章。

（8）定时器（T）

定时器（Timer）是可编程序控制器中重要的编程元件，是累计时间增量的内部器件。电气自动控制的大部分领域都需要用定时器进行时间控制，灵活地使用定时器可以编制出复杂动作的控制程序。

定时器的工作过程与继电器-接触器控制系统的时间继电器基本相同，但它没有瞬动触点。使用时要提前输入时间预设值，当定时器的输入条件满足时开始计时，当前值从 0 开始按一定的时间单位增加；当定时器的当前值达到预设值时，定时器触点动作。利用定时器的触点就可以完成所需要的定时控制任务。

（9）计数器（C）

计数器（Counter）用来累计输入脉冲的个数，经常用来对产品进行计数或进行特定功能的编程。使用时要提前输入它的设定值（计数的个数）。当输入触发条件满足时，计数器开始累计它的输入端脉冲电位上升沿（正跳变）的次数；当计数器计数达到预定的设定值时，其常开触点闭合，常闭触点断开。

（10）模拟量输入映像寄存器（AI）、模拟量输出映像寄存器（AQ）

模拟量输入电路用以实现模拟量–数字量（A–D）之间的转换，而模拟量输出电路用以实现数字量–模拟量（D–A）之间的转换。

在模拟量输入（Analog Input）/模拟量输出（Analog Output）映像寄存器中，数字量的长度为1个字长（16位），且从偶数号字节进行编址来存取转换过的模拟量值。编址内容包括元件名称、数据长度和起始字节的地址，如AIW6、AQW12等。

这两种寄存器的存取方式不同，模拟量输入寄存器只能进行读取操作，而模拟量输出寄存器只能进行写入操作。

（11）高速计数器（HC）

高速计数器（High–speed Counter）的工作原理与普通计数器基本相同，只不过它用来累计比主机扫描速率更快的高速脉冲。高速计数器的当前值是一个双字长（32位）的整数，且为只读值。高速计数器的数量很少，编址时只用名称HC和编号，如HC2。

高速计数器的编程比较复杂，在第5章将介绍其使用方法。

（12）累加器（AC）

S7–200 PLC提供4个32位累加器（Accumulator），分别为AC0、AC1、AC2、AC3。累加器是用来暂存数据的寄存器。它可以用来存放数据，如运算数据、中间数据和结果数据，也可以用来向子程序传递参数，或从子程序返回参数。使用时只表示出累加器的地址编号即可，如AC0。累加器可进行读、写两种操作。累加器的可用长度为32位，数据长度可以是字节、字或双字，但实际应用时，数据长度取决于进出累加器的数据类型。

例4-2　累加器使用举例。

若累加器AC1中的内容是：

	MSB			LSB
AC1	12	34	56	78

则分别对AC1进行字节、字和双字的数据传送操作后，具体结果如下：

作为字节使用：MOVB　　AC1，VB200　　//VB200 = 78

作为字使用：　MOVW　　AC1，VW200　　//VB200 = 56，VB201 = 78

作为双字使用：MOVD　　AC1，VD200　　//VB200 = 12，VB201 = 34，VB202 = 56，

　　　　　　　　　　　　　　　　　　　//VB203 = 78

4.3.2　寻址方式

1. 数据类型

（1）数据类型及范围

S7–200系列PLC的数据类型可以是字符串、布尔型（0或1）、整型和实型（浮点数）。实数采用32位单精度数来表示，数据类型、长度及范围见表4-4。

表 4-4　数据类型、长度及范围

基本数据类型	无符号整数表示范围		基本数据类型	有符号整数表示范围	
	十进制表示	十六进制表示		十进制表示	十六进制表示
字节 B（8 位）	0 ~ 255	0 ~ FF	字节 B（8 位）只用于 SHRB 指令	− 128 ~ 127	80 ~ 7F
字 W（16 位）	0 ~ 65535	0 ~ FFFF	INT（16 位）	− 32768 ~ 32767	8000 ~ 7FFF
双字 D（32 位）	0 ~ 4294967295	0 ~ FFFFFFFF	DINT（32 位）	− 2147483648 ~ 2147483647	80000000 ~ 7FFFFFFF
BOOL（1 位）	0，1				
字符串	每个字符以字节形式存储，最大长度为 255 个字节，第一个字节中定义该字符串的长度				
实数（IEEE32 位浮点数）	+ 1.175495E − 38 ~ + 3.402823E + 38（正数）− 1.175495E − 38 ~ − 3.402823E + 38（负数）				

（2）常数

在编程中经常会使用常数。常数数据长度可为字节、字和双字。在机器内部的数据都以二进制存储，但常数的书写可以用二进制、十进制、十六进制、ASCII 码或浮点数（实数）等多种形式。几种常数表示方法见表 4-5。

表 4-5　常数表示方法

进　制	书 写 格 式	举　例
十进制	十进制值	1052
十六进制	16#十六进制值	16#8AC6
二进制	2#二进制值	2#1010_0011_1101_0001
ASCII 码	'ASCII 码文本'	'Show terminals'
浮点数	ANSI/IEEE 754 − 1985 标准	（正数）+ 1.175495E − 38 ~ + 3.402823E + 38
		（负数）− 1.175495E − 38 ~ − 3.402823E + 38
字符串	"［字符串文本］"	"WYH"

注：表中的#为常数的进制格式说明符，如果常数无任何格式说明符，则系统默认为十进制数。

2. 直接寻址

（1）编址格式

S7 - 200 PLC 的存储单元按字节进行编址，无论所寻址的是何种数据类型，通常应指出它所在存储区域内的字节地址。每个单元都有唯一的地址，这种直接指出元件名称的寻址方式称作直接寻址。S7 - 200 PLC 中软元件的名称及直接编址格式如表 4-6 所列。

在表 4-6 中：

A：元件名称，即该数据在数据存储器中的区域地址，可以是表 4-6 中的元件符号；

T：数据类型，若为位寻址，则无该项；若为字节、字或双字寻址，则 T 的取值应分别为 B、W 和 D；

x：字节地址；

y：字节内的位地址，只有位寻址才有该项。

表4-6　S7-200 PLC中软元件的名称及直接编址格式

元件符号（名称）	所在数据区域	位寻址格式	其他寻址格式
I（输入继电器）	数字量输入映像区	Ax. y	ATx
Q（输出继电器）	数字量输出映像区	Ax. y	ATx
M（通用辅助继电器）	内部存储器区	Ax. y	ATx
SM（特殊继电器）	特殊存储器区	Ax. y	ATx
S（顺序控制继电器）	顺序控制继电器存储器区	Ax. y	ATx
V（变量存储器）	变量存储器区	Ax. y	ATx
L（局部变量存储器）	局部存储器区	Ax. y	ATx
T（定时器）	定时器存储器区	Ax	Ax（仅字）
C（计数器）	计数器存储器区	Ax	Ax（仅字）
AI（模拟量输入映像寄存器）	模拟量输入存储器区	无	Ax（仅字）
AQ（模拟量输出映像寄存器）	模拟量输出存储器区	无	Ax（仅字）
AC（累加器）	累加器区	无	Ax（任意）
HC（高速计数器）	高速计数器区	无	Ax（仅双字）

（2）位寻址格式

按位寻址时的格式为：Ax. y，使用时必须指定元件名称、字节地址和位号，如图4-7所示是输入继电器（I）的位寻址格式举例。

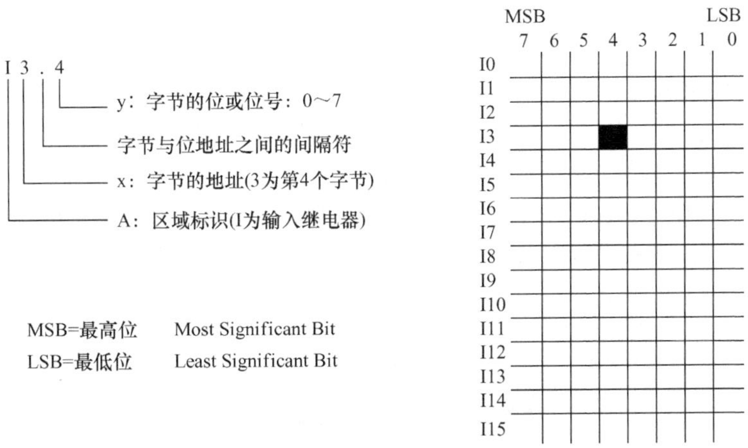

图4-7　CPU存储器中位数据表示方法举例（位寻址）

可以进行这种位寻址的编程元件有：输入继电器（I）、输出继电器（Q）、通用辅助继电器（M）、特殊继电器（SM）、局部变量存储器（L）、变量存储器（V）和顺序控制继电器（S）。

（3）特殊器件的寻址格式

存储区内有一些元件是具有一定功能的器件，不用指出它们的字节地址，而是直接写出其编号。这类元件包括定时器（T）、计数器（C）、高速计数器（HC）和累加器（AC）。其中T和C的地址编号中均包含两个含义，如T10，既表示T10的定时器位状态信息，又表示该定时器的当前值，在第5章还要对它们进行详细讲解。

累加器（AC）的数据长度可以是字节、字或双字。使用时只表示出累加器的地址编号即可，如AC0，数据长度取决于进出AC0的数据类型。

（4）字节、字和双字的寻址格式

对字节、字和双字数据，直接寻址时需指明元件名称、数据类型和存储区域内的首字节地址。如图4-8所示是以变量存储器（V）为例分别存取3种长度数据的比较。

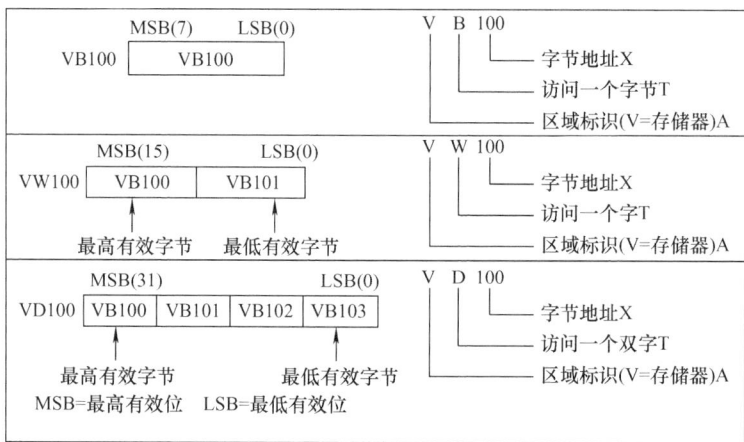

图4-8 存取3种长度数据的比较

可以用此方式进行寻址的元件有输入继电器（I）、输出继电器（Q）、通用辅助继电器（M）、特殊标志继电器（SM）、局部变量存储器（L）、变量存储器（V）、顺序控制继电器（S）、模拟量输入映像寄存器（AI）和模拟量输出映像寄存器（AQ）。

（5）实数存储格式及寻址

S7 - 200 PLC中的实数（浮点数）由32位单精度（有效位为7位）表示，占用4B的存储空间，按照双字长度来进行存取。在编程中使用实数时，最多可指定到小数点后6位。实数的存储格式如图4-9所示。

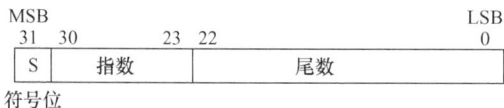

图4-9 实数的存储格式

（6）字符串存储格式及寻址

字符串指的是一系列字符，每个字符以字节的形式存储。字符串的第一个字节定义字符串的长度，即字符串中字符的个数。一个字符串的长度可以为0～254个字符，加上长度字节，一个字符串最大长度为255B，但一个字符串常量的最大长度为126B。字符串的存储格式如图4-10所示。

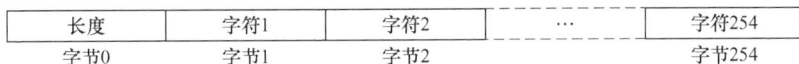

长度	字符1	字符2	…	字符254
字节0	字节1	字节2		字节254

图4-10　字符串的存储格式

3. 间接寻址

在直接寻址方式中，直接使用存储器或寄存器的元件名称和地址编号，根据这个地址可以立即找到该数据。

间接寻址方式是指数据存放在存储器或寄存器中，在指令中只出现数据所在单元的内存地址的地址。存储单元地址的地址又称作地址指针。这种间接寻址方式与计算机的间接寻址方式相同。间接寻址在处理内存连续地址中的数据时非常方便，而且可以缩短程序所生成的代码长度，使编程更加灵活。

可以用指针进行间接寻址的存储区有输入继电器（I）、输出继电器（Q）、通用辅助继电器（M）、变量存储器（V）、顺序控制继电器（S）、定时器（T）和计数器（C）。其中T和C仅仅是对当前值可以进行间接寻址，而对独立的位值和模拟量值不能进行间接寻址。

使用间接寻址方式存取数据的方法与C语言中的指针应用基本相同，其过程如下。

（1）建立指针

使用间接寻址对某个存储器单元读、写时，首先要建立地址指针。指针为双字长，是所要访问的存储单元的32位的物理地址。可作为指针的存储区有变量存储器（V）、局部变量存储器（L）和累加器（AC1、AC2、AC3）。必须用双字传送指令（MOVD），将存储器所要访问单元的地址装入用来作为指针的存储器单元或寄存器。

注意：装入的是地址而不是数据本身。

举例如下：

MOVD　&VB100，VD200

MOVD　&VB20，AC3

MOVD　&C6，LD20

其中："&"为地址符号，它与单元编号结合使用表示所对应单元的32位物理地址；VB100只是一个直接地址编号，并不是它的物理地址。指令中的第二个地址数据长度必须是双字长，如VD、LD和AC等。

（2）用指针来存取数据

在操作数的前面加"＊"表示该操作数为一个指针。如图4-11所示，AC1为指针，用来存放要访问的操作数的地址。在这个例子中，存于VB200、VB201中的数据被传送到AC0中去。

（3）修改指针

连续存储数据时，可以通过修改指针后很容易地存取其紧接的数据。简单的数学运算指令，如加法、减法、自增和自减等指令可以用来修改指针。在修改指针时，要分清楚访问数据的长度：存取字节时，指针加1；存取字时，指针加2；存取双字时，指针加4。图4-11说明了如何建立指针，如何存取数据及修改指针。

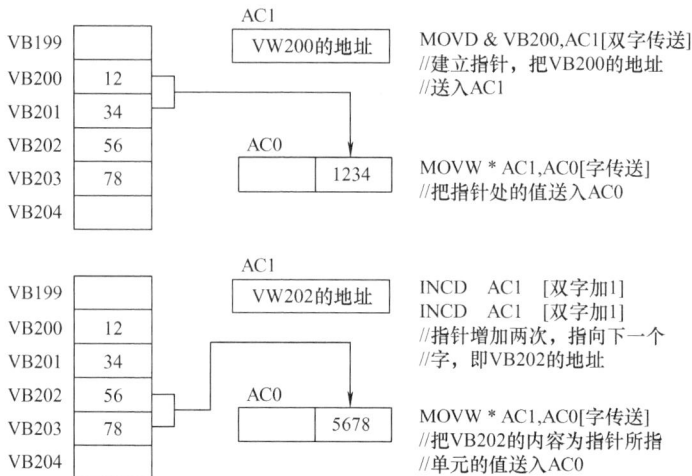

图 4-11　建立指针、存取数据及修改指针

4.4　S7-200 系列 PLC 的编程语言与程序结构

　　S7-200 PLC 使用 SIEMENS 公司自己的 SIMATIC 指令系统、编程语言和 Micro/WIN 编程环境，该指令系统和美国、日本以及中国市场上流行的众多的小型 PLC 的指令系统非常相似，从这方面来说为大家的学习带来了方便，学习好 S7-200 PLC 编程语言可以为学习其他 PLC 编程语言和国际标准工业控制编程语言 IEC61131-3 打下一个坚实的基础。

　　因为 S7-200 PLC 的功能是在不断增强的，所以随着时间的推移，不同版本的 CPU 在性能和功能方面也有差别。比如有些新增的指令，早期的 CPU 版本就不能支持。所以如果用户使用的是一个过去的 S7-200 PLC，则本书所罗列的某些指令或 CPU 的某些性能指标就不一定完全支持，提请大家在使用时注意。

4.4.1　编程语言

　　S7-200 PLC 指令系统提供的编程语言有梯形图（LAD）、语句表（STL）和功能块图（FBD）等，此外，还提供顺序功能图（SFC）编程功能。

1. 梯形图

　　梯形图是最早使用的一种 PLC 的编程语言，它是从继电器-接触器控制系统原理图的基础上演变而来的，它继承了继电器-接触器控制系统中的基本工作原理和电气逻辑关系的表示方法，梯形图与继电器-接触器控制系统图的基本思想是一致的，只是在使用符号和表达方式上有一定区别，所以在逻辑顺序控制系统中得到了广泛的使用。它的最大特点就是直观、清晰。不论从 PLC 的产生原因（主要替代继电器-接触器控制系统）还是从广大电气工程技术人员的使用习惯来讲，梯形图一直是最基本、最常用的编程语言。

　　S7-200 PLC 属于小型 PLC，它主要的使用场合是小规模典型的电气顺序逻辑系统，所以梯形图更是它的主要编程语言。图 4-12 是典型的梯形示意图。左右两条垂直的线称为母线。母线之间是触点的逻辑连接和线圈的输出。

梯形图的一个关键概念是"能流"（Power Flow），这只是概念上的"能流"。图4-12中，把左边的母线假想为电源"相线"，而把右边的母线（虚线所示）假想为电源"零线"。如果有"能流"从左至右流向线圈，则线圈被激励。如没有"能流"，则线圈未被激励。

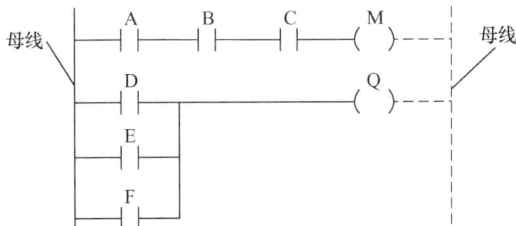

图4-12　梯形图举例

"能流"可以通过被激励（ON）的常开触点和未被激励（OFF）的常闭触点自左向右流。"能流"在任何时候都不会通过触点自右向左流。如图4-12中，当A、B、C触点都接通后，线圈M才能接通（被激励），只要其中一个触点不接通，线圈就不会接通；而D、E、F触点中任何一个接通，线圈Q就被激励。

需要强调指出的是，引入"能流"的概念，仅仅是为了和继电器-接触器控制系统相比较，来对梯形图有一个深入的认识，其实"能流"在梯形图中是不存在的。

有的PLC的梯形图有两根母线，但大部分PLC现在只保留左边的母线了。在梯形图中，触点代表逻辑"输入"条件，如开关、按钮和内部条件等；线圈通常代表逻辑"输出"结果，如灯、电机接触器、中间继电器等。

梯形图语言简单明了，易于理解，是所有编程语言的首选。

2. 语句表

语句表是S7-200 PLC中常用的编程语言之一，但语句表不直观的缺陷比较突出，所以，一般情况下，在繁杂的计算、中断等场合会使用语句表。作为一种基本训练，本书配合梯形图来讲解语句表编程语言。

一个简单的PLC程序如图4-13所示，其中图4-13a是梯形图程序，图4-13b是相应的语句表。对它们的特点大家可进行一下比较。

3. 功能块图

它是一种基于电子器件门电路逻辑运算形式的编程语言，利用FBD可以查看到像普通逻辑门图形的逻辑盒指令。它没有梯形图编程器中的触点和线圈，但有与之等价的指令，这些指令是作为盒指令出现的，程序逻辑由这些盒指令之间的连接决定。也就是说，一个指令（如AND盒）的输出可以用来允许另一条指令

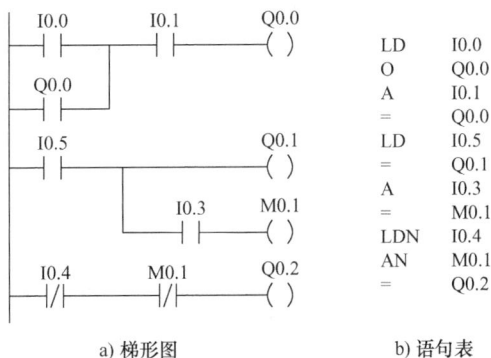

a) 梯形图　　　　　b) 语句表

图4-13　LAD和STL编程语言比较

（如定时器），这样可以建立所需的控制逻辑，这样的连接思想可以解决范围广泛的逻辑问题。FBD编程语言有利于程序流的跟踪，但在我国的电气工程师中间较少有人使用，因此本书不做进一步的介绍。图4-14为FBD简单举例。

4. 顺序功能图

顺序功能图是一种典型的图形编程语言，也是未来使用最多的编程语言之一，它在复杂逻辑顺序任务的程序设

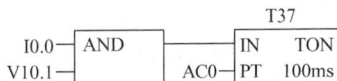

图4-14　FBD简单举例

计中得到了广泛应用。在 S7 – 200 PLC 中它并不是一种编程语言，而只是提供了几条指令，使用这些指令可以完成一般的功能图程序的设计。

5. S7 – 200 PLC 中的 IEC61131 – 3 指令

IEC61131 – 3 是指国际 OPENPLC 标准 IEC61131 中的第三部分 "编程语言"，也是工业控制领域现场总线时代标准的 PLC 编程语言。S7 – 200 PLC 中对某些指令提供了相应的 IEC61131 – 3 的指令，但由于和 IEC61131 – 3 的兼容程度太低，所以在使用 S7 – 200 PLC 时，一般不会使用它提供的 IEC61131 – 3 的编程指令。

4.4.2 基本概念

1. 输出线圈和指令盒

在 S7 – 200 PLC 的梯形图编程语言中，其输出表示形式有线圈和指令盒两种。对输出继电器 Q、中间继电器 M 等元器件来说，就是以线圈的方式表示的；对定时器 T、计数器 C 以及大部分的功能指令来说，其输出的表示形式是以指令盒的方式表示的。指令盒是一个四方框，它的周围既有输入信号的接口，有的也有输出信号的接口，另外它上面还有指令的名称等。图 4-15 所示为两种不同输出表示方式举例。

2. 网络块

网络块（Network）是 S7 – 200 PLC 编程软件中一个特殊的标记，也可以说网络块是一个最小的独立的逻辑块。整个梯形图程序就是由许多网络块组成的，每个网络块均起始于母线，所有的网络块组合在一起就是梯形图程序，这是 S7 – 200 PLC 编程的特点。如图 4-16 所示，在编程过程中，要严格按照网络块的概念进行程序设计，并对每一个网络块进行注释，这样既清晰美观，又便于以后的阅读。只有严格按照网络块的方式进行编程，才可以在编程软件中进行梯形图、语句表和功能块图等不同编程语言之间进行自动的相互转换。图 4-16 中最上面的一行文字是对整个程序的注释。

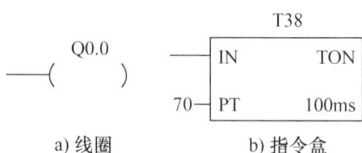

图 4-15 S7 – 200 PLC 的输出线圈和指令盒

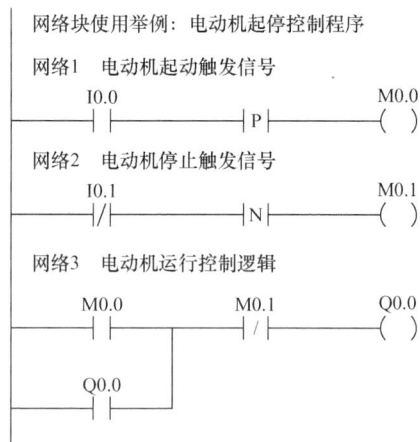

图 4-16 网络块的使用

4.4.3 程序结构

S7 – 200 PLC 的程序由三部分构成：用户程序、数据块和参数块。

1. 用户程序

在一个控制系统中用户程序是必须有的，用户程序在存储器空间中也称作组织块，它处于最高层次，可以管理其他块，可以使用各种语言（如 STL、LAD 或 FBD 等）编写用户程序。不同机型的 CPU 其程序空间容量也不同，即对用户程序的长短有规定，但程序存储器的容量对一般场合使用来说已绰绰有余了。

用户控制程序可以包含一个主程序、若干子程序和若干中断程序。主程序是必需的，而且也只能有一个；子程序和中断程序的有无和多少是可选的，它们的使用要根据具体使用情况来决定。在重复执行某项功能的时候，子程序是非常有用的；当特定的情况发生需要及时执行某项控制任务时，中断程序又是必不可少的。在第 5 章和第 6 章中将对主程序、子程序和中断程序的编制有较详细的讲解。程序结构示意如图 4-17 所示。

2. 数据块

数据块为可选部分，它主要存放控制程序运行所需的数据。数据块不一定在每个控制系统的程序设计中都使用，但使用数据块可以完成一些有特定数据处理功能的程序设计，比如为变量存储器 V 指定初始值。

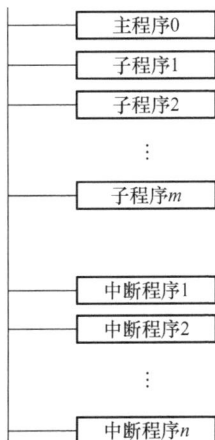

图 4-17　程序结构

3. 参数块

参数块存放的是 CPU 组态数据，如果在编程软件或其他编程工具上未进行 CPU 的组态，则系统以默认值进行自动配置。在有特殊需要时，用户可以对系统的参数块进行设定，比如有特殊要求的输入/输出设定、掉电保持设定等，但大部分情况下使用默认值。

本 章 小 结

不同 PLC 厂家的产品各具特色，通过深入学习，熟练掌握一种型号的 PLC 的使用，可使读者对其他产品的学习变得轻松容易。

本章以 S7-200 系列 PLC 为对象，详细介绍了其硬件结构、软元件及寻址方式，对指令和编程语言的基本概念也进行了介绍。

1. S7-200 系列 PLC 属于小型 PLC，是整体式结构，其 CPU 模块为 CPU22X，均为整体机。除 CPU221 外，都可以进行 I/O 和功能模块的扩展，进行 I/O 扩展或特殊功能模块扩展时必须遵循一定的原则。本系列 PLC 在许多方面，如输入/输出、存储系统、高速处理、实时时钟、网络通信等方面，具有自己的独特功能。

2. 应学会分析和参考 PLC 的技术性能指标表。这是衡量各种不同型号 PLC 产品性能的依据，也是根据实际需求选择和使用 PLC 的依据。

3. PLC 编程时用到的数据及数据类型可以是字符串、布尔型、整型和实型等；指令中常数可用二进制、十进制、十六进制、ASCII 码或浮点数据来表示。

4. PLC 内部的编程元件有多种，应当熟悉各种元器件和它们的直接寻址方式。在处理多个连续单元中的多个数据时，S7-200 系列 PLC 的间接寻址方式非常有用，应掌握间接寻址方式的使用方法。

5. S7 – 200 PLC 的编程语言有 3 种，即梯形图 LAD、语句表 STL 和功能块图 FBD。这几种编程语言都有其特点，最常用的是 LAD。功能图在 S7 – 200 PLC 中不能算是一种独立的编程语言，但使用功能图方法编程会给大家带来极大的方便。

练习与思考

4-1　S7 – 200 PLC 的硬件系统主要由哪些部分组成？

4-2　S7 – 200 PLC 的存储系统提供了哪几种方式来保存数据？

4-3　常用的 S7 – 200 PLC 的扩展模块有哪些？各适用于什么场合？

4-4　一个控制系统需要 12 点数字量输入、30 点数字量输出、7 点模拟量输入和 2 点模拟量输出。试问：

（1）选用哪种主机最合适？

（2）如何选择扩展模块？

（3）画出系统模块连接图。

（4）对主机和各模块的输入/输出点进行编址？

4-5　某 PLC 控制系统，经估算需要数字量输入点 20 个，数字量输出点 10 个；模拟量输入通道 5 个，模拟量输出通道 3 个。请选择 S7 – 200 PLC 的主机类型及其扩展模块，要求按空间分布位置对主机及各模块的输入/输出点进行编址。

4-6　PLC 中的内部编程资源（即软元件）为什么被称作软继电器？其主要特点是什么？

4-7　S7 – 200 系列 PLC 主机中有哪些主要编程元件？各编程元件如何直接寻址？

4-8　间接寻址包括几个步骤？试举例说明。

4-9　S7 – 200 PLC 的编程语言有几种？各有什么特点？

4-10　S7 – 200 PLC 的程序包括哪几部分？其中的用户程序中又包含哪些部分？

第 5 章　S7 - 200 系列 PLC 的指令系统

导读

S7 - 200 PLC 的指令包括最基本的逻辑控制类指令和完成特殊任务的功能指令。本章用举例的形式讲解 S7 - 200 PLC 的基本指令、功能指令的功能及其使用方法，并介绍常用典型电路及环节的编程。本章是学习 PLC 的重点，学习完本章后，可以进行简单的也是基本的 PLC 控制程序的设计。

学习要点:

熟练掌握梯形图和语句表的编程方法；掌握 S7 - 200 的基本逻辑指令；掌握 S7 - 200 的定时器和计数器指令及传送和比较指令；了解 S7 - 200 的程序控制指令及特殊功能指令、运算指令及堆栈和时钟操作指令。

5.1　基本逻辑指令及编程方法

基本逻辑指令是构成基本逻辑运算功能指令的集合，包括基本的位操作指令、置位/复位指令、正/负跳变指令、立即指令、逻辑堆栈指令、定时器、计数器、比较指令、取反和空操作指令等。

5.1.1　标准触点的位逻辑指令

位操作指令是 PLC 常用的基本指令。梯形图指令有触点和线圈两大类，触点又分常开触点和常闭触点两种形式；语句表指令有与、或、输出等逻辑关系。位操作指令能够实现基本的位逻辑运算和控制。

如图 5-1 所示，在没有外力作用时，如果触点是打开状态，则用常开（NO）触点表示，如果触点是闭合状态，则用常闭（NC）触点表示。

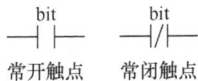

梯形图指令由触点或线圈符号和直接位地址两部分组成，含有直接位地址的指令又称位操作指令；语句表的基本逻辑指令由指令助记符和操作数两部分组成，操作数由可以进行位操作的寄存器元件及地址组成，如 LD I0.0。

标准触点指令有 LD、LDN、A、AN、O、ON、NOT、= 指令（语句表）。这些指令对存储器位在逻辑堆栈中进行操作。

1. 装载及线圈驱动指令——LD、LDN、=

LD（Load）：装入常开指令，对应梯形图则为在左侧母线或线路分支点处初始装载一个常开触点。

图 5-1　标准触点

LDN（Load Not）：装入常闭指令，对应梯形图则为在左侧母线或线路分支点处初始装载一个常闭触点。

=：输出指令，对应梯形图则为线圈驱动，用于每一网络段的结束。

在梯形图中，每个从左侧母线开始的单一逻辑行，每个程序块（逻辑梯级）的开始，指令盒的输入端都必须使用 LD 和 LDN 这两条指令。

上述三条指令的用法如图 5-2 所示。

图 5-2 网络 1 中，每当输入端 "0" 字节位地址为 "0" 的存储器变化一次，输出端 "0" 字节位地址为 "0" 的存储器就输出一位。即 I0.0 的状态发生变化，Q0.0 的状态也会跟着发生变化。相当于继电器-接触器控制中的 "点动"。网络 2 中，每当输入端 "0" 字节位地址为 "1" 的存储器变化一次，中间继电器输出端 "0" 字节位地址为 "0" "1" 的存储器就各中断输出一次。

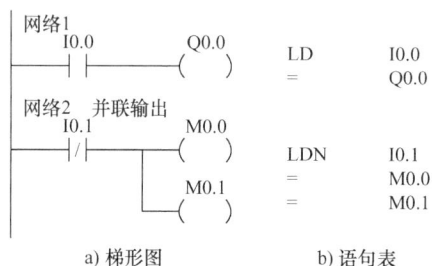

图 5-2　LD、LDN、=指令梯形图及语句表

LD、LDN、= 指令使用说明：

① LD、LDN 指令用于与输入公共线（左侧母线）相连的常开、常闭触点，也使用于 ALD、OLD 指令分支电路块的开头；

② = 指令用于输出继电器、辅助继电器、定时器及计数器等，但不能用于输入继电器；

③ 线圈的常开或常闭触点可以有无限次使用；

④ 并联的 = 指令可以连续使用任意次；

⑤ 在同一程序中不能使用双线圈输出，即同一个元器件在同一程序中只使用一次 = 指令。

⑥ LD、LDN 指令的操作数：I、Q、M、SM、T、C、V、S；= 指令的操作数：Q、M、SM、T、C、S。

2. 与、或指令

（1）与指令——A、AN

A（And）：与常开触点，用于单个常开触点的串联连接。

AN（And Not）：与常闭触点，用于单个常闭触点的串联连接。

A、AN 两条指令的用法如图 5-3 所示。

A、AN 指令使用说明：

① A、AN 指令是单个触点串联连接指令，可连续使用；

② 若要串联多个触点组合回路时，须采用后面介绍的 ALD 指令；

③ 若按正确次序编程，可以反复使用 = 指令，如图 5-3 中的 " =　　Q0.1" 指令。但如果按图 5-4 的次序编程就不能连续使用 = 指令；

④ A、AN 的操作数：I、Q、M、SM、T、C、V、S。

（2）或指令——O、ON

O（Or）：或常开触点，用于单个常开触点的并联连接。

ON（Or Not）：或常闭触点，用于单个常闭触点的并联连接。

O、ON 两条指令的用法如图 5-5 所示。

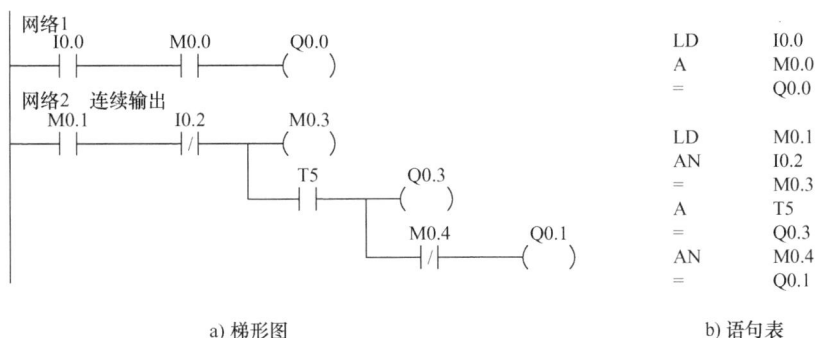

图 5-3 A、AN 指令梯形图及语句表

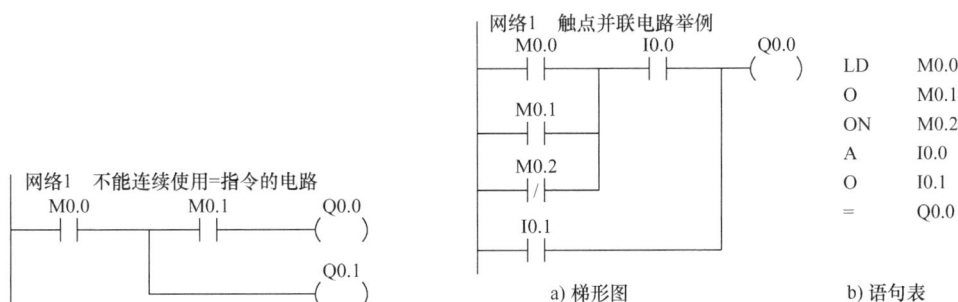

图 5-4 不可连续使用 = 指令的电路

图 5-5 O、ON 指令梯形图及语句表

O、ON 指令使用说明：

① O、ON 指令可作为一个触点的并联连接指令，紧接在 LD、LDN 指令之后用，即再并联一个触点，可以连续使用；

② 若要将两个以上触点的串联回路和其他回路并联时，须采用后面说明的 OLD 指令；

③ O、ON 的操作数：I、Q、M、SM、T、C、V、S。

应用举例如下：图 5-6 所示是相当于继电器-接触器控制中的"长动"的程序。

对图 5-6 所示的程序运行分析如下：

① 能流只能从左向右流动，层次的改变只能是先上后下。当"能流"流经 I0.0 使得该存储器变化一次时，若 I0.1 无变化，则输出端 Q0.0 就输出一位；

图 5-6 基本指令的应用

② 由于 Q0.0 线圈在第一逻辑行，而该线圈的 Q0.0 触点在第二逻辑行，根据"前面的运算结果可以被后面的逻辑直接引用"的概念，Q0.0 线圈的输出使得 Q0.0 触点闭合，并使 Q0.0 输出保持。

③ I0.1 变化一次，Q0.0 线圈无输出，其常开触点断开。

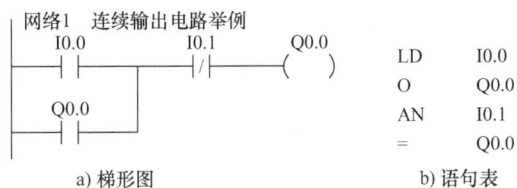

3. 置位、复位指令——S、R

S（Set）：置位指令，将操作数中定义的 N 个位逻辑量强制置 1。

R（Reset）：复位指令，将操作数中定义的 N 个位逻辑量强制置 0。

置位和复位指令的用法如图 5-7 所示。

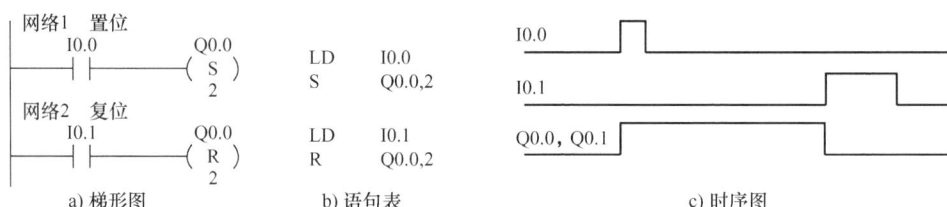

图 5-7 置位、复位指令应用程序及时序图

S、R 指令使用说明：

① SB 适用的存储器有：Q、M、SM、T、C、V、S、L；N 允许的范围是 IB、QB、MB、SMB、VB、SB、LB 等；

② SB 为起始地址位，N 为指定置 1、置 0 的地址位的数量，取值范围为 1 ~ 255；

③ STL 的编写顺序是：S/R SB，N；

④ 对位元件来说一旦被置位，就保持在通电状态，除非对它复位；而一旦被复位就保持在断电状态，除非再对它置位；

⑤ 如果对定时器和计数器复位，则被指定的 T 或 C 位被复位，同时其当前值被清 0。

⑥ S/R 指令可以互换次序使用，但由于 PLC 采用循环扫描工作方式，所以写在后面的指令具有优先权。

4. 正、负跳变指令——EU、ED

EU（Edge Up）：正跳变指令。EU 指令对其之前的逻辑运算结果的上升沿（0→1 跳变）产生宽度为一个扫描周期的脉冲。

ED（Edge Down）：负跳变指令。ED 指令对逻辑运算结果的下降沿（1→0 跳变）产生宽度为一个扫描周期的脉冲。

正、负跳变触点指令的用法如图 5-8 所示。

EU、ED 指令使用说明：

对于开机就置 1 的条件，EU 指令不会立即执行，但置 0 后再置 1 时，EU 就立即执行；对 ED 而言，无论是否开机置 1，只要置 0，就立即执行，且以"位"存取。

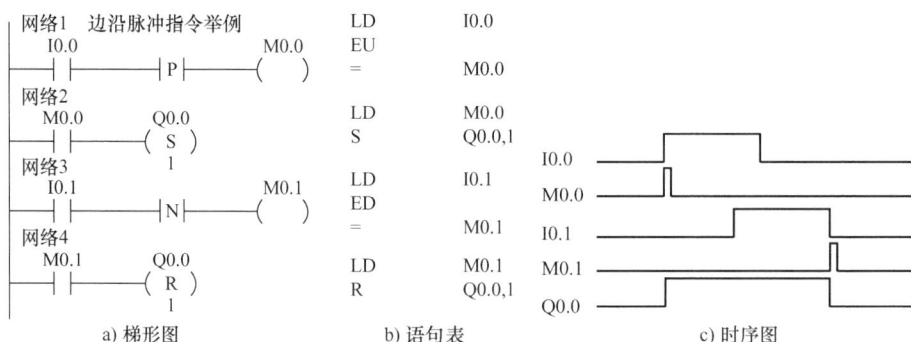

图 5-8 EU、ED 指令应用程序及时序图

5. RS 触发器指令

该指令使用不多，是新版本的 CPU 增加的指令。

SR（Set Dominant Bistable）：置位优先触发器指令。当置位信号（S1）和复位信号（R）都为真时，输出为真。

RS（Reset Dominant Bistable）：复位优先触发器指令。当置位信号（S）和复位信号（R1）都为真时，输出为假。RS 触发器指令的 LAD 形式如图 5-9 所示。图 5-9a 为 SR 指令，图 5-9b 为 RS 指令。Bit 参数用于指定被置位或者被复位的 BOOL 参数。RS 触发器指令没有 STL 形式，但可通过编程软件把 LAD 形式转换成 STL 形式，不过很难读懂。所以建议如果使用 RS 触发器指令最好使用 LAD 形式。RS 触发器指令的真值表见表 5-1。

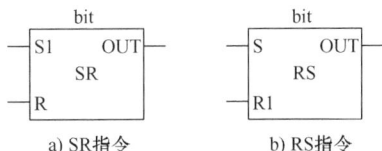

图 5-9　RS 触发器指令

表 5-1　RS 触发器指令真值表

指令	S1	R	输出（Bit）	指令	S	R1	输出（Bit）
置位优先触发器指令（SR）	0	0	保持前一状态	复位优先触发器指令（RS）	0	0	保持前一状态
	0	1	0		0	1	0
	1	0	1		1	0	1
	1	1	1		1	1	0

RS 触发器指令使用说明：

该指令的输入/输出操作数为：I、Q、V、M、SM、S、T、C。bit 的操作数为：I、Q、V、M 和 S。这些操作数的数据类型均为 BOOL 型。

RS 触发器指令的使用举例如图 5-10 所示。图 5-10b 为在给定的输入信号波形下产生的输出波形。

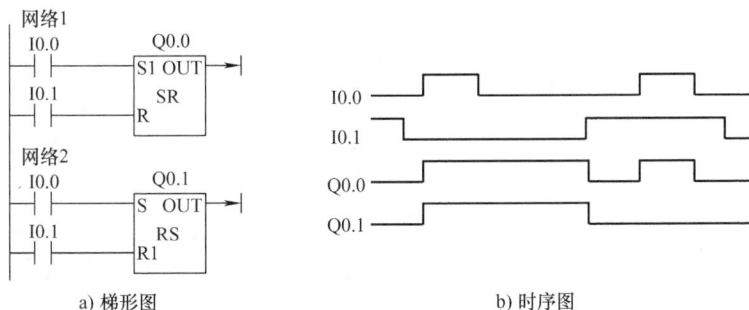

a) 梯形图　　　　　　　　　　b) 时序图

图 5-10　RS 触发器指令使用说明

5.1.2　触点的立即指令

立即指令 I（Immediate）是为了提高 PLC 对输入/输出的响应速度而设置的，它不受 PLC 循环扫描工作方式的影响，允许对输入和输出点进行快速直接存取。当用立即指令读取输入点的状态时，对 I 进行操作，相应的输入映像寄存器中的值并未更新；当用立即指令访问输出点时，对 Q 进行操作，新值同时写到 PLC 的物理输出点和相应的输出映像寄存器。

1. 立即触点指令——LDI/LDNI/AI/ANI/OI/ONI

指令执行时，立即读取指定的物理输入点的值，而不改变输入映像寄存器的值。

2. 立即输出指令—— = I

指令执行时，将计算结果立即读取到指定的物理输出点，同时刷新输出映像寄存器的内容。

3. 立即置位指令——SI

用立即置位指令访问输出点时，将从指定位开始的 N 个（最多 128 个）物理输出点被立即同时置 1，并刷新输出映像寄存器的内容。

4. 立即复位指令——RI

用立即复位指令访问输出点时，将从指定位开始的 N 个（最多 128 个）物理输出点被立即同时置（清）0，并刷新输出映像寄存器的内容。

立即指令的用法如图 5-11 所示。在理解本例的过程中，一定要注意哪些地方使用了立即指令，哪些地方没有使用立即指令。要理解输出物理触点和相应的输出映像寄存器是不一样的概念，并且要结合 PLC 循环扫描工作方式的原理来看时序图。图 5-11 中，t 为执行到

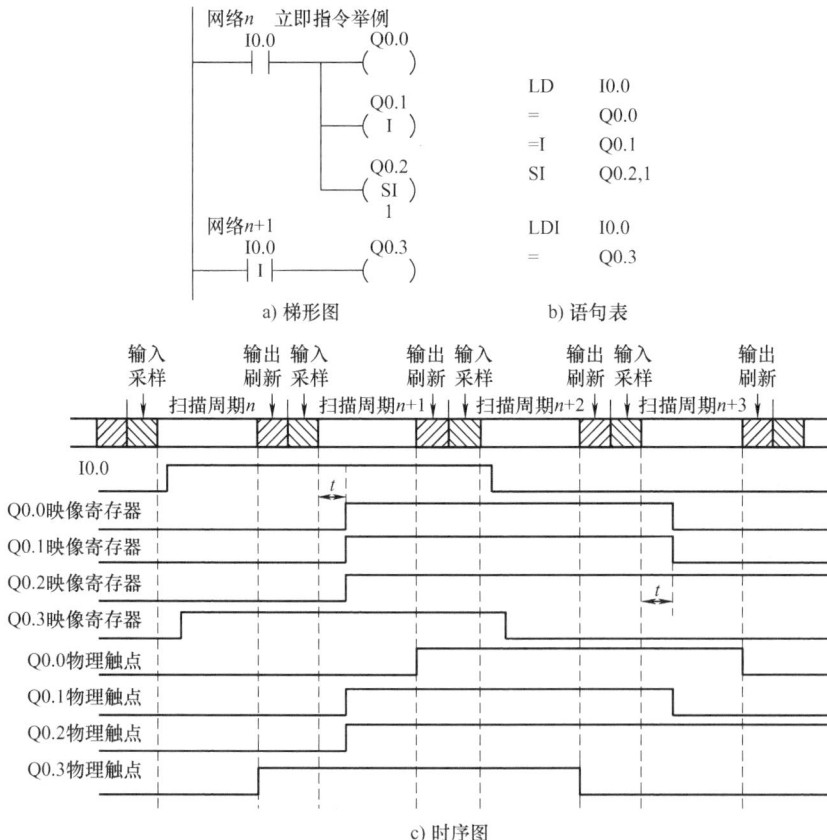

图 5-11　立即指令应用程序及时序图

输出点处理程序所用的时间，Q0.0、Q0.1、Q0.2的输入逻辑是I0.0的普通常开触点。Q0.0为普通输出，在程序执行到它时，它的映像寄存器的状态会随着本扫描周期采集到的I0.0状态的改变而改变，而它的物理触点要等到本扫描周期的输出刷新阶段才改变；Q0.1、Q0.2为立即输出，在程序执行到它们时，它们的物理触点和输出映像寄存器同时改变；而对Q0.3来说，它的输入逻辑是I0.0的立即触点，所以在程序执行到它时，Q0.3的映像寄存器的状态会随着I0.0即时状态的改变而立即改变，而它的物理触点要等到本扫描周期的输出刷新阶段才改变。

立即指令使用说明：

① 本指令只适用于I、Q存储器。

② 立即指令是直接访问物理I/O接口的，比一般指令访问I/O映像寄存器占用CPU的时间要长，所以不能经常性地使用立即指令，否则会加长扫描周期，对系统造成不利影响。

5.1.3　逻辑堆栈指令

S7-200系列PLC使用一个9层堆栈来处理所有逻辑操作，它和计算机中的堆栈结构相同。堆栈是一组能够存储和取出数据的暂存单元，其特点是"先进后出"。每一次进行入栈操作，新值放入栈顶，栈底值丢失；每一次进行出栈操作，栈顶值弹出，栈底值补进随机数。逻辑堆栈指令主要用来处理对触点进行的复杂连接。

逻辑堆栈指令包括ALD、OLD、LPS、LRD、LPP和LDS。

1. 栈装载或指令——OLD

两个以上触点串联形成的支路叫作串联电路块，串联电路块的并联连接指令为OLD。

OLD（Or Load）：栈装载或（或块）指令，用于串联电路块的并联连接。

OLD指令的用法如图5-12所示。

每个块电路在进行完逻辑计算后，把结果存放在堆栈栈顶，OLD指令的实质就是把栈顶最上面两层的内容进行"或"操作，然后把结果再存放到栈顶。

OLD指令使用说明：

① 几个串联支路并联连接时，其支路的起点以LD、LDN开始，支路终点用OLD指令；

② 如需将多个支路并联，从第二条支路开始，在每一条支路后面加OLD指令。用这种方法编程，对并联支路的个数没有限制；

③ OLD指令无操作数。

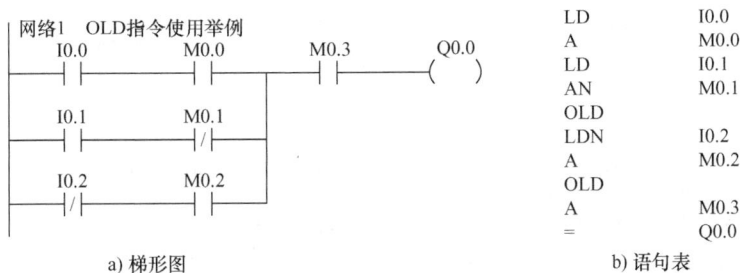

图 5-12　OLD 指令应用程序

2. 栈装载与指令——ALD

两条以上支路并联形成的电路叫作并联电路块，并联电路块的串联连接指令为 ALD。

ALD（And Load）：栈装载与（与块）指令，用于并联电路块的串联连接。

ALD 指令的用法如图 5-13 所示。

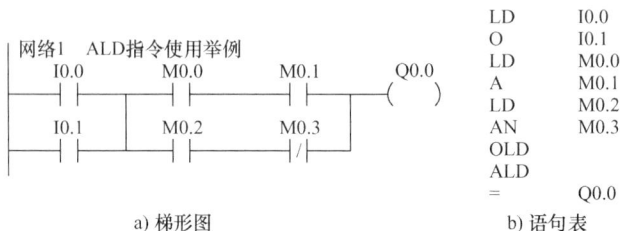

图 5-13　ALD 指令应用程序

每个块电路在进行完逻辑计算后，把结果存放在堆栈栈顶。ALD 指令的实质就是把栈顶最上面两层的内容进行"与"操作，然后把结果再存放到栈顶。

ALD 指令使用说明：

① 分支电路（并联电路块）与前面电路串联连接时，使用 ALD 指令。而 A/O 指令是用于单个触点的串并联指令，二者不得混淆；

② 应用 ALD 时，并联的触点分支不得少于 2 个。分支的起始点用 LD、LDN 指令，并联电路块结束后，使用 ALD 指令与前面电路串联；

③ 如果有多个并联电路块串联，顺次以 ALD 指令与前面支路连接，支路数量没有限制；

④ ALD 指令无操作数。

栈装载与指令和栈装载或指令的操作过程如图 5-14 所示，图中"x"表示不确定值。

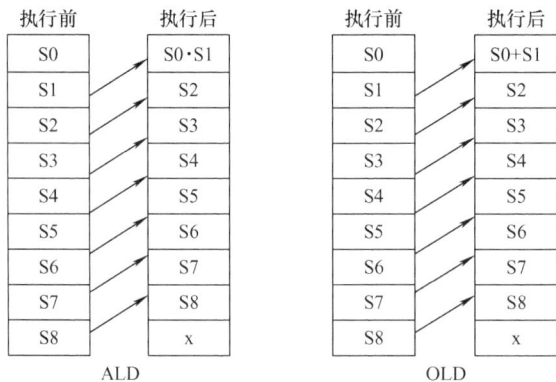

图 5-14　栈装载与指令和栈装载或指令的操作过程

3. 逻辑入栈、读栈和出栈指令——LPS、LRD、LPP

LPS（Logic Push）：逻辑入栈指令（分支电路开始指令）。在梯形图中的分支结构中，可以形象地看出，它用于生成一条新的母线，其左侧为原来的主逻辑块，右侧为新的从逻辑块，因此可以直接编程。从堆栈使用上来讲，LPS 指令的作用是把栈顶值复制后压入堆栈。

　　LRD（Logic Read）：逻辑读栈指令。在梯形图中的分支结构中，当新母线左侧为主逻辑块时，LPS开始右侧的第一个从逻辑块编程，LRD开始第二个以后的从逻辑块编程。从堆栈使用上来讲，LRD读取最近的LPS压入堆栈的内容，而堆栈本身不进行Push和Pop工作。

　　LPP（Logic Pop）：逻辑出栈指令（分支电路结束指令）。在梯形图中的分支结构中，LPP用于LPS产生的新母线右侧最后一个从逻辑块的编程，它在读取完离它最近的LPS压入堆栈内容的同时复位该条新母线。从堆栈使用上来讲，LPP把堆栈弹出一级，堆栈内容依次上移。

　　LPS、LRD、LPP指令的用法如图5-15、图5-16所示。

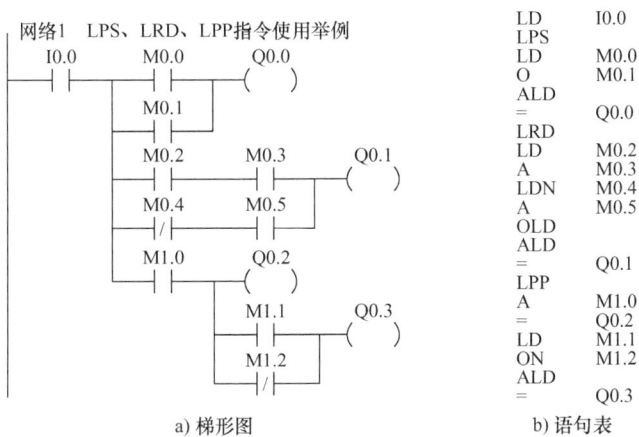

图 5-15　LPS、LRD、LPP 指令使用举例 1

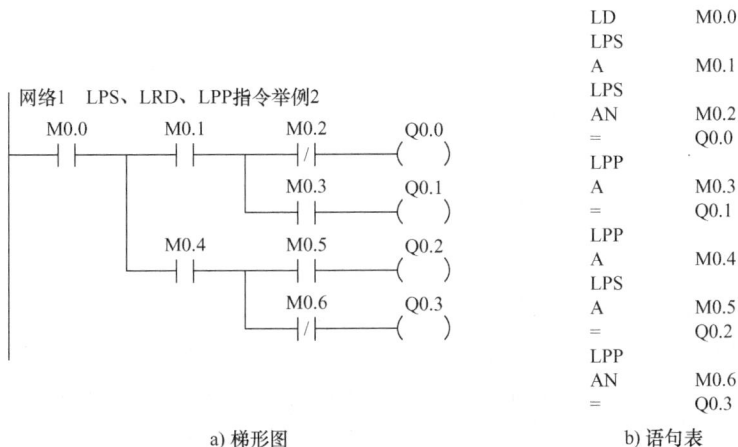

图 5-16　LPS、LRD、LPP 指令使用举例 2

　　LPS、LRD、LPP指令使用说明：

　　① LPS和LPP指令必须成对使用，它们之间可以使用LRD指令；

　　② LPS的起始指令必须是A/AN（单个触点）或LD/LDN（触点组），结束指令必须是LPP；

　　③ 由于受堆栈空间的限制（9层堆栈），LPS、LPP指令连续使用时应少于9次；

④ LPS/LPP 指令按"先进后出"原则存取；

⑤ 在 LPS/LPP 中，凡以 LD/LDN 开始的触点组在完成触点组间的"或""与"操作后，还必须与前面栈存的结果实现逻辑块的"与"操作；

⑥ 与 LD/LDN 不同的是：LPS/LPP 指令只能用于建立从程序段母线，而 LD/LDN 是用于建立主程序母线；

⑦ LPS、LRD、LPP 指令无操作数。

4. 装入堆栈指令——LDS

LDS（Logic Stack）：装入堆栈指令。它的功能是复制堆栈中的第 n 个值到栈顶，而栈底丢失。

本指令编程时较少使用。

指令格式：LDS n（n 为 0~8 的整数）

LPS、LRD、LPP、LDS 指令操作过程如图 5-17 所示。

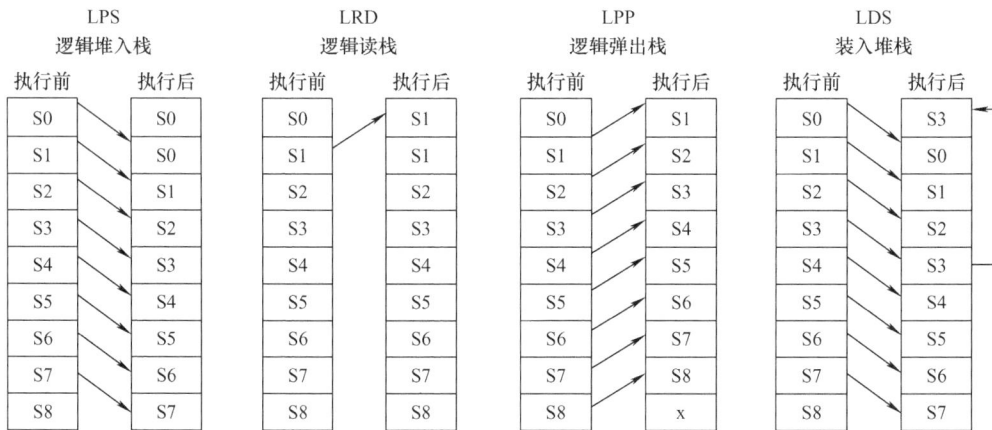

图 5-17 LPS、LRD、LPP、LDS 指令的操作过程

5.1.4 定时器和计数器指令及应用举例

1. 定时器指令

定时器是由集成电路构成，是 PLC 中的重要硬件编程元件。定时器编程时提前输入时间预设值，在运行时当定时器的输入条件满足时开始计时，当前值从 0 开始按一定的时间单位增加，当定时器的当前值达到预设值时，定时器发生动作，发出中断请求，以便 PLC 响应而做出相应的动作。此时它对应的常开触点闭合，常闭触点断开。

系统提供 3 种定时指令：TON（通电延时）、TONR（有记忆通电延时）和 TOF（断电延时）。

S7-200 定时器的分辨率（时间增量/时间单位/分辨率）有 3 个等级：1ms、10ms 和 100ms。

定时时间的计算公式如下：

$$T = PT \times S(T \text{ 为实际定时时间，PT 为设定值，} S \text{ 为分辨率等级})$$

例如：TON 指令用定时器 T33，预设值为 125，则实际定时时间为

$$T = 125 \times 10\text{ms} = 1250\text{ms}$$

定时器指令操作数有 3 个：编号、预设值和使能输入。

① 编号：用定时器的名称和它的常数编号（最大 255）来表示，即 T***，如：T4。T4 不仅仅是定时器的编号，它还包含两方面的变量信息：定时器位和定时器当前值。

定时器位：定时器位与时间继电器的输出相似，当定时器的当前值达到预设值 PT 时，该位被置为“1”。

定时器当前值：存储定时器当前所累计的时间，它用 16 位有符号整数来表示，故最大计数值为 32767。

② 预设值 PT：数据类型为 INT 型。寻址范围可以是 VW、IW、QW、MW、SW、SMW、LW、AIW、T、C、AC、*VD、*AC、*LD 和常数。

③ 使能输入（只对 LAD 和 FBD）：BOOL 型，可以是 I、Q、M、SM、T、C、V、S、L 和能流。

可以用复位指令来对 3 种定时器复位，复位指令的执行结果是：使定时器位变为 OFF；定时器当前值变为 0。

定时器分辨率和编号见表 5-2。

表 5-2　定时器分辨率和编号

定时器类型	分辨率/ms	最大计时范围/s	定时器编号
TON TOF	1	32.767	T32，T96
	10	327.67	T33 ~ T36，T97 ~ T100
	100	3276.7	T37 ~ T63，T101 ~ T255
TONR	1	32.767	T0，T64
	10	327.67	T1 ~ T4，T65 ~ T68
	100	3276.7	T5 ~ T31，T69 ~ T95

从表 5-2 可以看出，TON 和 TOF 使用相同范围的定时器编号。需要注意的是，在同一个 PLC 程序中决不能把同一个定时器编号同时用作 TON 和 TOF。例如在程序中，不能既有接通延时（TON）定时器 T32，又有断开延时（TOF）定时器 T32。

3 种定时器指令的 LAD 和 STL 格式见表 5-3。

表 5-3　定时器的梯形图、指令表格式

格式	名　称		
	接通延时定时器	有记忆接通延时定时器	断开延时定时器
LAD	???? IN　　TON ????- PT　　???ms	???? IN　　TONR ????- PT　　???ms	???? IN　　TOF ????- PT　　???ms
STL	TON　T***，PT	TONR　T***，PT	TOF　T***，PT

（1）接通延时定时器指令——TON（On-Delay Timer）

接通延时定时器指令用于单一间隔定时。上电周期或首次扫描，定时器位为 OFF，当前值为 0。使能输入接通时，定时器位为 OFF，当前值从 0 开始计数时间，当前值达到预设值时，定时器位为 ON，当前值连续计数到 32767。使能输入断开，定时器自动复位，即定时器位为 OFF，当前值为 0。

（2）有记忆接通延时定时器指令——TONR（Retentive On-Delay Timer）

有记忆接通延时定时器指令用于对许多间隔的累计定时。上电周期或首次扫描，定时器位为 OFF，当前值保持。使能输入接通时，定时器位为 OFF，当前值从 0 开始累计计数时间。使能输入断开，定时器位和当前值保持最后状态。使能输入再次接通时，当前值从上次的保持值继续计数，当累计当前值达到预设值时，定时器位为 ON，当前值连续计数到 32767。

TONR 定时器只能用复位指令进行复位操作，使当前值清零。

（3）断开延时定时器指令——TOF（Off-Delay Timer）

断开延时定时器指用于断开后的单一间隔定时。上电周期或首次扫描，定时器位为 OFF，当前值为 0。使能输入接通时，定时器位为 ON，当前值为 0。当使能输入由接通到断开时，定时器开始计数，当前值达到预设值时，定时器位为 OFF，当前值等于预设值，停止计数。TOF 复位后，如果使能输入再有从 ON 到 OFF 的负跳变，则可实现再次启动。

三种类型定时器的应用程序如图 5-18 所示，其中 T35 为通电延时定时器，T2 为有记忆延时定时器，T36 为断电延时定时器。

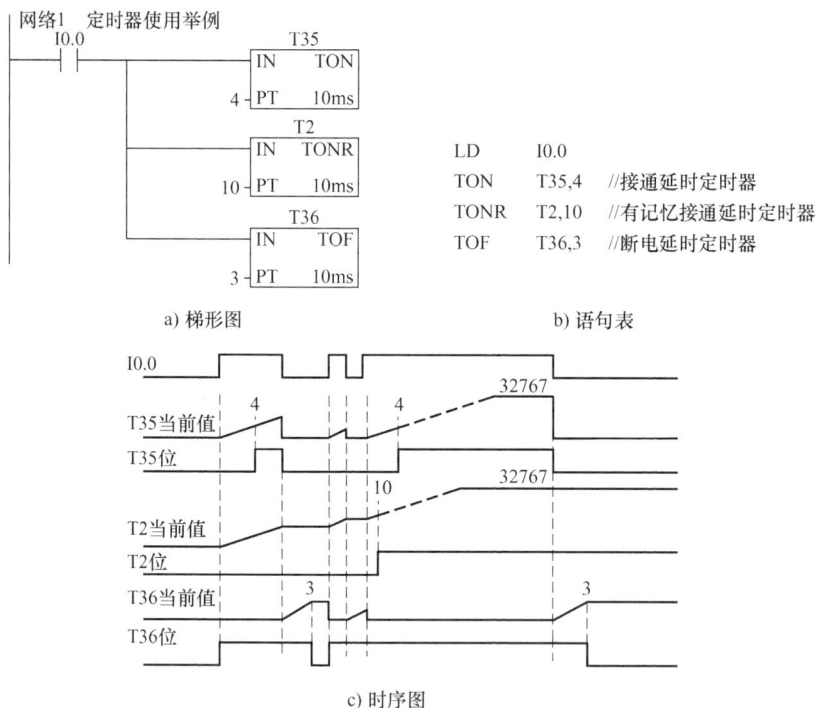

a）梯形图   b）语句表

c）时序图

图 5-18　定时器的应用

定时器指令使用说明：

① 定时器号与定时器一一对应，不能把一个定时器号同时用作 TOF 和 TON；

② 对于断开延时定时器（TOF），必须在输入端有一个负跳变，定时器才能启动计时；

③ TON/TOF 具有自复位功能，TONR 必须用复位指令 R 复位；

④ 不同分辨率的定时器，在运行时当前值的刷新方式不同，一般不要把定时器本身的常闭触点作为自身的复位条件。

（4）定时器的刷新方式和正确使用

1）定时器的刷新方式。

在 S7-200 PLC 的定时器中，1ms、10ms、100ms 定时器的刷新方式是不同的，从而在使用方法上也有很大的不同，这和其他 PLC 是有很大区别的。使用时一定要注意根据使用场合和要求来选择定时器。

① 1ms 定时器。1ms 定时器由系统每隔 1ms 刷新一次，与扫描周期及程序处理无关。它采用的是中断刷新方式。因此，当扫描周期大于 1ms 时，在一个周期中可能被多次刷新。其当前值在一个扫描周期内不一定保持一致。

② 10ms 定时器。10ms 定时器由系统在每个扫描周期开始时自动刷新，由于是每个扫描周期只刷新一次，故在一个扫描周期内定时器位和定时器的当前值保持不变。

③ 100ms 定时器。100ms 定时器在定时器指令执行时被刷新，下一条执行的指令即可使用刷新后的结果，非常符合正常思维，使用方便可靠。但应当注意，如果该定时器的指令不是每个周期都执行（比如条件跳转时），定时器就不能及时刷新，可能会导致出错。

2）定时器的正确使用。

正确使用定时器的一个例子如图 5-19 所示。它用来在定时器计时时间到时产生一个宽度为一个扫描周期的脉冲。

结合各种定时器的刷新方式规定，从图 5-19 中可以看出：

① 对 1ms 定时器 T32，在使用错误方法时，只有当定时器的刷新发生在 T32 的常闭触点执行以后到 T32 的常开触点执行以前的区间时，Q0.0 才能产生宽度为一个扫描周期的脉冲，而这种可能性是极小的。在其他情况下，则这个脉冲产生不了。

② 对 10ms 定时器 T33，使用错误方法时，Q0.0 永远产生不了这个脉冲。因为当定时器计时到时，定时器在每次扫描开始时刷新。该例中 T33 被置位，但执行到定时器指令时，定时器将被复位（当前值和位都被置 0）。当常开触点 T33 被执行时，T33 永远为 OFF，Q0.0 也将为 OFF，即永远不会被置位为 ON。

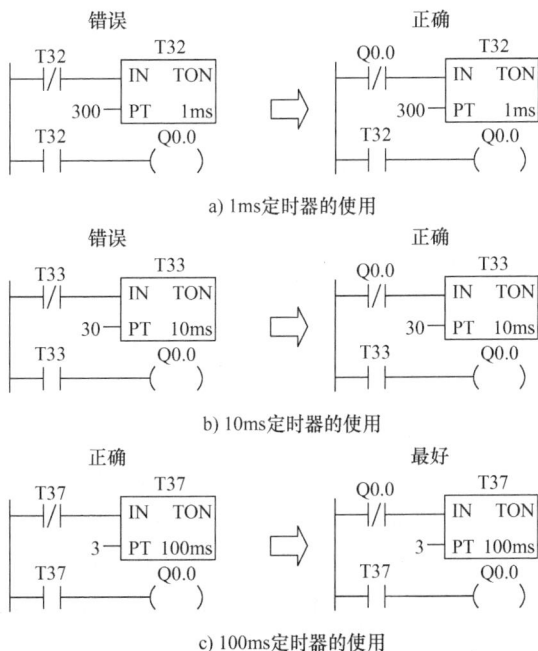

图 5-19　定时器的正确使用举例

③ 100ms 定时器在指令执行时刷新，所以当定时器 T37 到达设定值时，Q0.0 肯定会产生这个脉冲。

改用正确使用方法后，把定时器到达设定值产生结果的元器件的常闭触点用作定时器本身的输入，则不论哪种定时器，都能保证定时器达到设定值时，Q0.0 产生宽度为一个扫描周期的脉冲。所以，在使用定时器时，要弄清楚定时器的分辨率，否则，一般情况下不要把定时器本身的常闭触点作为自身的复位条件。在实际使用时，为了简单，100ms 的定时器常采用自复位逻辑，而且 100ms 定时器也是使用最多的定时器。

（5）时间间隔定时器（Interval Timers）

这是在最新版本的 CPU 中增加的有特殊功能的定时器，说是定时器，其实是两条指令。使用这两条指令可以记录某一信号的开通时刻以及开通延续的时间。PLC 停电后，停止记录。

触发时间间隔——BITIM（Beginning Interval Time）：该指令用来读取 PLC 中内置的 1ms 计数器的当前值，并将该值存储于 OUT。双字毫秒值的最大计时间隔为 2^{32}ms 或 49.7 天。

计算时间间隔——CITIM（Calculate Interval Time）：该指令计算当前时间与 IN 所提供时间的时间差，并将该差值存储于 OUT。双字毫秒值的最大计时间隔为 2^{32}ms 或 49.7 天。

两条指令的有效操作数为：IN 和 OUT 端均为双字。它们的梯形图形式和语句表的使用举例如图 5-20 所示，该例要求 I0.0 接通 20s 后，Q0.0 输出。

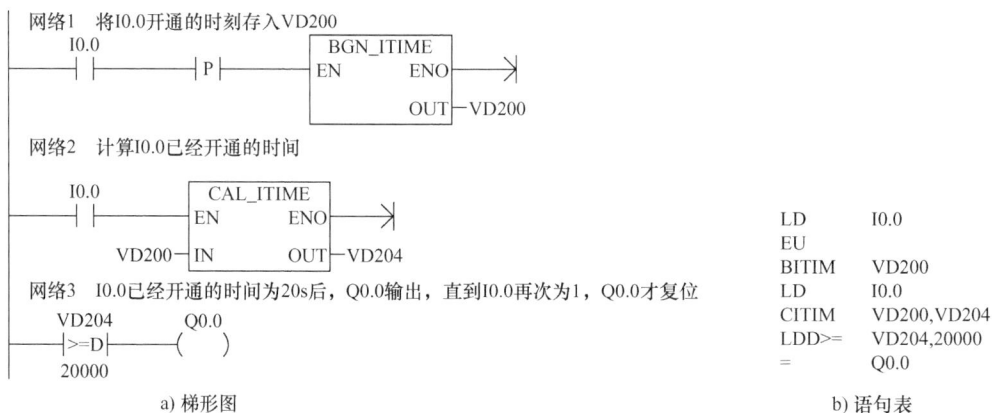

图 5-20 时间间隔定时器使用举例

2. 计数器指令

计数器用来累计输入脉冲的次数，在实际应用中用来对产品进行计数或完成复杂的逻辑控制任务。计数器与定时器的结构和使用基本相似，编程时输入它的预设值 PV（计数的次数），计数器累计它的脉冲输入端电位上升沿（正跳变）的个数，当计数器达到预设值 PV 时，计数器发生动作，以便完成计数控制任务。

计数器指令有 3 种：增计数（CTU）、增减计数（CTUD）和减计数（CTD）。

指令操作数有 4 方面：编号、预设值、脉冲输入和复位输入。

① 编号：用计数器名称和它的常数编号（最大 255）来表示，即 C***，如：C6。C6 不仅仅是计数器的编号，它还包含两方面的变量信息：计数器位和计数器当前值。

计数器位：表示计数器是否发生动作的状态，当计数器的当前值达到预设值 PV 时，该位被置为"1"。

计数器当前值：存储计数器当前所累计的脉冲个数，它用 16 位符号整数（INT）来表示，故最大计数值为 32767。

② 预设值 PV：数据类型为 INT 型。寻址范围可以是 VW、IW、QW、MW、SW、SMW、LW、AIW、T、C、AC、∗VD、∗AC、∗LD 和常数。

③ 脉冲输入：BOOL 型，可以是 I、Q、M、SM、T、C、V、S、L 和能流。

④ 复位输入：与脉冲输入同类型和范围。

计数器指令的 LAD 和 STL 格式见表 5-4。

表 5-4　计数器的指令格式

格式	名　称		
	增计数器	增减计数器	减计数器
LAD	???? CU　CTU R ????-PV	???? CU　CTUD CD R ????-PV	???? CD　CTD LD ????-PV
STL	CTU　C∗∗∗，PV	CTUD　C∗∗∗，PV	CTD　C∗∗∗，PV

（1）增计数器指令——CTU（Count Up）

首次扫描时，定时器位为 OFF，当前值为 0。在增计数器的计数输入端（CU）脉冲输入的每个上升沿，计数器计数 1 次，当前值增加 1 个单位，当前值达到预设值时，计数器位为 ON，当前值继续计数到 32767 后停止计数。复位输入有效或对计数器执行复位指令，计数器自动复位，即计数器位为 OFF，当前值为 0。

增计数器的用法如图 5-21 所示。

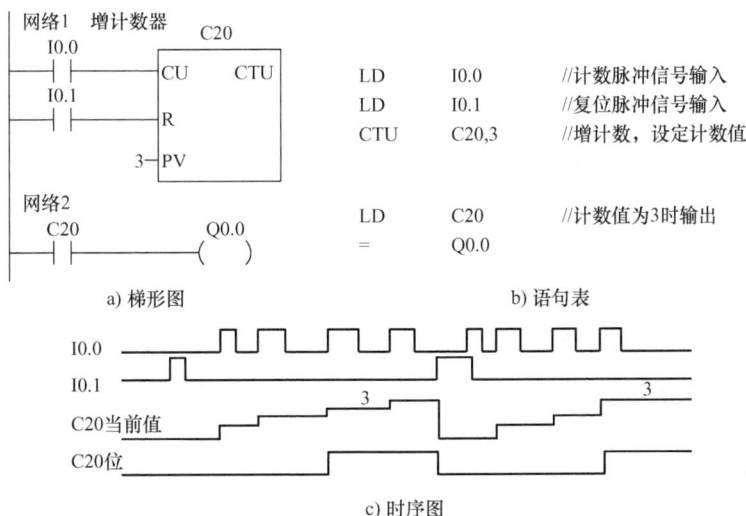

a) 梯形图　　　　　　　　　　b) 语句表

c) 时序图

图 5-21　增计数器用法举例

注：在语句表中，CU、R 的编程顺序不能错误。

（2）增减计数器指令——CTUD（Count Up/Down）

增减计数器指令有两个脉冲输入端：CU 输入端用于递增计数，CD 输入端用于递减计数。首次扫描时，定时器位为 OFF，当前值为 0。CU 输入的每个上升沿，计数器当前值增加 1 个单位；CD 输入的每个上升沿，都使计数器当前值减小 1 个单位，当前值达到预设值时，计数器位置为 ON。

增减计数器计数到 32767（最大值）后，下一个 CU 输入的上升沿将使当前值跳变为最小值（-32768）；反之，当前值达到最小值 -32768 时，下一个 CD 输入的上升沿将使当前值跳变为最大值 32767。复位输入端有效或对计数器执行复位操作后，计数器自动复位，即计数器位为 OFF，当前值为 0。

增减计数器的用法如图 5-22 所示。

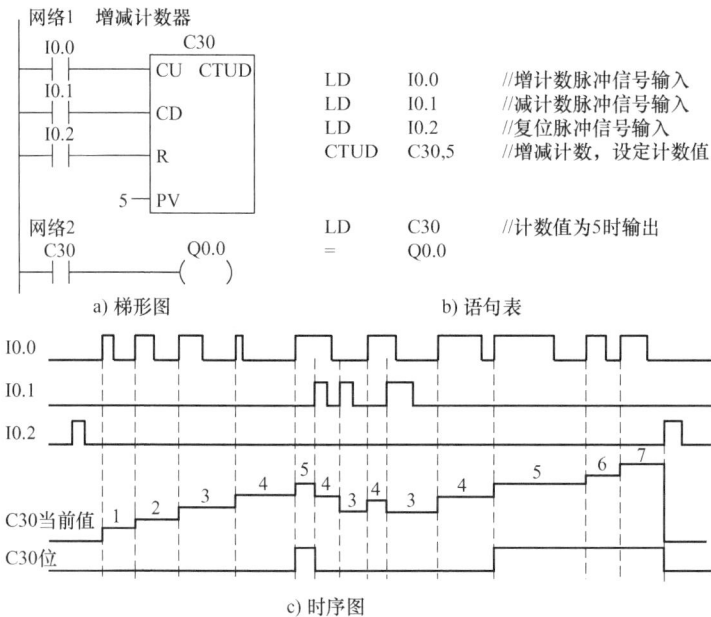

图 5-22　增减计数器用法举例
注：在语句表中，CU、CD、R 的编程顺序不能错误。

（3）减计数器指令——CTD（Count Down）

复位输入（LD）有效时，计数器把预设值（PV）装入当前值存储器，计数器状态位复位（OFF）。CD 端每一个输入脉冲上升沿，减计数器的当前值从预设值开始递减计数，当前值等于 0 时，计数器位置为 ON，停止计数。复位输入有效或对计数器执行复位指令，计数器自动复位，即计数器位为 OFF，当前值复位为预设值，而不是 0。

减计数器的用法如图 5-23 所示。

3. 应用举例

（1）定时器

定时器主要用于控制系统的延时操作，其应用非常灵活。根据不同的控制对象、要求，通常有延时脉冲产生电路、瞬时接通/延时断开电路、延时接通/延时断开电路、脉冲宽度可控电路、闪烁电路、报警电路等几种典型环节。

1）延时脉冲产生电路。

要求在有输入信号后，过一段时间后产生一个脉冲。该电路常用于获取启动或关断信号。程序及时序图如图5-24所示。

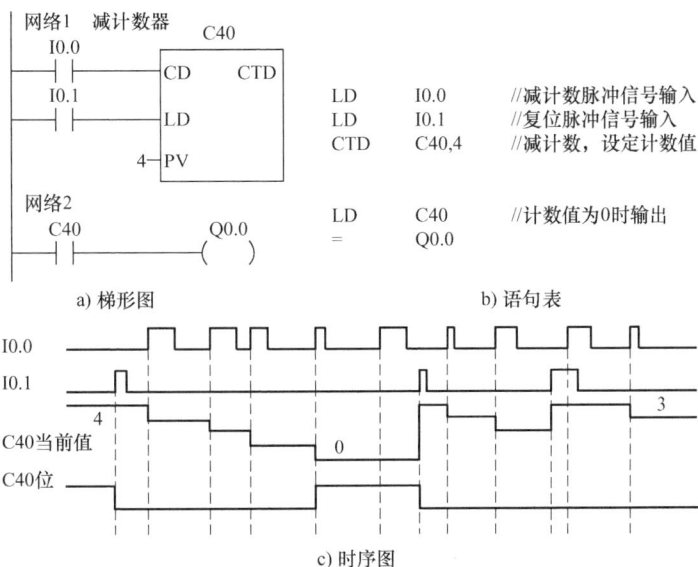

网络1　减计数器　C40

	LD	I0.0	//减计数脉冲信号输入
	LD	I0.1	//复位脉冲信号输入
	CTD	C40,4	//减计数，设定计数值

网络2

	LD	C40	//计数值为0时输出
	=	Q0.0	

a) 梯形图　　　　　　　　　　　　b) 语句表

c) 时序图

图5-23　减计数器用法举例

注：减计数器的复位端是LD，而不是R。在语句表中，CD、LD的顺序不能错误。

图5-24中利用脉冲指令在I0.0的上升沿产生一个计时启动脉冲，接下来的网络2是一个非常典型的环节。它的作用是当一个信号有效时，过一段时间后产生另外一个可以用作触发条件的脉冲信号。因为定时器没有瞬动触点，不可能用自身的触点组成自锁回路，所以必须用一个中间继电器M0.1组成延时逻辑。T33定时到时，Q0.0输出高电平，然后在下一个扫描周期Q0.0使T33复位，Q0.0马上从"1"变为"0"，所以Q0.0就是一个宽度为一个扫描周期的脉冲。

2）瞬时接通/延时断开电路。

该电路要求在输入信号有效时，马上有输出，而输入信号OFF后，输出信号延时一段时间才OFF。程序及时序图如图5-25所示。

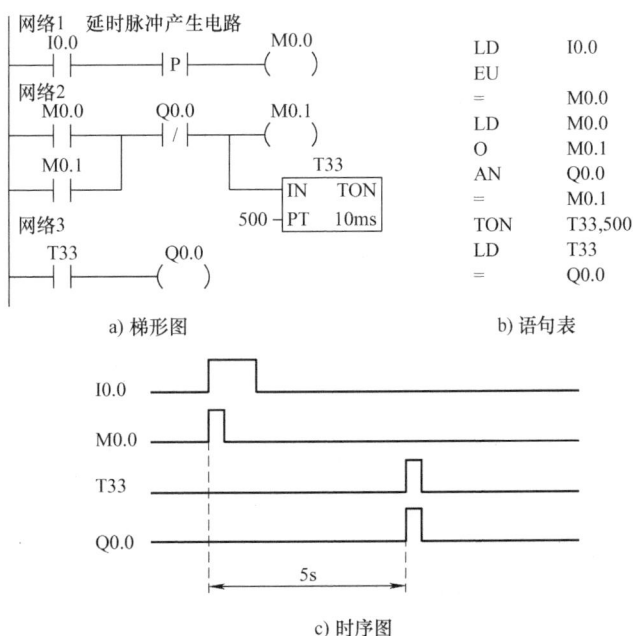

网络1　延时脉冲产生电路

LD	I0.0
EU	
=	M0.0
LD	M0.0
O	M0.1
AN	Q0.0
=	M0.1
TON	T33,500
LD	T33
=	Q0.0

a) 梯形图　　　　　　　　b) 语句表

c) 时序图

图5-24　延时脉冲产生电路

图 5-25 中，关键的问题是找出定时器 T37 的计时条件。本例中 T37 的计时条件是 I0.0 为 OFF 且 Q0.0 为 ON。因为 I0.0 变为 OFF 后，Q0.0 仍要保持通电状态 3s，所以 Q0.0 的自锁触点是必需的。

a) 梯形图　　　　　　b) 语句表　　　　　　c) 时序图

图 5-25　瞬时接通/延时断开电路

图 5-26 是该例的另外一种设计方法，它使用了图 5-25 中的小典型环节。请注意下降沿的使用。

3）延时接通/延时断开电路。

该电路要求有输入信号后，停一段时间输出信号才为 ON；而输入信号 OFF 后，输出信号延时一段时间才 OFF。程序及时序图如图 5-27 所示。

和瞬时接通/延时断开电路相比，该电路多加了一个输入延时。T37 延时 3s 作为 Q0.0 的启动条件，T38 延时 5s 作为 Q0.0 的关断条件。两个定时器配合使用实现该电路的功能。

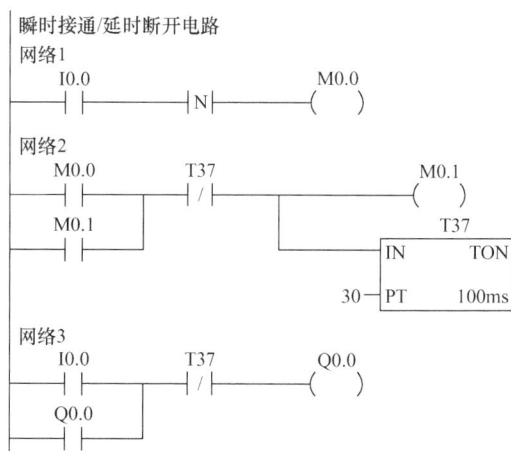

图 5-26　使用典型电路设计程序

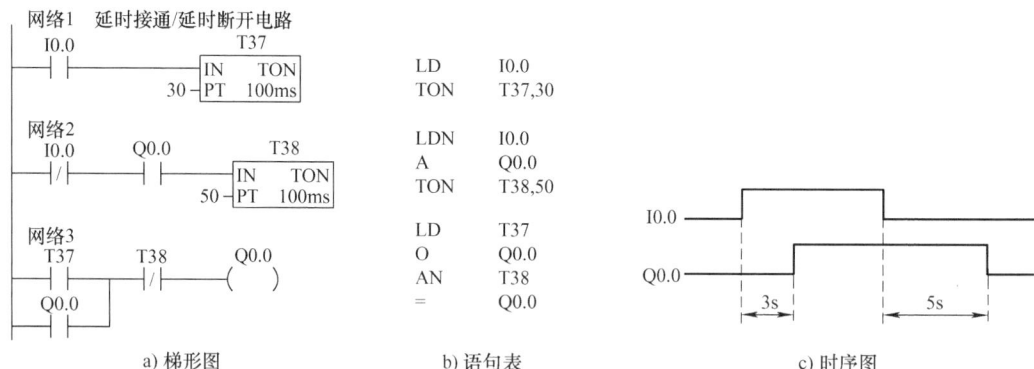

a) 梯形图　　　　　　b) 语句表　　　　　　c) 时序图

图 5-27　延时接通/延时断开电路

4）脉冲宽度可控制电路。

在输入信号宽度不规范的情况下，要求在每一个输入信号的上升沿产生一个宽度固定的脉冲，该脉冲宽度可以调节。需要说明的是，如果输入信号的两个上升沿之间的距离小于该脉冲宽度，则忽略输入信号的第二个上升沿。程序及时序图如图5-28所示。

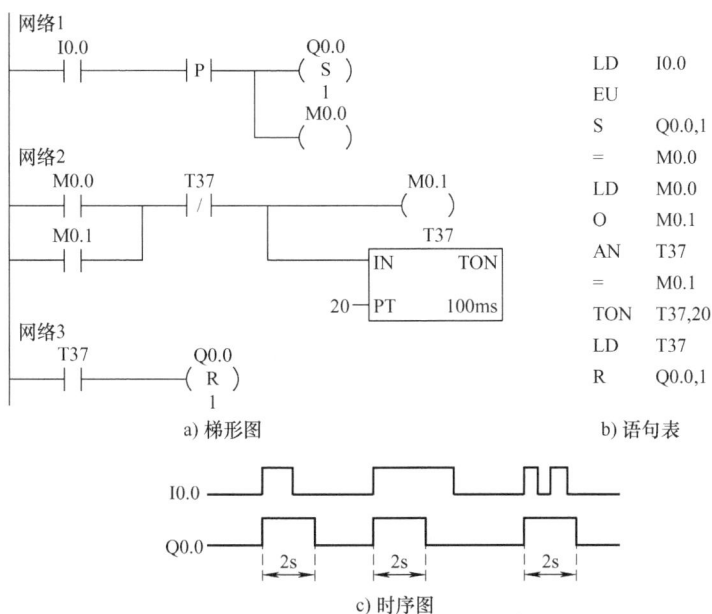

图5-28　脉冲宽度可控制电路

该例中，使用上升沿脉冲指令和S/R指令。程序设计的关键是找出Q0.0的开启和关断条件，使其不论在I0.0的宽度大于或小于2s时，都可使Q0.0的宽度为2s。定时器T37的计时输入逻辑在上升沿之间的距离小于该脉冲宽度时，对以后产生的上升沿脉冲无效。T37在计时到后产生一个信号复位Q0.0，然后自行复位。该例中，通过调节T37设定值PT的大小，就可控制Q0.0的宽度。该宽度不受I0.0接通时间长短的影响。

5）闪烁电路。

闪烁电路也称为振荡电路，该电路用在报警、娱乐等场合。闪烁电路实际上就是一个时钟电路，它可以是等间隔的通断，也可以是不等间隔的通断。一个典型闪烁电路的程序及时序图如图5-29所示。在该例中，当I0.0有效时，T37就会产生一个1s通、2s断的闪烁信号。Q0.0和T37一样开始闪烁。

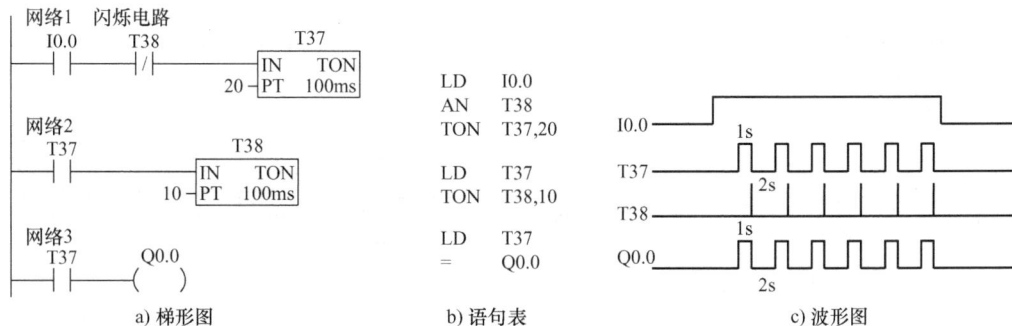

图5-29　闪烁电路

在实际的程序设计中，如果电路中用到闪烁功能，往往直接用两个定时器组成闪烁电路，如图 5-30 所示。这个电路不管其他信号如何，PLC 一经通电，它就开始工作。什么时候在程序中需要使用闪烁功能时，把 T37 的常开触点（或常闭触点）串联上即可。通断的时间值可以根据需要任意设定。图 5-30 为一个 2s 通、2s 断的闪烁电路。

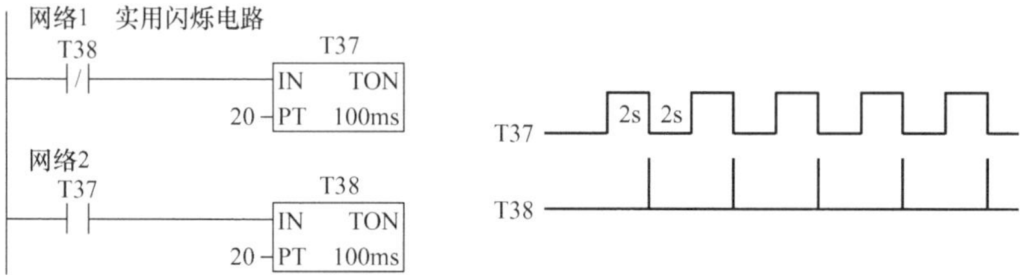

a) 梯形图　　　　　　　　　　　　　　b) 时序图

图 5-30　实际使用的闪烁电路

6) 报警电路。

报警是电气自动控制中不可缺少的重要环节，标准的报警功能应该是声光报警。当故障发生时，报警指示灯闪烁，报警电铃或蜂鸣器鸣响。操作人员知道故障发生后，按消铃按钮，把电铃关掉，报警指示灯从闪烁变为长亮。故障消失后，报警灯熄灭。另外还应设置试灯、试铃按钮，用于平时检测报警指示灯和电铃的好坏。

标准报警电路如图 5-31 所示，图中的输入/输出信号地址分配如下：

输入信号：I0.0 为故障信号；I1.0 为消铃按钮；I1.1 为试灯、试铃按钮。

输出信号：Q0.0 为报警灯；Q0.7 为报警电铃。

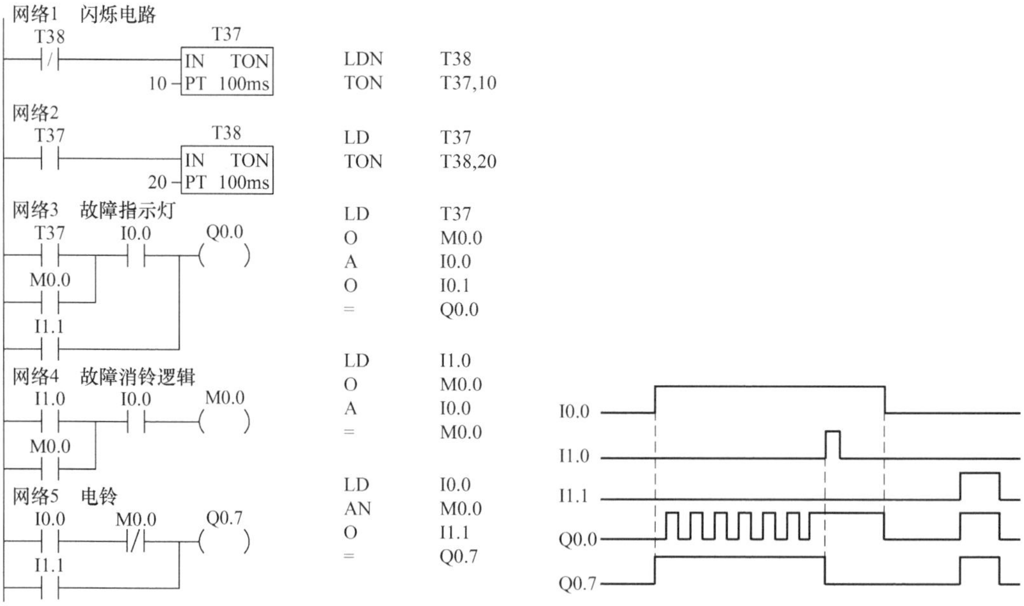

a) 梯形图　　　　b) 语句表　　　　c) 时序图

图 5-31　标准报警电路

（2）计数器

计数器在实际生产中应用非常广泛，最常用于对各种脉冲的计数，有时根据它的工作特点也用在其他方面。

1）循环计数。如果使用增计数器、减计数器、增减计数器时，将计数器位的常开触点作为复位输入信号，则可以实现循环计数。

2）计数器的扩展。

一个计数器最大计数值为 32 767。在实际应用中，如果计数范围超过该值，就需要对计数器的计数范围进行扩展。计数器扩展电路的程序如图 5-32 所示。

在图 5-32 中，计数信号为 I0.0，它作为 C20 的计数端输入信号，每一个上升沿使 C20 计数 1 次；C20 的常开触点作为计数器 C21 的计数输入信号，C20 计数到 1000 时，使计数器 C21 计数 1 次；C21 的常开触点作为计数器 C22 的计数输入信号，C21 每计数到 100 时，C22 计数 1 次。这样当 $C_总 = 1000 \times 100 \times 2 = 200\ 000$ 时，即当 I0.0 的上升沿脉冲数到 200 000 时，Q0.0 才被置位。

使用时，应注意计数器复位输入端逻辑的设计，要保证能准确及时复位。该例中，I0.1 为外置公共复位信号。C20 计数到 1000 时，在使计数器 C21 计数 1 次之后的下一个扫描周期，它的常开触点使自己复位；同理，C21 计数到 100 时，在使计数器 C22 计数 1 次之后的下一个扫描周期，它的常开触点自行复位。

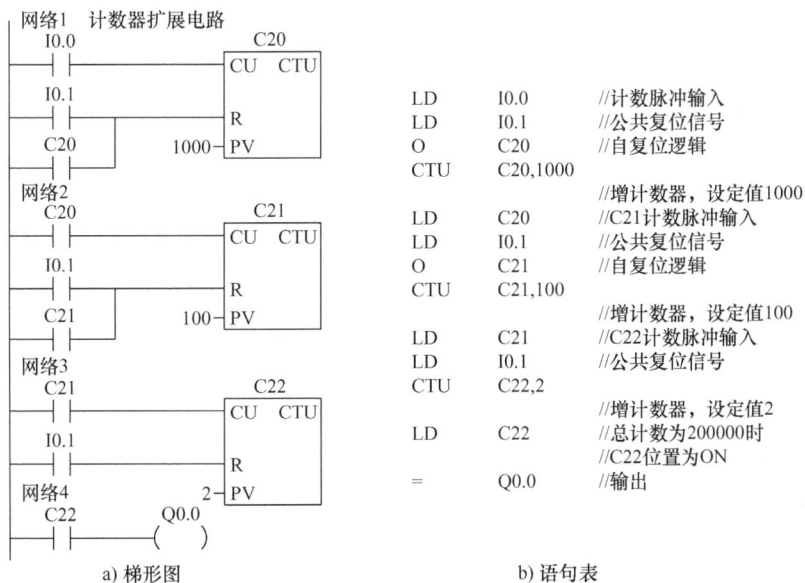

图 5-32　计数器的扩展电路

3）长延时电路。

S7-200 PLC 中的定时器最长定时时间不到 1h，但在一些实际应用中，往往需要几小时甚至几天或更长时间的定时控制，这样仅用一个定时器就不能完成该任务，通常用计数器和定时器配合增加延时时间。如图 5-33 所示的梯形图程序表示在输入信号 I0.0 有效后，经过 10h 30min 后将输出 Q0.0 置位。

在该例中，T37 每一分钟产生一个脉冲，所以是分钟计时器。C21 每小时产生一个脉冲，故 C21 为小时计时器。当 10h 计时到时，C22 为 ON，这时 C23 再计时 30min，则总的定时时间为 10h 30min，Q0.0 置位成 ON。

在该例的计数器复位逻辑中，有初始化脉冲 SM0.1 和外部复位按钮 I0.1。初始化脉冲完成在 PLC 上电时对计数器的复位操作，如果所使用的计数器不是设置为掉电保护模式，则不需要初始化复位。另外，图 5-33 中的 C21 有自复位功能。

在定时时间很长、定时精度要求不高的场合，如小于 1s 或 1min 的误差可以忽略不计时，则可以使用时钟脉冲 SM0.4（1min 脉冲）或 SM0.5（1s 钟脉冲）来构成长延时电路。在学习功能指令"加 1 指令"后，可以用功能指令完成长延时电路的程序设计。

4）计数应用。

控制要求：现有一展厅，最多可容纳 50 人同时参观。展厅进口与出口各装一传感器，每有一人进出，传感器给出一个脉冲信号。试编程实现，当展厅内不足 50 人时，绿灯亮，表示可以进入；当展厅满 50 人时，红灯亮，表示不准进入。

展厅人数控制系统梯形图如图 5-34 所示，图中的输入/输出信号地址分配如下：

输入信号：I0.0 为启动按钮；I0.1 为进口传感器；I0.2 为出口传感器；I0.3 为停止按钮。

输出信号：Q0.0 为绿灯；Q0.1 为红灯。

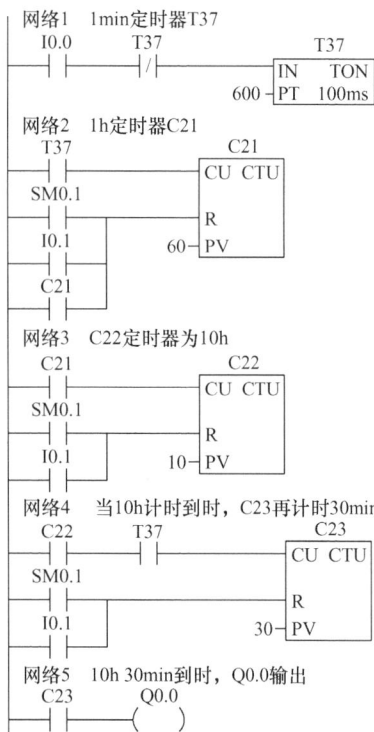

图 5-33 长延时电路

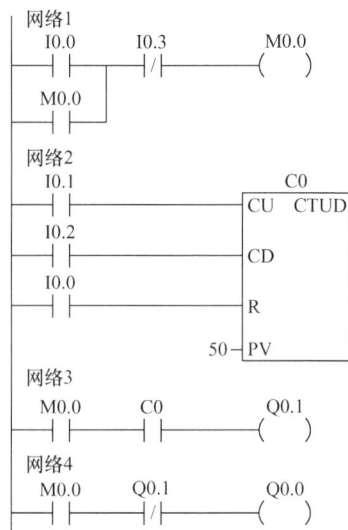

图 5-34 展厅人数控制系统

5.1.5　顺序控制继电器指令及应用举例

S7-200 CPU 含有 256 个顺序控制继电器（SCR）用于顺序控制。S7-200 PLC 包含顺序控制指令，可以模仿控制进程的步骤，对程序逻辑分段；可以将程序分成单个流程的顺序步骤，也可同时激活多个流程；可以使单个流程有条件地分成多支单个流程，也可以使多个流程有条件地重新汇集成单个流程。从而可以十分方便地对一个复杂的工程编制控制程序。

1. 顺序继电器指令

顺序控制指令是 PLC 生产厂家为用户提供的可使功能图编程简单化和规范化的指令。S7-200 PLC 提供了 4 条顺序控制指令：顺序控制开始指令（LSCR）、顺序控制转移指令（SCRT）、顺序控制结束指令（SCRE）和条件顺序状态结束指令（CSCRE），其中最后一条 CSCRE 使用较少。它们的 STL 形式、LAD 形式和功能见表 5-5。

表 5-5　顺序控制指令的形成及功能

STL	LAD	功　能	操作对象
LSCR bit （Load Sequential Control Relay）	S bit —［SCR］	顺序状态开始	S
SCRT bit （Sequential Control Relay Transition）	S bit —（SCRT）	顺序状态转移	S
SCRE （Sequential Control Relay End）	—（SCRE）	顺序状态结束	无

从表 5-5 中可以看出，顺序控制指令的操作对象为顺控继电器 S。S 也称作状态器，每一个 S 位都表示功能图中的一种状态。S 的范围为 S0.0～S31.7。

注意：这里使用的是 S 的位信息。

从 LSCR 指令开始到 SCRE 指令结束的所有指令组成一个顺序控制继电器（SCR）段。

段开始指令（LSCR 指令）：标记一个顺序控制继电器（SCR）段的开始。当 bit = 1 时，允许该 SCR 段工作。SCR 段必须用 SCRE 指令结束。

段转移指令（SCRT 指令）：SCR 程序段的转换。当 bit（下一个 SCR 标志位）= 1 时，一方面对当前激活的 SCR 程序段的 S 位复位，以使该 SCR 段停止工作；另一方面使下一个将要执行的 SCR 段 S 位置位，以便下一个 SCR 段工作。

段结束指令（SCRE 指令）：表示一个 SCR 段的结束。

由此可以总结出每一个 SCR 程序段一般有以下三种功能：

① 驱动处理：即在该段状态器有效时，要做什么工作，有时也可能不做任何工作；

② 指定转换条件和目标：即满足什么条件后状态转换到何处；

③ 转换源自动复位功能：状态发生转换后，置位下一个状态的同时，自动复位原状态。

注意：使用 CSCRE 指令可以结束正在执行的 SCR 段，使条件发生处和 SCRE 之间的指令不再执行，该指令不影响 S 位和堆栈。使用 CSCRE 指令后会改变正在进行的状态转换操作，所以要谨慎使用。

2. 应用举例

根据舞台灯光效果的要求，控制红、绿、黄三色灯。要求：红灯先亮，2s 后绿灯亮，再过 3s 后黄灯亮。待红、绿、黄灯全亮 3min 后，全部熄灭。程序如图 5-35 所示。

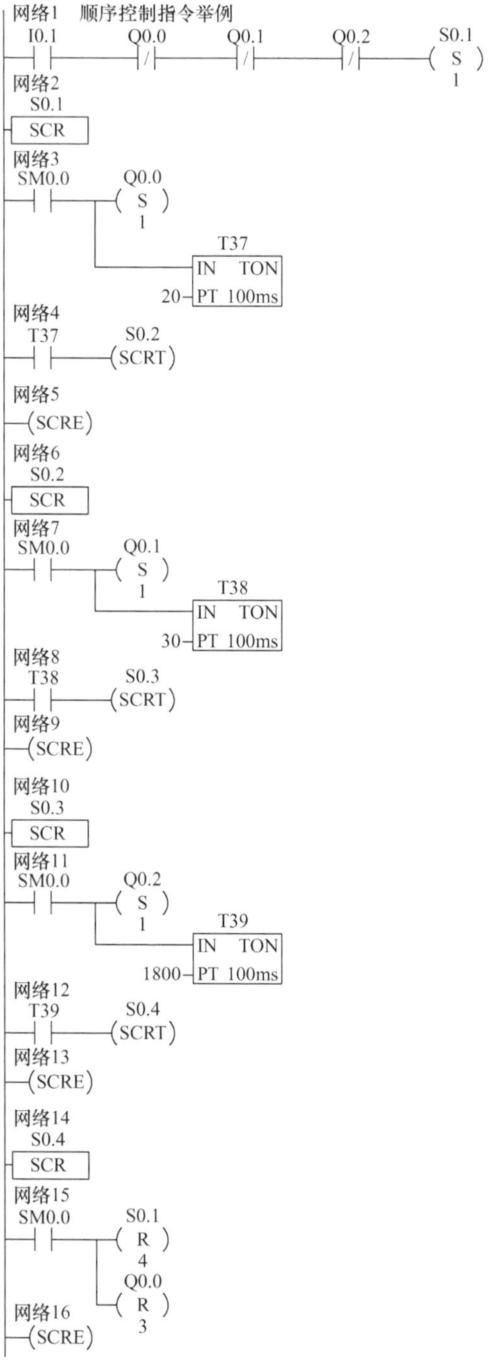

a) 梯形图

```
LD     I0.1
AN     Q0.0
AN     Q0.1
AN     Q0.2         //在初始状态下启动，置
S      S0.1,1       //S0.1=1
LSCR   S0.1         //S0.1=1，激活第一SCR程序段，
                    //进入第一步序
LD     SM0.0
S      Q0.1,1       //红灯亮，并保持
TON    T37,+20      //启动2s定时器
LD     T37          //2s后程序转移到第二SCR段，
SCRT   S0.2         //(S0.2=1,S0.1=0)
SCRE                //第一SCR段结束

LSCR   S0.2         //S0.2=1，激活第二SCR程序段，
                    //进入第二步序
LD     SM0.0
S      Q0.1         //绿灯亮，并保持
TON    T38,+30      //启动3s定时器
LD     T38          //3s后程序转移到第三SCR段，
SCRT   S0.3         //(S0.3=1,S0.2=0)
SCRE                //第二SCR段结束

LSCR   S0.3         //S0.3=1，激活第三SCR程序段，
                    //进入第三步序
LD     SM0.0
S      Q0.2,1       //黄灯亮，并保持
TON    T39,+1800    //启动3min定时器
LD     T39          //3min后程序转移到第四SCR段，
SCRT   S0.4         //(S0.4=1,S0.3=0)
SCRE                //第三SCR段结束

LSCR   S0.4         //S0.4=1，激活第四SCR程序段，
                    //进入第四步序
LD     SM0.0
R      S0.1,4
R      Q0.0,3       //红、绿、黄灯全灭
SCRE                //第四SCR段结束
```

b) 语句表

图 5-35 SCR 指令编程

说明：每一个 SCR 程序段中均包含三个要素：

1）输出对象：在这一步序中应完成的动作；

2）转移条件：满足转移条件后，实现 SCR 段的转移；

3）转移目标：转移到下一个步序。

3. 使用说明

① 顺控指令仅对元件 S 有效，顺控继电器 S 也具有一般继电器的功能，所以对它能够使用其他指令；

② SCR 段程序能否执行取决于该状态器（S）是否被置位，SCRE 与下一个 LSCR 之间的指令逻辑不影响下一个 SCR 段程序的执行；

③ 不能把同一个 S 位用于不同程序中。例如：如果在主程序中用了 S0.1，则在子程序中就不能再使用它；

④ 在 SCR 段中不能使用 JMP 和 LBL 指令，就是说不允许跳入、跳出或在内部跳转；

⑤ 在 SCR 段中不能使用 FOR、NEXT 和 END 指令；

⑥ 在状态发生转换后，所有的 SCR 段的元器件一般也要复位，如果希望继续输出，可使用置位/复位指令；

⑦ 在使用功能图时，状态的编号可以不按顺序编排。

5.1.6 比较指令及应用举例

比较指令是将两个数值或字符串按指定条件进行比较，条件成立时，触点就闭合，所以比较指令实际上也是一种位指令。在实际应用中，比较指令为上、下限控制以及为数值条件判断提供了方便。

在梯形图中以带参数和运算符号的触点的形式编程，当这两数比较式的结果为真时，该触点闭合。

在功能框图中以指令盒的形式编程，当比较式的结果为真时，输出接通。

在语句表中使用 LD 指令进行编程时，当比较式为真时，主机将栈顶置 1。使用 A/O 指令进行编程时，当比较式为真时，则在栈顶执行 A/O 操作，并将结果放入栈顶。

1. 比较指令

比较指令的类型有：字节比较、整数比较、双字整数比较、实数比较和字符串比较。

数值比较指令的运算符有 = 、>= 、< 、<= 、> 和 < > 这 6 种，而字符串比较指令只有 = 和 < > 两种。

比较指令的 LAD 和 STL 形式见表 5-6。

（1）字节比较指令

用于比较两个字节型整数值 IN1 和 IN2 的大小，字节比较是无符号的。比较式可以是 LDB、AB 或 OB 后直接加比较运算符构成。

如：LDB = 、AB < > 、OB >= 等。

整数 IN1 和 IN2 的寻址范围：VB、IB、QB、MB、SB、SMB、LB、*VD、*AC、*LD 和常数。

表 5-6　比较指令的 LAD 和 STL 形式

形　式	方　式				
	字节比较	整数比较	双字整数比较	实数比较	字符串比较
LAD (以 == 为例)	IN1 ┤= = B├ IN2	IN1 ┤= = I├ IN2	IN1 ┤= = D├ IN2	IN1 ┤= = R├ IN2	IN1 ┤= = S├ IN2
STL	LDB = IN1，IN2 AB = IN1，IN2 OB = IN1，IN2 LDB < > IN1，IN2 AB < > IN1，IN2 OB < > IN1，IN2 LDB < IN1，IN2 AB < IN1，IN2 OB < IN1，IN2 LDB <= IN1，IN2 AB <= IN1，IN2 OB <= IN1，IN2 LDB > IN1，IN2 AB > IN1，IN2 OB > IN1，IN2 LDB >= IN1，IN2 AB >= IN1，IN2 OB > = IN1，IN2	LDW = IN1，IN2 AW = IN1，IN2 OW = IN1，IN2 LDW < > IN1，IN2 AW < >IN1，IN2 OW < > IN1，IN2 LDW < IN1，IN2 AW < IN1，IN2 OW < IN1，IN2 LDW <= IN1，IN2 AW <= IN1，IN2 OW <= IN1，IN2 LDW > IN1，IN2 AW > IN1，IN2 OW > IN1，IN2 LDW >= IN1，IN2 AW >= IN1，IN2 OW > = IN1，IN2	LDD = IN1，IN2 AD = IN1，IN2 OD = IN1，IN2 LDD < > IN1，IN2 AD < > IN1，IN2 OD < > IN1，IN2 LDD < IN1，IN2 AD < IN1，IN2 OD < IN1，IN2 LDD <= IN1，IN2 AD <= IN1，IN2 OD <= IN1，IN2 LDD > IN1，IN2 AD > IN1，IN2 OD > IN1，IN2 LDD >= IN1，IN2 AD >= IN1，IN2 OD > = IN1，IN2	LDR = IN1，IN2 AR = IN1，IN2 OR = IN1，IN2 LDR < > IN1，IN2 AR < >IN1，IN2 OR < > IN1，IN2 LDR < IN1，IN2 AR < IN1，IN2 OR < IN1，IN2 LDR <= IN1，IN2 AR <= IN1，IN2 OR <= IN1，IN2 LDR > IN1，IN2 AR > IN1，IN2 OR > IN1，IN2 LDR >= IN1，IN2 AR >= IN1，IN2 OR > = IN1，IN2	LDS = IN1，IN2 AS = IN1，IN2 OS = IN1，IN2 LDS < > IN1，IN2 AS < >IN1，IN2 OS < > IN1，IN2
IN1 和 IN2 的 寻址范围	IB，QB，MB，SMB，VB，SB，LB，AC，*VD、*AC、*LD，常数	IW，QW，MW，SMW，VW，SW，LW，AC、*VD、*AC、*LD，常数	ID，QD，MD，SMD，VD，SD，LD，AC、*VD、*AC、*LD，常数	ID，QD，MD，SMD，VD，SD，LD，AC、*VD、*AC、*LD，常数	（字符）VB，LB，*VD、*AC、*LD

指令格式举例：LDB = 　VB10，VB12

AB < > 　MB0，MB1

OB <= 　AC1，116

（2）整数比较指令

用于比较两个一字长整数值 IN1 和 IN2 的大小，整数比较是有符号的（整数范围为 16#8000 和 16#7FFF 之间）。比较式可以是 LDW、AW 或 OW 后直接加比较运算符构成，如 LDW = 、AW < > 、OW >= 等。

整数 IN1 和 IN2 的寻址范围：VW、IW、QW、MW、SW、SMW、LW、AIW、T、C、AC、*VD、*AC、*LD 和常数。

指令格式举例：LDW = 　　VW10，VW12

AW < > 　MW0，MW4

OW <= 　AC2，1160

（3）双字整数比较指令

用于比较两个双字长整数值 IN1 和 IN2 的大小，双字整数比较是有符号的（双字整数范围为 16#80000000 和 16#7FFFFFFF 之间）。

指令格式举例：LDD = 　　VD10，VD14

AD < > 　MD0，MD8

OD <= 　AC0，　1160000

LDD >= 　HC0，∗AC0

（4）实数比较指令

用于比较两个双字长实数值 IN1 和 IN2 的大小，实数比较是有符号的（负实数范围为 $-1.175495E-38$ 和 $-3.402823E+38$，正实数范围为 $+1.175495E-38$ 和 $+3.402823E+38$）。比较式可以是 LDR、AR 或 OR 后直接加比较运算符构成。

指令格式举例：LDR = 　　VD10，VD18

AR < > 　MD0，MD12

OR <= 　AC1，1160.478

AR > 　∗AC1，VD100

（5）字符串比较指令

用于比较两个字符串的 ASCII 字符相同与否。字符串的长度不能超过 254 个字符。

2. 应用举例

一自动仓库存放某种货物，最多 6000 箱，需对所存的货物进出计数。货物多于 1000 箱，灯 L1 亮；货物多于 5000 箱，灯 L2 亮。

其中，L1 和 L2 分别受 Q0.0 和 Q0.1 控制，数值 1000 和 5000 分别存储在 VW20 和 VW30 字存储单元中。

控制系统的程序如图 5-36 所示。

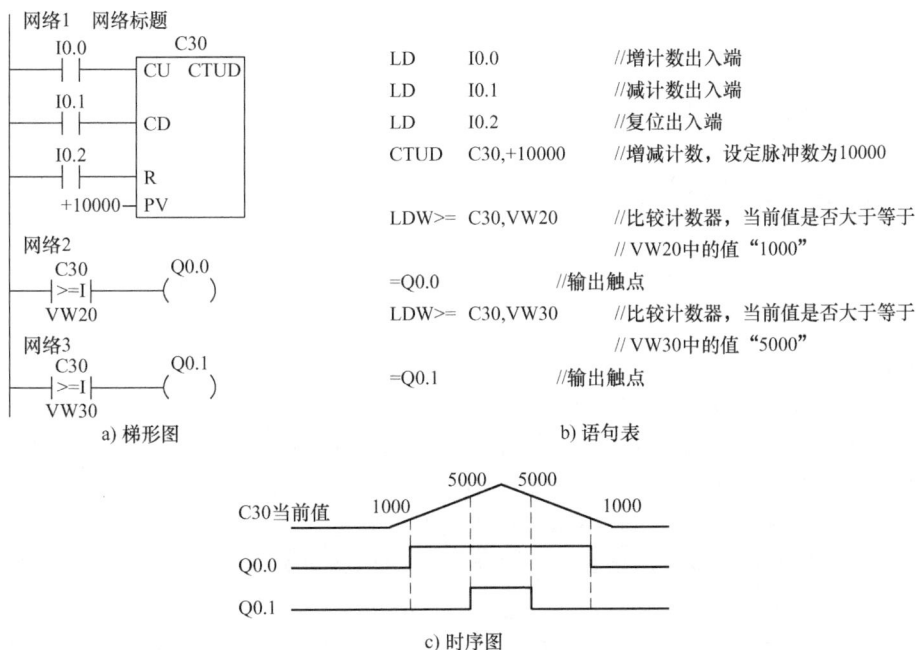

```
网络1   网络标题
     I0.0        C30
    ─┤ ├──   CU  CTUD
     I0.1
    ─┤ ├──   CD
     I0.2
    ─┤ ├──   R
     +10000─  PV

网络2
     C30        Q0.0
    ─┤>=I├──    ( )
     VW20

网络3
     C30        Q0.1
    ─┤>=I├──    ( )
     VW30

        a) 梯形图
```

```
LD      I0.0        //增计数出入端
LD      I0.1        //减计数出入端
LD      I0.2        //复位出入端
CTUD    C30,+10000  //增减计数，设定脉冲数为10000

LDW>=   C30,VW20    //比较计数器，当前值是否大于等于
                    // VW20中的值"1000"
=Q0.0               //输出触点
LDW>=   C30,VW30    //比较计数器，当前值是否大于等于
                    // VW30中的值"5000"
=Q0.1               //输出触点

        b) 语句表
```

c) 时序图

图 5-36　比较指令应用举例

3. 使用说明

① 在 STL 中，比较指令由基本逻辑指令 LD、A、O 与数据类型 B、W、D、R 组合 + 比较运算符号构成；

② 所有比较指令均按位输出；

③ LDB/AB/OB 为无符号操作，LDW/AW/OW、LDD/AD/OD 及 LDR/AR/OR 是有符号操作的。

5.1.7 取非和空操作指令

1. 取非指令——NOT

取非指令，指对存储器位的取非操作，用来改变能流的状态。梯形图指令用触点形式表示，触点左侧为 1 时，右侧为 0，能流不能到达右侧，输出无效；反之，触点左侧为 0 时，右侧为 1，能流可以通过触点向右传递。

该指令无操作数，其 LAD 和 STL 形式如下。

STL 形式：NOT

LAD 形式：┤ NOT ├

2. 空操作指令——NOP（No Operation）

空操作指令，起增加程序容量的作用。使能输入有效时，执行空操作指令，将稍微延长扫描周期长度，不影响用户程序的执行，不会使能流输出断开。该指令无操作数，其 LAD 和 STL 形式如下。

STL 形式：NOP　N

LAD 形式：
$$\begin{array}{c} \text{N} \\ \boxed{\text{NOP}} \end{array}$$

操作数 N 为执行空操作指令的次数，N = 0 ~ 225。

5.2 功能指令及编程方法

功能指令（Function Instruction）又称为应用指令，它是指令系统中应用于复杂控制的指令。本章的功能指令包括：数据处理指令、算术逻辑运算、表功能指令、转换指令、程序控制指令、中断指令、高速计数指令、高速脉冲输出指令、PID 回路指令等。

功能指令实质上就是一些功能不同的子程序，其开发和应用是 PLC 应用系统不可缺少的。合理、正确地应用功能指令，对于优化程序结构，提高应用系统的功能，简化对一些复杂问题的处理有着重要的作用。但功能指令毕竟太多，一般读者不必准确记忆其详尽用法，只要理解指令的原理，使用时再把书本当作手册查阅即可。

本章主要介绍这些功能指令的格式、功能说明和梯形图编程方法。为更好地表述指令的功能和简化繁琐的重复介绍，特做以下约定：

① 指令格式：给出了指令的梯形图和语句表格式。在所有的说明图中，上面的指令盒为 LAD 格式，下面为指令的 STL 格式。

② 功能描述：详细描述了指令的功能，讲解了使用中的注意事项。

③ 字符含义：B 表示字节，W 表示字，I 表示整数，DW 表示双字（LAD 中），DI 表示双整数（LAD 中），D 表示双字或双整数（STL 中），R 表示实数。

④ 数据类型：读者要特别注意指令的操作数形式。对操作数的内容，本书有如下约定：

字节型包括 VB、IB、QB、MB、SB、SMB、LB、AC、∗VD、∗LD、∗AC 和常数；

字型及 INT 型包括 VW、IW、QW、MW、SW、SMW、LW、AC、T、C、∗VD、∗LD、∗AC 和常数；

双字型及 DINT 型包括 VD、ID、QD、MD、SD、SMD、LD、AC、∗VD、∗LD、∗AC 和常数；

字符型字节包括 VB、LB、∗VD、∗LD 和 ∗AC。

操作数分输入操作数（IN）和输出操作数（OUT）。以上对操作数的概括只是一般总结，具体使用到每条指令时，可能会有微小的不同；另外，输入操作数（IN）和输出操作数（OUT）的相同数据类型其内容也会有微小不同，例如输出操作数（OUT）一般不包括常数。

在介绍数据类型时，使用了简化的方法。例如“数据类型：输入/输出均为字节（字、双字或实数）”是指输入和输出均可以使用这些数据类型的数据，但必须一一对应，即输入为“字节”时，输出也必须为“字节”；输入为“字”时，输出也必须为“字”……依次类推。

⑤ EN 与 ENO：在梯形图中，S7-200 PLC 用一个方框表示每一条功能指令，这些方框称作指令盒。假想梯形图的母线能提供一种能流，并在梯形图中流动，每个指令盒都有一个使能输入端 EN（Enable In）和一个使能输出端 ENO（Enable Out）。当 EN 端有能流，即 EN 端有效时，该条功能指令才被执行。如果 EN 端有能流且该功能指令执行无误时，则 ENO 为 1，即 ENO 能把这种能流传递下去；如果指令执行有误，则 ENO 为 0，能流不能继续传递。请切记所有的功能指令只有在 EN 端有效时才被执行。

⑥ 标志位：由一些特殊继电器组成，如 SMB1。它们用来记录在执行功能指令时所产生的一些特殊信息。由于在教学时的编程举例中很少使用标志位，因此除个别情况外，书中没有对功能指令影响标志位的情况进行说明。在实际使用时，读者可以查阅 S7-200 系统手册。

⑦ 使能信号：有些功能指令需要的是使能信号的上升沿，若使能信号不是宽度为一个扫描周期的脉冲信号，则可能会产生意想不到的结果。所以，在使用功能指令时，大家要注意对输入使能信号的处理，这一点非常重要。请大家结合 PLC 循环扫描的工作机理来理解使能信号的"长"和"短"对功能指令执行结果的影响。

5.2.1　数据处理指令

数据处理指令涉及对数据的非数值运算操作，包括数据的传送、移位、字节交换、循环移位和填充等指令。

1. 传送类指令

该类指令用来完成各存储单元之间进行一个或者多个数据的传送。按指令一次所传送数据的个数可分为单一传送指令和块传送指令。

（1）单一传送指令（Move）

单一传送包括字节传送、字传送、双字传送和实数传送。

指令格式：LAD 和 STL 格式如图 5-37a 所示。图中的□处可为 B、W、DW（LAD 中）、D（STL 中）或 R。

功能描述：使能输入有效时，把一个单字节数据（字、双字或实数）由 IN 传送到 OUT 所指的存储单元。

数据类型：输入/输出均为字节（字、双字或实数）。

（2）块传送指令（Block Move）

该类指令可进行一次多个（最多255个）数据的传送，包括字节块传送、字块传送和双字块传送。

指令格式：LAD 及 STL 格式如图 5-37b 所示。图中的□处可为 B、W、D。

功能描述：把从 IN 开始的 N 个字节（字或双字）型数据传送到从 OUT 开始的 N 个字节（字或双字）存储单元。

数据类型：输入/输出均为字节（字或双字），N 为字节。

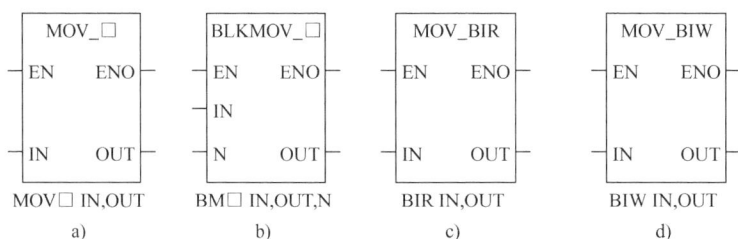

图 5-37 传送指令格式

（3）字节立即传送指令（Move Byte Immediate）

字节立即传送指令就像位指令中的立即指令一样，用于输入和输出的立即处理。

1）传送字节立即读指令——BIR（Move Byte immediate Read）。

指令格式：LAD 及 STL 格式如图 5-37c 所示。

功能描述：立即读取单字节物理区数据 IN，并传送到 OUT 所指的字节存储单元。该指令用于对输入信号的立即响应。

数据类型：输入为 IB，输出为字节。

2）传送字节立即写指令——BIW（Move Byte Immediate Write）。

指令格式：LAD 及 STL 格式如图 5-37d 所示。

功能描述：立即将 IN 单元的字节数据写到 OUT 所指的字节存储单元的物理区及映像区，它用于把计算出的 Q 结果立即输出到外部负载。

数据类型：输入为字节，输出为 QB。

2. 移位与循环指令

该类指令包括左移和右移、左循环和右循环。在该类指令中，LAD 与 STL 指令格式中的缩写表示是不同的。移位指令和循环指令过去常用于对顺序动作的控制；现在，在一般情况下，都使用顺序功能图来实现顺序控制的编程，所以移位和循环指令使用得并不多。

（1）移位指令（Shift）

该指令有左移和右移两种。根据所移位数的长度不同可分为字节型、字型和双字型。移位特点如下所述：

移位数据存储单元的移出端与 SM1.1 （溢出） 相连，所以最后被移出的位被放到 SM1.1 位存储单元。

移位时，移出位进入 SM1.1，另一端自动补 0。例如，在右移时，移位数据的最右端的位移入 SM1.1，则左端补 0。SM1.1 始终存放最后一次被移出的位。

移位次数与移位数据的长度有关，如果所需移位次数大于移位数据的位数，则超出次数无效。如字左移时，若移位次数设定为 20，则指令实际执行结果只能移位 16 次，而不是设定值 20 次。

如果移位操作使数据变为 0，则零存储器标志位 （SM1.0） 自动置位。

移位指令影响的特殊存储器位：SM1.0 （零）；SM1.1 （溢出）。

使能流输出 ENO 断开的出错条件：SM4.3 （运行时间）；0006 （间接寻址）。

注意：移位指令在使用 LAD 编程时，OUT 可以是和 IN 不同的存储单元，但在使用 STL 编程时，因为只写一个操作数，所以实际上 OUT 就是移位后的 IN。

1） 右移指令 （Shift Right）。

指令格式：LAD 及 STL 格式如图 5-38a 所示。图中□处可为 B、W、DW （LAD 中） 或 D （STL 中）。

功能描述：把字节型 （字型或双字型） 输入数据 IN 右移 N 位后，再将结果输出到 OUT 所指的字节 （字或双字） 存储单元。最大实际可移位次数为 8 位 （16 位或 32 位）。

数据类型：输入/输出均为字节 （字或双字），N 为字节型数据。

执行指令：SRW LW0, 3

该指令的执行结果见表 5-7。

表 5-7　指令 SRW 执行结果

移 位 次 数	地　　　址	单 元 内 容	位	说　　　明
0	LW0	1011010100110011	X	移位前 （SM1.1 不确定）
1	LW0	0101101010011001	1	右移，1 进入 SM1.1，左端补 0
2	LW0	0010110101001100	1	右移，1 进入 SM1.1，左端补 0
3	LW0	0001011010100110	0	右移，0 进入 SM1.1，左端补 0

2） 左移指令 （Shift Left）。

指令格式：LAD 及 STL 格式如图 5-38b 所示。图中□处可为 B、W、DW （LAD 中） 或 D （STL 中）。

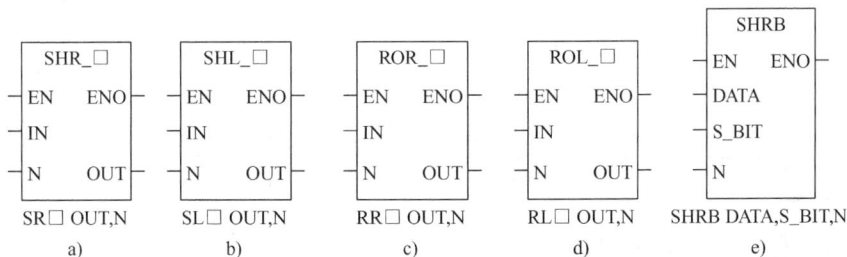

图 5-38　移位指令格式

功能描述：把字节型（字型或双字型）输入数据 IN 左移 N 位后，再将结果输出到 OUT 所指的字节（字或双字）存储单元。最大实际可移位次数为 8 位（16 位或 32 位）。

数据类型：输入/输出均为字节（字或双字），N 为字节型数据。

执行指令：SLB MB0，2

该指令的执行结果见表 5-8。

表 5-8　指令 SLB 执行结果

移位次数	地址	单元内容	位	说明
0	MB0	10110101	X	移位前（SM1.1 不确定）
1	MB0	01101010	1	数左移，移出位 1 进入 SM1.1，右端补 0
2	MB0	11010100	0	数左移，移出位 0 进入 SM1.1，右端补 0

（2）循环移位指令（Rotate）

循环移位指令包括循环左移和循环右移，循环移位位数的长度分别为字节、字或双字。循环移位特点如下所述：

循环数据存储单元的移出端与另一端相连，同时又与 SM1.1（溢出）相连，所以最后被移出的位移到另一端的同时，也被放到 SM1.1 位存储单元。例如在循环右移时，移位数据的最右端位移入最左端，同时又进入 SM1.1，SM1.1 始终存放最后一次被移出的位。

移位次数与移位数据的长度有关，如果移位次数设定值大于移位数据的位数，则在执行循环移位之前，系统先对设定值取以数据长度为底的模，用小于数据长度的结果作为实际循环移位的次数。

1）循环右移指令（Rotate Right）。

指令格式：LAD 及 STL 格式如图 5-38c 所示。图中□处可为 B、W、DW（LAD 中）或 D（STL 中）。

功能描述：把字节型（字型或双字型）输入数据 IN 循环右移 N 位后，再将结果输出到 OUT 所指的字节（字或双字）存储单元。实际移位次数为系统设定值取以 8（16 或 32）为底的模所得的结果。

数据类型：输入/输出均为字节（字或双字），N 为字节型数据。

执行指令：RRW LW0，3

该指令的执行结果见表 5-9。

表 5-9　指令 RRW 执行结果

移位次数	地址	单元内容	位	说明
0	LW0	1011010100110011	X	移位前（SM1.1 不确定）
1	LW0	1101101010011001	1	右端 1 移入 SM1.1 和 LW0 左端
2	LW0	1110110101001100	1	右端 1 移入 SM1.1 和 LW0 左端
3	LW0	0111011010100110	0	右端 0 移入 SM1.1 和 LW0 左端

2）循环左移指令（Rotate Left）。

指令格式：LAD 及 STL 格式如图 5-38d 所示。图中□处可为 B、W、DW（LAD 中）或 D（STL 中）。

功能描述：把字节型（字型或双字型）输入数据 IN 循环左移 N 位后，再将结果输出到 OUT 所指的字节（字或双字）存储单元。实际移位次数为系统设定值取以 8（16 或 32）为底的模所得的结果。

数据类型：输入/输出均为字节（字或双字），N 为字节型数据。

（3）寄存器移位指令——SHRB（Shift Register）

指令格式：LAD 及 STL 格式如图 5-38e 所示。

功能描述：该指令在梯形图中有 3 个数据输入端，即 DATA 为数据输入，将该位的值移入移位寄存器；S_BIT 为移位寄存器的最低位端；N 指定移位寄存器的长度。每次使能输入有效时，在每个扫描周期内整个移位寄存器移动一位。所以，要用边沿跳变指令来控制使能端的状态，不然该指令就失去了应用的意义。

寄存器移位特点如下所述：

移位寄存器长度在指令中指定，没有字节型、字型、双字型之分。可指定的最大长度为 64 位，可正可负。

移位寄存器存储单元的移出端与 SM1.1（溢出）相连，所以最后被移出的位放在 SM1.1 位存储单元。

移位时，移出位进入 SM1.1，另一端自动补上 DATA 移入位的值。

移位方向分为正向移位和反向移位。正向移位时长度 N 为正值，移位是从最低字节的最低位 S_BIT 移入，从最高字节的最高位移出；反向移位时长度 N 为负值，移位是从最高字节的最高位移入，从最低字节的最低位 S_BIT 移出。

最高位的计算方法：（N 的绝对值 − 1 + （S_BIT 的位号））/8，相除的结果中，余数即是最高位的位号，商与 S_BIT 的字节号之和，即是最高位的字节号。

例如，如果 S_BIT 是 V33.4，N 是 14，则 （14 − 1 + 4）/8 = 2 余 1。所以，最高位字节号算法是：33 + 2 = 35，位号为 1，即移位寄存器的最高位是 V35.1。

执行指令：SHRB I0.5，V20.0，5

该指令的执行结果见表 5-10。

表 5-10 指令 SHRB 执行结果

脉冲数	I0.5 值	VB20	位 SM1.1	说　　明
0	1	101 10101	X	移位前。移位时，从 V20.0 移入，从 V20.4 移出
1	1	101 01011	1	1 移入 SM1.1，I0.5 的脉冲前值进入右端
2	1	101 10111	0	0 移入 SM1.1，I0.5 的脉冲前值进入右端
3	0	101 01110	1	1 移入 SM1.1，I0.5 的脉冲前值进入右端

3. 字节交换指令——SWAP（Swap Byte）

当使能输入有效时，将字型输入数据 IN 的高位字节与低位字节进行交换，交换的结果输出到 IN 存储器单元中。因此又可称为半字交换指令，常用于有模拟量输入/输出的情况。

指令格式：LAD 及 STL 格式如图 5-39a 所示。

功能描述：将字型输入数据 IN 的高字节和低字节进行交换。

数据类型：输入为字。

执行指令：SWAP　　VW10

若 VW10 中的内容为 1011010100000001，则执行 SWAP 指令后，VW10 中的内容变为 0000000110110101。

4. 填充指令——FILL（Memory Fill）

指令格式：LAD 及 STL 格式如图 5-39b 所示。

功能描述：将字型输入数据 IN 填充到从输出 OUT 所指的单元开始的 N 个字存储单元。

图 5-39　字节交换及填充指令格式

数据类型：IN 和 OUT 为字型，N 为字节型，可取值范围为 1～255 的整数。

执行指令：FILL　10，VW100，12

执行结果是将数据 10 填充到从 VW100 到 VW122 共 12 个字存储单元中。

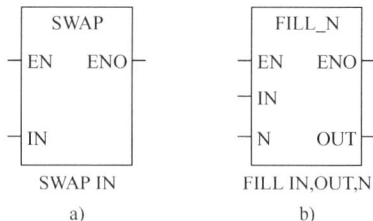

5.2.2　算术逻辑运算指令

现在的 PLC 除具有极强的逻辑功能外，还具备较强的运算功能。和其他 PLC 不同，在使用 S7-200 PLC 的算术运算指令时要注意存储单元的分配。在用 LAD 编程时，IN1、IN2 和 OUT 可以使用不一样的存储单元，这样编写出的程序比较清晰易懂。但在用 STL 方式编程时，OUT 要和其中的一个操作数使用同一个存储单元，这样用起来较麻烦，编写程序和使用计算结果时都很不方便。LAD 格式程序转化为 STL 格式程序或 STL 格式程序转化为 LAD 格式程序时，会有不同的转换结果。所以，建议大家在使用算术指令和数学指令时，最好用 LAD 形式编程。

注意：下面的运算指令 LAD 格式中的 IN1 和 STL 格式中的 IN1 不一定指的是同一个存储单元。

算术逻辑运算指令包括：加法指令、减法指令、乘法指令、除法指令、数学函数指令、增/减指令、逻辑运算指令等。

1. 加法指令（Add）

加法指令是对有符号数进行相加操作。它包括整数加法、双整数加法和实数加法。

指令格式：LAD 及 STL 格式如图 5-40a 所示。图中□处可为 I、DI（LAD 中）、D（STL 中）或 R。

功能描述：在 LAD 中，IN1 + IN2 = OUT；在 STL 中，IN1 + OUT = OUT。

数据类型：整数加法时，输入/输出均为 INT；双整数加法时，输入/输出均为 DINT；实数加法时，输入/输出均为 REAL。

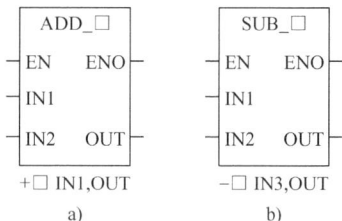

图 5-40　加法、减法指令格式

2. 减法指令（Subtract）

减法指令是对有符号数进行相减操作。它包括整数减法、双整数减法和实数减法。

指令格式：LAD 及 STL 格式如图 5-40b 所示。图中□处可为 I、DI（LAD 中）、D（STL 中）或 R。

功能描述：在 LAD 中，IN1 − IN2 = OUT；在 STL 中，OUT − IN2 = OUT。

数据类型：整数减法时，输入/输出均为 INT；双整数减法时，输入/输出均为 DINT；实数减法时，输入/输出均为 REAL。

执行指令：－I　AC0，VW4

该指令的执行前后的结果见表5-11。

表 5-11　减法指令操作数执行前后的结果

操　作　数	地　　　址	单元长度（字）	运算前的值	运算后的值
IN1	VW4	2	3000	1000
IN2	AC0	2	2000	2000
OUT	VW4	2	3000	1000

3. 乘法指令

（1）一般乘法指令（Multiply）

一般乘法指令是对有符号数进行相乘运算。它包括整数乘法、双整数乘法和实数乘法。

指令格式：LAD 及 STL 格式如图 5-41a 所示。图中□处可为 I、DI（LAD 中）、D（STL 中）或 R。

功能描述：在 LAD 中，IN1 × IN2 = OUT；在 STL 中，IN1 × OUT = OUT。

数据类型：整数乘法时，输入/输出均为 INT；双整数乘法时，输入/输出均为 DINT；实数乘法时，输入/输出均为 REAL。

执行指令：＊I　VW0，AC0

该指令的执行前后的结果见表5-12。

表 5-12　一般乘法指令操作数执行前后的结果

操　作　数	地　　　址	单元长度（字）	运算前的值	运算后的值
IN1	VW0	2	20	20
IN2	AC0	2	400	8000
OUT	AC0	2	400	8000

（2）完全整数乘法（Multiply Integer to Double Integer）

将两个单字长（16 位）的符号整数 IN1 和 IN2 相乘，产生一个 32 位双整数结果 OUT。

指令格式：LAD 及 STL 格式如图 5-41b 所示。

功能描述：在 LAD 中，IN1 × IN2 = OUT；在 STL 中，IN1 × OUT = OUT；32 位运算结果存储单元的低 16 位运算前用于存放被乘数。

数据类型：输入为 INT，输出为 DINT。

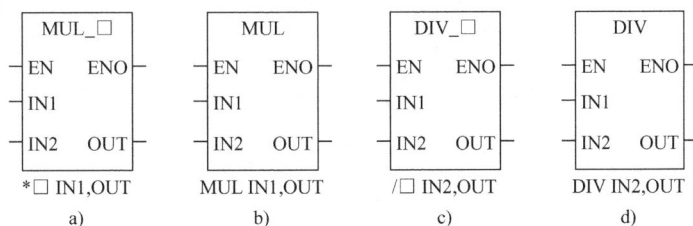

图 5-41　乘法、除法指令格式

4. 除法指令

（1）一般除法指令（Divide）

一般除法指令是对有符号数进行相除操作。它包括整数除法、双整数除法和实数除法。

指令格式：LAD 及 STL 格式如图 5-41c 所示。图中口处可为 I、DI（LAD 中）、D（STL 中）或 R。

功能描述：在 LAD 中，IN1/IN2 = OUT；在 STL 中，OUT/IN2 = OUT。不保留余数。

数据类型：整数除法时，输入/输出均为 INT；双整数除法时，输入/输出均为 DINT；实数除法时，输入/输出均为 REAL。

（2）完全整数除法（Divide Integer to Double Integer）

将两个 16 位的符号整数相除，产生一个 32 位结果，其中，低 16 位为商，高 16 位为余数。

指令格式：LAD 及 STL 格式如图 5-41d 所示。

功能描述：在 LAD 中，IN1/IN2 = OUT；在 STL 中，OUT/IN2 = OUT；32 位运算结果存储单元的低 16 位运算前被兼用存放被除数。除法运算结果：商放在 OUT 的低 16 位字中，余数放在 OUT 的高 16 位字中。

数据类型：整数减法时，输入/输出均为 INT；双整数减法时，输入/输出均为 DINT；实数减法时，输入/输出均为 REAL。

算术运算指令综合实例如图 5-42a 所示，对应的语句表程序如图 5-42b 所示。

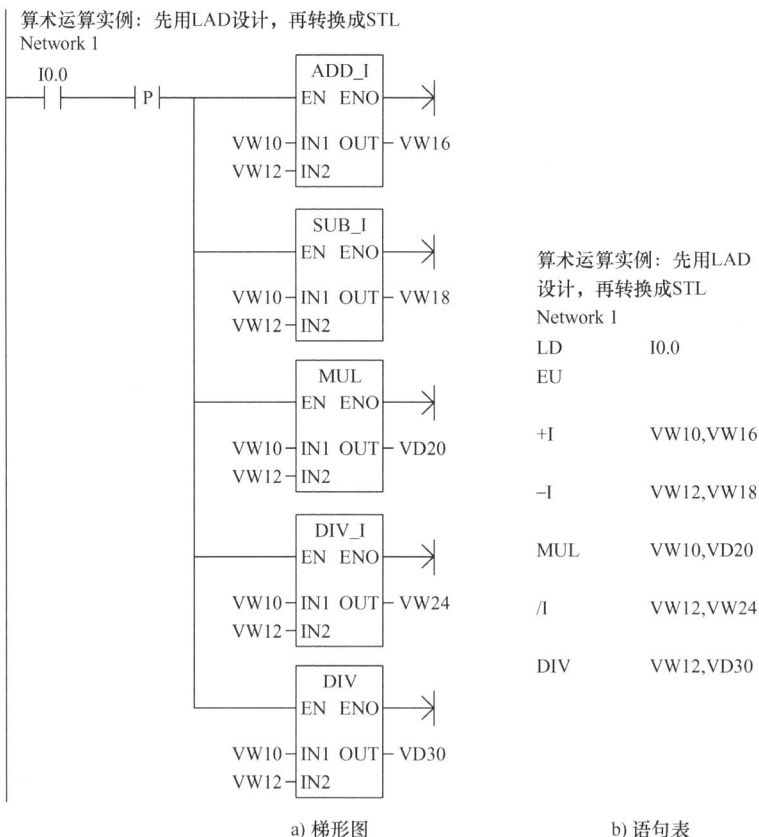

a) 梯形图   b) 语句表

图 5-42 算术运算指令应用实例

本例中若 VW10 = 2000，VW12 = 150，则执行完该段程序后，各有关结果存储单元的数值为：VW16 = 2150，VW18 = 1850，VD20 = 300 000，VW24 = 13，VW30 = 50，VW32 = 13。

5. 数学函数指令

数学函数指令包括二次方根、自然对数、指数、三角函数等几个常用的函数指令。运算输入/输出数据都为实数。结果大于 32 位二进制数表示的范围时产生溢出，溢出标志位 SM1.1 被置位。

（1）二次方根指令——SQRT（Square Root）

指令格式：LAD 及 STL 格式如图 5-43a 所示。

功能描述：把一个双字长（32 位）的实数 IN 开二次方，得到 32 位的实数结果送到 OUT。

数据类型：输入/输出均为 REAL。

（2）自然对数指令——LN（Natural Logarithm）

指令格式：LAD 及 STL 格式如图 5-43b 所示。

功能描述：将一个双字长（32 位）的实数 IN 取自然对数，得到 32 位的实数结果送到 OUT。

数据类型：输入/输出均为 REAL。

当求解以 10 为底的常用对数时，用（/R）DIV - R 指令将自然对数除以 2.302 585 即可（LN10 的值约为 2.302 585）。

（3）指数指令——EXP（Natural Exponential）

指令格式：LAD 及 STL 格式如图 5-43c 所示。

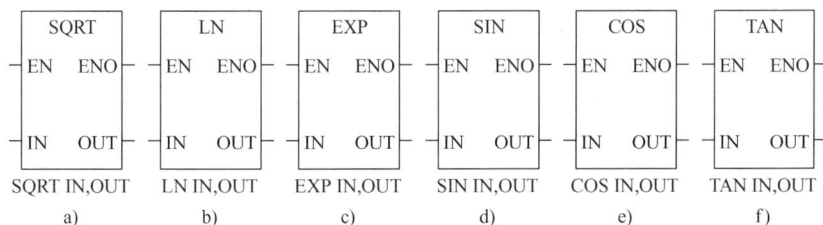

图 5-43　数学函数指令

功能描述：将一个双字长（32 位）的实数 IN 取以 e 为底的指数，得到 32 位的实数结果送到 OUT。

数据类型：输入/输出均为 REAL。

可以用指数指令和自然对数指令相配合来完成以任意常数为底和以任意常数为指数的计算。

例如：18 的 6 次方 $= 18^6 = \exp(6 \times \ln(18))$

125 的 3 次方根 $= 125^{(1/3)} = \exp(1/3 \times \ln(125)) = 5$

（4）正弦（Sine）、余弦（Cosine）和正切（Tan）指令

指令格式：LAD 及 STL 格式如图 5-43d、e、f 所示。

功能描述：将一个双字长（32 位）的实数弧度值 IN 分别取正弦、余弦、正切，各得到 32 位的实数结果送到 OUT。

数据类型：输入/输出均为 REAL。

如果已知输入值为角度，要先将角度值转化为弧度值，方法是使用（＊R）MUL_R 指令，把角度值乘以 π/180°即可。

程序实例如图 5-44 所示（求 sin120°＋cos10°的值）。

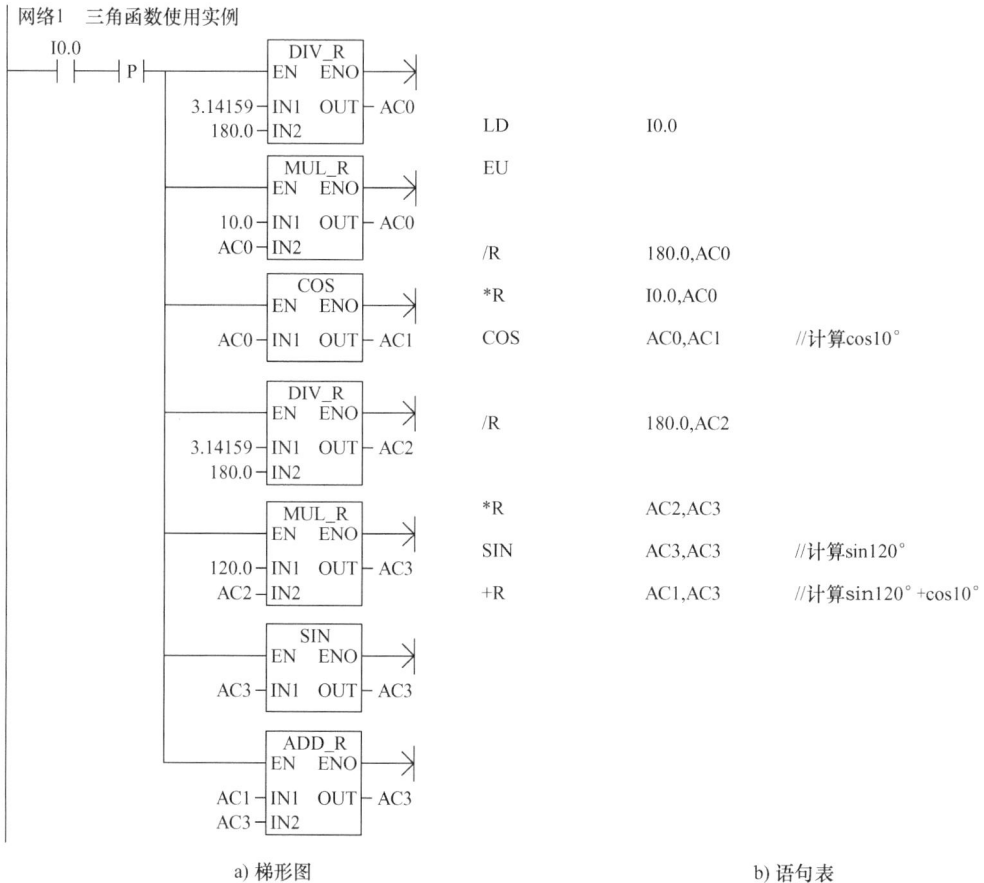

a) 梯形图   b) 语句表

图 5-44　三角函数指令实例

6. 增/减指令

增/减指令又称自增和自减指令。它是对无符号或有符号整数进行自动加 1 或减 1 的操作，数据长度可以是字节、字或双字。其中字节增减是对无符号数操作，而字或双字的增减是对有符号数操作。

（1）增指令（Increment）

增指令包括字节增、字增和双字增指令。

指令格式：LAD 及 STL 格式如图 5-45a 所示。图中□处可为 B、W、DW（LAD 中）或 D（STL 中）。

功能描述：在 LAD 中，IN＋1＝OUT；在 STL 中，OUT＋1＝OUT，即 IN 和 OUT 使用同一个存储单元。

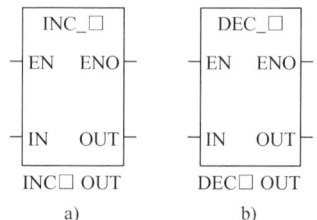

图 5-45　增/减指令格式

118

数据类型：字节增指令输入/输出均为字节，字增指令输入/输出均为 INT，双字增指令输入/输出均为 DINT。

（2）减指令（Decrement）

减指令包括字节减、字减和双字减指令。

指令格式：LAD 及 STL 格式如图 5-45b 所示。图中口处可为 B、W、DW（LAD 中）或 D（STL 中）。

功能描述：在 LAD 中，IN－1＝OUT；在 STL 中，OUT－1＝OUT，即 IN 和 OUT 使用同一个存储单元。

数据类型：字节减指令输入/输出均为字节，字减指令输入/输出均为 INT，双字减指令输入/输出均为 DINT。

7. 逻辑运算指令

逻辑运算对逻辑数（无符号数）进行处理，按运算性质不同，有逻辑与、逻辑或、逻辑异或和取反等。参与运算的操作数可以是字节、字或双字。

（1）逻辑与运算指令（Logic And）

它包括字节、字和双字的逻辑与运算指令。

指令格式：LAD 及 STL 格式如图 5-46a 所示。图中口处可为 B、W、DW（LAD 中）或 D（STL 中）。

功能描述：把两个一个字节（字或双字）长的输入逻辑数按位相与，得到一个字节（字或双字）的逻辑数并输出到 OUT。在 STL 中 OUT 和 IN2 使用同一个存储单元。

数据类型：输入/输出均为字节（字或双字）。

（2）逻辑或运算指令（Logic Or）

它包括字节、字和双字的逻辑或运算指令。

指令格式：LAD 及 STL 格式如图 5-46b 所示。图中口处可为 B、W、DW（LAD 中）或 D（STL 中）。

功能描述：把两个一个字节（字或双字）长的输入逻辑数按位相或，得到一个字节（字或双字）的逻辑数并输出到 OUT。在 STL 中 OUT 和 IN2 使用同一个存储单元。

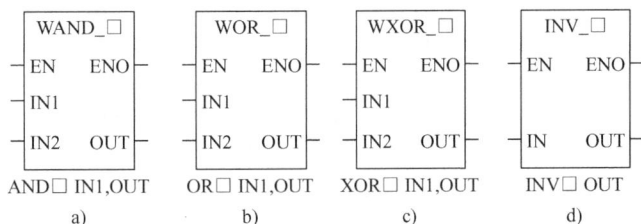

图 5-46　逻辑运算指令格式

数据类型：输入/输出均为字节（字或双字）。

（3）逻辑异或运算指令（Logic Exclusive Or）

它包括字节、字和双字的逻辑异或运算指令。

指令格式：LAD 及 STL 格式如图 5-46c 所示。图中口处可为 B、W、DW（LAD 中）或 D（STL 中）。

功能描述：把两个一个字节（字或双字）长的输入逻辑数按位相异或，得到一个字节（字或双字）的逻辑数并输出到 OUT。在 STL 中 OUT 和 IN2 使用同一个存储单元。

数据类型：输入/输出均为字节（字或双字）。

（4）取反指令（Logic Invert）

它包括对字节、字和双字的逻辑取反指令。

指令格式：LAD 及 STL 格式如图 5-46d 所示。图中□处可为 B、W、DW（LAD 中）或 D（STL 中）。

功能描述：把一个字节（字或双字）长的输入逻辑数按位取反，得到一个字节（字或双字）的逻辑数并输出到 OUT。在 STL 中 OUT 和 IN 使用同一个存储单元。

数据类型：输入/输出均为字节（字或双字）。

例：

```
LD    I0.0
EU                    //I0.0 上升沿时执行下面操作
ANDB  VB0，AC1        //字节逻辑与
ORB   VB0，AC0        //字节逻辑或
XORB  VB0，AC2        //字节逻辑异或
INVB  VB10           //字节逻辑取反
```

该例题的执行结果见表 5-13（各单元内容都用二进制数表示）。

表 5-13 指令执行情况表

指　　令	操　作　数	地址单元	单元长度（n 字节）	运算前值	运算结果值
ANDB	IN1	VB0	1	01010011	01010011
	IN2（OUT）	AC1	1	11110001	01010001
ORB	IN1	VB0	1	01010011	01010011
	IN2（OUT）	AC0	1	00110110	01110111
XORB	IN1	VB0	1	01010011	01010011
	IN2（OUT）	AC2	1	11011010	10001001
INVB	IN（OUT）	VB10	1	01010011	10101100

5.2.3 表功能指令

表功能指令用来进行数据的有序存取和查找，一般很少使用。一个表由表地址（表的首地址）指明，表地址和第二个字地址所对应的单元分别存放两个表参数（最大填表数 TL 和实际填表数 EC），之后是最多 100 个填表数据。

表只对字型数据存储，数据在 S7-200 PLC 的表格中的存储格式见表 5-14。

表 5-14 表中数据的存储格式

单 元 地 址	单 元 内 容	说　　　明
VW100	0006	VW100 为表格的首地址，TL＝6 为表格的最大填表数
VW102	0004	数据 EC＝4（EC≤100）为该表中的实际填表数
VW104	1203	数据 0
VW106	4467	数据 1
VW108	9086	数据 2
VW110	3592	数据 3
VW112	****	无效数据
VW114	****	无效数据

（1）表存数指令——ATT（Add To Table）

指令格式：LAD 及 STL 指令格式如图 5-47a 所示。

功能描述：该指令在梯形图中有两个数据输入端，即 DATA 为数值输入，指出将被存储的字型数据；TBL 为表格的首地址，用以指明被访问的表格。当使能输入有效时，将输入字型数据添加到指定的表格中。

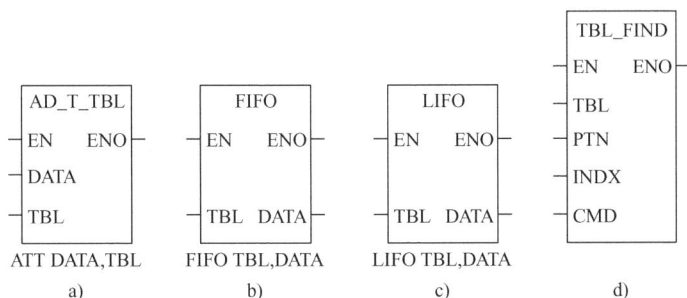

图 5-47 表功能指令格式

表存数时，新存的数据添加在表中最后一个数据的后面。每向表中存一个数据，实际填表数 EC 会自动加 1。

数据类型：DATA 为 INT，TBL 为字。

例：对表 5-14 执行指令 ATT VW200，VW100。

若指令执行前 VW200 中的内容为 222，则指令执行结果见表 5-15。

表 5-15 指令 ATT 执行结果

操 作 数	单元地址	执行前内容	执行后内容	说　　明
DATA	VW200	222	222	被填表数据
TBL	VW100	0006	0006	TL = 6，最大填表数为 6，不变化
	VW102	0004	0005	EC 实际存表数由 4 加 1 变为 5
	VW104	1203	1203	数据 0
	VW106	4467	4467	数据 1
	VW108	9086	9086	数据 2
	VW110	3592	3592	数据 3
	VW112	****	222	将 VW200 中的数据填入表中
	VW114	****	****	无效数据

（2）表取数指令

从表中取出一个字型数据可有两种方式：先进先出式和后进先出式。一个数据从表中取出之后，表的实际填表数 EC 值减少 1。两种方式的指令在梯形图中有两个数据端：输入端 TBL 为表格的首地址，用以指明访问的表格；输出端 DATA 指明数值取出后要存放的目标单元。如果指令试图从空表中取走一个数值，则特殊标志寄存器位 SM1.5 置位。

1）先进先出指令——FIFO（First-In-First-Out）。

指令格式：LAD 及 STL 格式如图 5-47b 所示。

功能描述：从 TBL 指定的表中移出第一个字型数据并将其输出到 DATA 所指定的字存储单元。取数时，移出的数据总是最先进入表中的数据。每次从表中移出一个数据，剩余数据则依次上移一个字单元位置，同时实际填表数 EC 会自动减 1。

数据类型：DATA 为 INT，TBL 为字。

例：对表 5-14 执行指令 FIFO　VW100，AC0。

则指令执行结果见表 5-16。

表 5-16　指令 FIFO 执行结果

操　作　数	单 元 地 址	执行前内容	执行后内容	说　　　明
DATA	AC0	任意数	1203	从表中取走的数据输出到 AC0
TBL	VW100	0006	0006	TL = 6，最大填表数为 6，不变化
	VW102	0004	0003	EC 实际存表数由 4 减 1 变为 3
	VW104	1203	4467	数据 0，剩余数据依次上移一格
	VW106	4467	9086	数据 1
	VW108	9086	3592	数据 2
	VW110	3592	****	无效数据
	VW112	****	****	无效数据
	VW114	****	****	无效数据

2）后进先出指令——LIFO（Last-In-First-Out）。

指令格式：LAD 及 STL 格式如图 5-47c 所示。

功能描述：从 TBL 指定的表中取出最后一个字型数据并将其输出到 DATA 所指定的字存储单元。取数时，移出的数据是最后进入表中的数据。每次从表中取出一个数据，剩余数据位置保持不变，实际填表数 EC 会自动减 1。

数据类型：DATA 为字，TBL 为 INT。

例：对表 5-14 执行指令 LIFO　VW100，AC0。

则指令执行结果见表 5-17。

表 5-17　指令 LIFO 执行结果

操　作　数	单 元 地 址	执行前内容	执行后内容	说　　　明
DATA	AC0	任意数	3592	从表中取走的数据输出到 AC0
TBL	VW100	0006	0006	TL = 6，最大填表数为 6，不变化
	VW102	0004	0003	EC 实际存表数由 4 减 1 变为 3
	VW104	1203	1203	数据 0，剩余数据不移动
	VW106	4467	4467	数据 1
	VW108	9086	9086	数据 2
	VW110	3592	****	无效数据
	VW112	****	****	无效数据
	VW114	****	****	无效数据

（3）表查找指令（Table Find）

通过表查找指令可以从数据表中找出符合条件数据的表中编号，编号范围为0～99。

指令格式：LAD格式如图5-47d所示。

STL格式：FND =   TBL，PTN，INDX（查找条件：= PTN）

             FND < > TBL，PTN，INDX（查找条件：< > PTN）

             FND <   TBL，PTN，INDX（查找条件：< PTN）

             FND >   TBL，PTN，INDX（查找条件：> PTN）

功能描述：在梯形图中有4个数据输入端，即TBL为表格的首地址，用以指明被访问的表格；PTN是用来描述查表条件时进行比较的数据；CMD是比较运算符"?"的编码，它是一个1～4的数值，分别代表 =、< >、< 和 > 运算符；INDX用来存放表中符合查找条件的数据的地址。由PTN和CMD就可以决定对表的查找条件。例如，PTN为16#2555，CMD为3，则查找条件为"< 16#2555"。

表查找指令执行之前，应先对INDX的内容清0。当使能输入有效时，从INDX开始搜索表TBL，寻找符合由PTN和CMD所决定的条件的数据：如果没有发现符合条件的数据，则INDX的值等于EC；如果找到一个符合条件的数据，则将该数据的表中地址装入INDX。

数据类型：TBL、INDX为字，PTN为INT，CMD为字节型常数。

表查找指令执行完成，找到一个符合条件的数据。如果想继续向下查找，必须先对IN-DX加1，然后重新激活表查找指令。

在语句表中运算符直接表示，而不用各自的编码。

例：对表5-14执行指令FND > VW100，VW300，AC0。

则指令执行结果见表5-18。

表5-18 表查找指令执行结果

操 作 数	单元地址	执行前内容	执行后内容	说 明
PIN	VW300	5000	5000	用来比较数据
INDX	AC0	0	2	符合查表条件的单元地址
CMD	无	4	4	4表示 >
TBL	VW100	0006	0006	TL = 6，最大填表数为6，不变化
	VW102	0004	0004	EC实际存表数，不变化
	VW104	1203	1203	数据0
	VW106	4467	4467	数据1
	VW108	9086	9086	数据2
	VW110	3592	3592	数据3
	VW112	****	****	无效数据
	VW114	****	****	无效数据

5.2.4 转换指令

转换指令是指对操作数的类型进行转换，包括数据的类型转换、码的类型转换以及数据与码之间的类型转换。

1. 数据类型转换指令

数据类型主要包括字节、整数、双整数和实数。主要的码制有 BCD 码、ASCII 码、十进制数和十六进制数等。不同性质的指令对操作数的类型要求不同，比如一个数据是字型，另一个数据是双字型，这两个数据就不能直接进行数学运算操作。因此，在指令使用之前需要将操作数转化成相应的类型，这样才能保证指令的正确执行，转换指令可以完成这样的任务。

（1）字节与整数

1）字节到整数——BTI（Byte To Integer）。

指令格式：LAD 及 STL 格式如图 5-48a 所示。

功能描述：将字节型输入数据 IN 转换成整数类型，并将结果送到 OUT 输出。字节型是无符号的，所以没有符号扩展位。

数据类型：输入为字节，输出为 INT。

2）整数到字节——ITB（Integer To Byte）。

指令格式：LAD 及 STL 格式如图 5-48b 所示。

功能描述：将整数输入数据 IN 转换成字节类型，并将结果送到 OUT 输出。输入数据超出字节范围（0 ~ 255）时产生溢出。

数据类型：输入为 INT，输出为字节。

（2）整数与双整数

1）双整数到整数——DTI（Double Integer To Integer）

指令格式：LAD 及 STL 格式如图 5-48c 所示。

功能描述：将双整数输入数据 IN 转换成整数类型，并将结果送到 OUT 输出。输出数据超出整数范围则产生溢出。

数据类型：输入为 DINT，输出为 INT。

2）整数到双整数——ITD（Integer To Double Integer）

指令格式：LAD 及 STL 格式如图 5-48d 所示。

功能描述：将整数输入数据 IN 转换成双整数类型（符号进行扩展），并将结果送到 OUT 输出。

数据类型：输入为 INT，输出为 DINT。

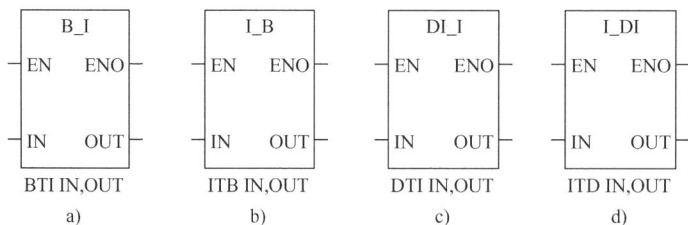

图 5-48　数据类型转换指令格式（1）

（3）双整数与实数

1）实数到双整数（Real To Double Integer）。

实数转换为双整数，其指令有两条：ROUND 和 TRUNC。

指令格式：LAD 及 STL 格式如图 5-49a 和 b 所示。

功能描述：将实数型输入数据 IN 转换成双整数类型，并将结果送到 OUT 输出。两条指令的区别是：前者小数部分 4 舍 5 入，而后者小数部分直接舍去。

数据类型：输入为 REAL，输出为 DINT。

2）双整数到实数——DTR（Double Integer To Real）。

指令格式：LAD 及 STL 格式如图 5-49c 所示。

功能描述：将双整数输入数据 IN 转换成实数，并将结果送到 OUT 输出。

数据类型：输入为 DINT，输出为 REAL。

3）整数到实数（Integer To Real）。

没有直接的整数到实数转换指令，转换时，先使用 ITD（整数到双整数）指令，然后再使用 DTR（双整数到实数）指令即可。

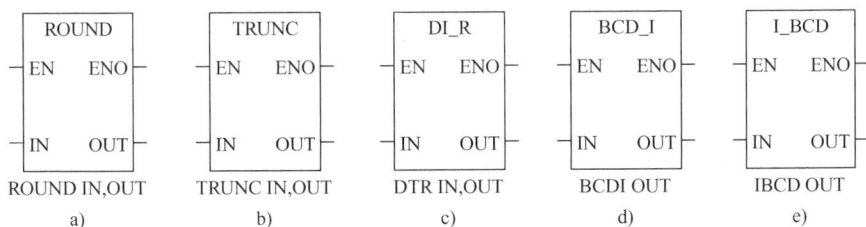

图 5-49　数据类型转换指令格式（2）

（4）整数与 BCD 码

在一些数字系统中，如计算机、控制器和数字式仪器中，为了方便起见，往往采用二进制码表示十进制数。通常把用一组 4 位二进制码来表示一位十进制数的编码方法称为二—十进制码，亦称 BCD 码（Binary Code Decimal）。4 位二进制码共有 16 种组合，可从中任取 10 种组合来表示 0 ~ 9 这 10 个数。根据不同的选取方法，可以编制出很多种 BCD 码，如 8421 码、5421 码、2421 码、5211 码和余 3 码。其中 8421 BCD 码最为常用。由于每一组 4 位二进制码只代表一位十进制数，因而 n 位十进制数就得用 n 组 4 位二进制码表示。

BCD 码在 PLC 中的应用，主要是通过外部 BCD 码拨码开关设定 PLC 的相关数据，另外还可以通过外部 BCD 码显示器显示 PLC 的内部数据。现在随着 HMI（触摸屏、显示设定单元等）的发展，其价格也越来越低，所以过去的 BCD 码拨码开关和 BCD 数码管显示器的使用也越来越少了。

1）BCD 码到整数——BCDI（BCD To Integer）。

指令格式：LAD 及 STL 格式如图 5-49d 所示。

功能描述：将 BCD 码输入数据 IN 转换成整数类型，并将结果送到 OUT 输出。输入数据 IN 的范围为 0 ~ 9 999。在 STL 中，IN 和 OUT 使用相同的存储单元。

数据类型：输入/输出均为字。

2）整数到 BCD 码——IBCD（Integer To BCD）。

指令格式：LAD 及 STL 格式如图 5-49e 所示。

功能描述：将整数输入数据 IN 转换成 BCD 码类型，并将结果送到 OUT 输出。输入数据 IN 的范围为 0 ~ 9 999。在 STL 中，IN 和 OUT 使用相同的存储单元。

数据类型：输入/输出均为字。

2. 编码和译码指令

（1）编码指令——ENCO（Encode）

指令格式：LAD 及 STL 格式如图 5-50a 所示。

功能描述：将字型输入数据 IN 的最低有效位（值为 1 的位）的位号输出到 OUT 所指定的字节单元的低 4 位，即用半个字节来对一个字型数据 16 位中的"1"位有效位进行编码。

数据类型：输入为字，输出为字节。

执行指令：ENCO   VW0，VB10

则指令执行结果见表 5-19。

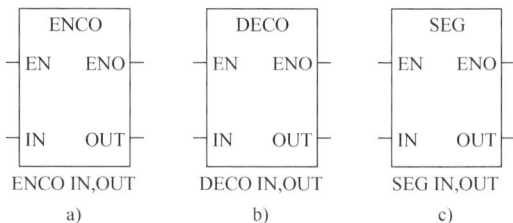

图 5-50　编码、译码及七段码指令格式

表 5-19　编码指令执行结果

时　间	单元地址	单元内容	说　明
执行前	AC0	0000000001000000	要编码的为 AC0 中的第 6 位（始于 0 位）
	VB0	××××××××	任意值
执行后	AC0	0000000001000000	数据未变
	VB0	00000110	将位号 6 写入 VB0 的低 4 位

（2）译码指令——DECO（Decode）

指令格式：LAD 及 STL 格式如图 5-50b 所示。

功能描述：将字节型输入数据 IN 的低 4 位所表示的位号对 OUT 所指定的字单元的对应位置 1，其他位置 0。即对半个字节的编码进行译码，以选择一个字型数据 16 位中的"1"位。

数据类型：输入为字节，输出为字。

执行指令：DECO   VB0，AC0

则指令执行结果见表 5-20。

表 5-20　译码指令执行结果

时　间	单元地址	单元内容	说　明
执行前	VB0	00001000	要编码的位的位号为 8，存于 VB0 中的低 4 位
	AC0	××××××××	任意值
执行后	VB0	00001000	数据未变
	AC0	00000001 00000000	将位号 8 对应的第 8 位置 1，其他位为 0

3. 段码指令——SEG（Segment）

指令格式：LAD 及 STL 格式如图 5-50c 所示。

功能描述：将字节型输入数据 IN 的低 4 位有效数字产生相应的七段码，并将其输出到 OUT 所指定的字节单元。该指令在数码显示时直接应用非常方便。七段码编码见表 5-21。

表 5-21　七段码编码表

段显示	- g f e d c b a	段显示	- g f e d c b a
0	0 0 1 1 1 1 1 1	8	0 1 1 1 1 1 1 1
1	0 0 0 0 0 1 1 0	9	0 1 1 0 0 1 1 1
2	0 1 0 1 1 0 1 1	a	0 1 1 1 0 1 1 1
3	0 1 0 0 1 1 1 1	b	0 1 1 1 1 1 0 0
4	0 1 1 0 0 1 1 0	c	0 0 1 1 1 0 0 1
5	0 1 1 0 1 1 0 1	d	0 1 0 1 1 1 1 0
6	0 1 1 1 1 1 0 1	e	0 1 1 1 1 0 0 1
7	0 0 0 0 0 1 1 1	f	0 1 1 1 0 0 0 1

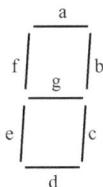

数据类型：输入/输出均为字节。

执行指令：SEG　VB10，QB0

若设 VB10 = 05，则执行上述指令后，在 Q0. 0 ~ Q0. 7 上可以输出 01101101。

4. ASCII 码转换指令

ASCII 是 American Standard Code for Information Interchange 的缩写，它用来制定计算机中每个符号对应的代码，这也叫作计算机的内码（Code）。每个 ASCII 码以 1 个字节（Byte）储存，从 0 到数字 127 代表不同的常用符号，例如大写 A 的 ASCII 码是 65，小写 a 则是 97。

ASCII 码转换指令是将标准字符 ASCII 编码与十六进制数值、整数、双整数及实数之间进行转换。可进行转换的 ASCII 码为 30 ~ 39 和 41 ~ 46，对应的十六进制数为 0 ~ 9 和 A ~ F。

（1）ASCII 码转换为十六进制数指令——ATH（ASCII To HEX）

指令格式：LAD 及 STL 格式如图 5-51a 所示。

功能描述：把从 IN 开始的长度为 LEN 的 ASCII 码转换为十六进制数，并将结果送到 OUT 开始的字节进行输出。LEN 的长度最大为 255。

数据类型：IN、LEN 和 OUT 均为字节类型。

（2）十六进制转换为 ASCII 码指令——HTA（HEX To ASCII）

指令格式：LAD 及 STL 格式如图 5-51b 所示。

功能描述：把从 IN 开始的长度为 LEN 的十六进制数转换为 ASCII 码，并将结果送到 OUT 开始的字节进行输出。LEN 的长度最大为 255。

数据类型：IN、LEN 和 OUT 均为字节类型。

（3）整数转换为 ASCII 码指令——ITA（Integer To ASCII）

指令格式：LAD 及 STL 格式如图 5-51c 所示。

功能描述：把一个整数 IN 转换成一个 ASCII 码字符串。格式 FMT 指定小数点右侧的转换精度和小数点是使用逗号还是使用点号。转换结果放在 OUT 指定的 8 个连续的字节中。

数据类型：IN 为整数、FMT 和 OUT 均为字节类型。

FMT 占用一个字节，高 4 位必须为 0，低 4 位用 cnnn 表示，c 位指定整数和小数之间的间隔符：c = 1，用逗号分隔；c = 0，用小数点分隔。输出缓冲器中小数点右侧的位数由 nnn 域指定，nnn 域的有效范围是 0 ~ 5。指定小数点右侧的数字为 0 会使显示的数值无小数点。对于大于 5 的 nnn 值为非法格式，此时无输出，用 ASCII 空格填充输出缓冲器。

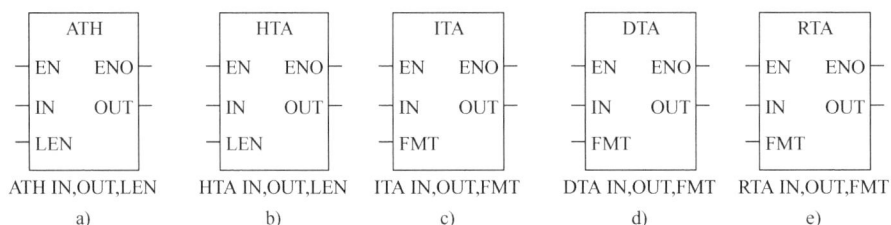

图 5-51　ASCII 码转换指令

（4）双整数转换为 ASCII 码——DTA（Double Integer to ASCII）

指令格式：LAD 及 STL 格式如图 5-51d 所示。

功能描述：把一个双整数 IN 转换成一个 ASCII 码字符串。格式 FMT 指定小数点右侧的转换精度和小数点是使用逗号还是使用点号。转换结果放在 OUT 指定的连续 12 个字节中。

数据类型：IN 为双整数、FMT 和 OUT 均为字节类型。

DTA 指令的 OUT 比 ITA 指令多 4 个字节，其余都和 ITA 指令一样。

（5）实数转换为 ASCII 码——RTA（Real to ASCII）

指令格式：LAD 及 STL 格式如图 5-51e 所示。

功能描述：把一个实数 IN 转换成一个 ASCII 码字符串。格式 FMT 指定小数点右侧的转换精度和小数点是使用逗号还是使用点号，转换结果放在 OUT 开始的 3 ~ 15 个字节中。

数据类型：IN 为实数、FMT 和 OUT 均为字节类型。

5. 字符串转换指令

字符串是指全部合法的 ASCII 码字符串，这一点和 "ASCII 码转换指令" 中的 ASCII 码范围不同。

（1）数值转换为字符串

1）整数转换为字符串指令——ITS（Convert Integer To String）。

ITS 指令的 LAD 及 STL 格式如图 5-52a 所示。它和 ITA 指令基本上是一样的，唯一的区别是将转换结果放在从 OUT 开始的 9 个连续字节中，（OUT +0）字节中的值为字符串的长度。

2）双整数转换为字符串指令——DTS（Convert Double Integer To String）。

DTS 指令的 LAD 及 STL 格式如图 5-52b 所示。它和 DTA 指令基本上是一样的，唯一的区别是将其转换结果放在从 OUT 开始的 13 个连续字节中，（OUT +0）字节中的值为字符串的长度。

3）实数转换为字符串指令——RTS（Convert Real To String）。

RTS 指令的 LAD 及 STL 格式如图 5-52c 所示。它和 RTA 指令基本上是一样的，唯一的区别是它的输出数据类型为字符串型字节，它的转换结果存放单元的第一个字节（OUT +0）中的值为字符串的长度，所以它的转换结果存放单元是从 OUT 开始的 ssss +1 个连续字节。

（2）字符串转换为数值

字符串转换为数值包括 3 条指令：字符串转整数——STI（Convert Substring To Integer）、字符串转双整数——STD（Convert Substring To Double Integer）和字符串转实数——STR（Convert Substring To Real）。

指令格式：LAD 及 STL 格式如图 5-52d、e 和 f 所示。

功能描述：这三条指令将一个字符串 IN，从偏移量 INDX 开始，分别转换为整数、双整数和实数值，结果存放在 OUT 中。

数据类型：这三条指令的 IN 均为字符串型字节，INDX 均为字节；STI 的 OUT 为 INT 型，STD 的 OUT 为 DINT 型，STR 的 OUT 为 REAL 型。

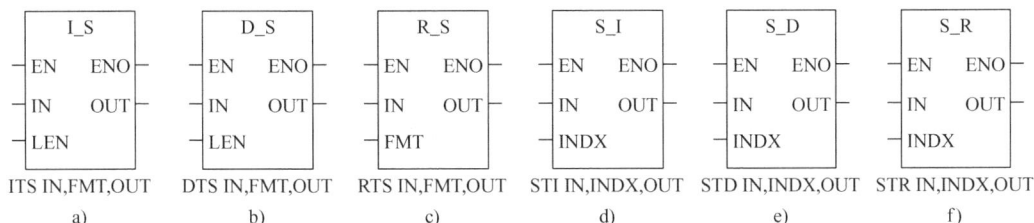

图 5-52　字符串转换指令

使用说明：

① STI 和 STD 将字符串转换为以下格式：【空格】【 + 或 − 】【数字 0 ~ 9】。STR 将字符串转换为以下格式：【空格】【 + 或 − 】【数字 0 ~ 9】【. 或,】【数字 0 ~ 9】。

② INDX 的值通常设置为 1，它表示从第一个字符开始转换。INDX 也可以设置为其他值，从字符串的不同位置进行转换，这可以被用于字符串中包含非数值字符的情况。例如输入字符串为 "Temperature：77. 8"，若 INDX 设置为 13，则可以跳过字符串开头的 "Temperature："。

③ STR 指令不能用于转换以科学计数法或以指数形式表示的实数的字符串。指令不会产生溢出错误（SM1.1），但是它会将字符串转换到指数之前，然后停止转换。例如：字符串 "1. 234E6" 转换为实数值为 1. 234，但不会有错误提示。

④ 非法字符是指任意非数字（0 ~ 9）字符。在转换时，当到达字符串的结尾或第一个非法字符时，转换指令结束。

⑤ 当转换产生的数值过大或过小以致使输出值无法表示时，溢出标志（SM1.1）会置位。例如使用 STI 时，若输入字符串产生的数值大于 32767 或者小于 − 32768 时，SM1.1 就会置位。

⑥ 当输入字符串中不包含可以转换的合法数值时，SM1.1 也会置位。例如字符串为空串或者为诸如 "A123" 等。

5.2.5　程序控制指令

程序控制类指令使程序结构灵活，合理使用该类指令可以优化程序结构，增强程序流向的控制功能。这类指令主要包括结束、暂停、看门狗、跳转、子程序、循环等指令。

1. 结束及暂停指令

（1）结束指令——END、MEND

结束指令分为有条件结束指令（END）和无条件结束指令（MEND）。END 指令在梯形图中以线圈形式编程，指令不含操作数。执行完结束指令后，系统结束主程序，返回到主程序起点。

使用说明：

① 结束指令只能用在主程序中，不能在子程序和中断程序中使用。而有条件结束指令可用在无条件结束指令前结束主程序。

② 可以利用程序执行的结果状态、系统状态或外部设置切换条件来调用有条件结束指令，使程序结束。

③ 使用编程软件编程时，不需要手工输入无条件结束指令，该软件会自动在内部加上一条无条件结束指令到主程序的结尾，所以在指令树中看不到 MEND 指令。

（2）停止指令——STOP

STOP 指令有效时，可以使主机 CPU 的工作方式由 RUN 切换到 STOP，从而立即中止用户程序的执行。STOP 指令在梯形图中以线圈形式编程，指令不含操作数。

STOP 指令可以用在主程序、子程序和中断程序中。如果在中断程序中执行 STOP 指令，则中断处理立即中止，并忽略所有挂起的中断，继续扫描程序的剩余部分，在本次扫描周期结束后，完成将主机从 RUN 到 STOP 的切换。

STOP 和 END 指令通常在程序中用来对突发紧急事件进行处理，以避免实际生产中的重大损失。

结束指令和停止指令的用法如图 5-53 所示。

2. 看门狗复位指令

WDR（Watchdog Reset）称作看门狗复位指令，也称作警戒时钟刷新指令。它可以把警戒时钟刷新，即延长扫描周期，从而有效地避免看门狗超时错误。WDR 指令在梯形图中以线圈形式编程，无操作数。

使用 WDR 指令时要特别小心，如果因为使用 WDR 指令而使扫描时间拖得过长（如在循环结构中使用 WDR），那么在中止本次扫描前，下列操作过程将被禁止：

① 通信（自由口除外）；

② I/O 刷新（直接 I/O 除外）；

③ 强制刷新；

④ SM 位刷新（SM0、SM5～SM29 的位不能被刷新）；

⑤ 运行时间诊断；

⑥ 扫描时间超过 25s 时，使 10ms 和 100ms 定时器不能正确计时；

⑦ 中断程序中的 STOP 指令。

如果希望扫描周期超过 500ms，或者希望中断时间超过 500ms，则最好用 WDR 指令来重新触发看门狗定时器。

带数字量输出的扩展模块也包含有一个看门狗定时器，如果该模块没有被 S7-200 PLC 进行写操作，则此看门狗定时器计时到时将关断输出。所以，在扩展的扫描时间内，对每个带数字量输出的扩展模块进行立即写操作，以保证正确的输出。

WDR 指令的用法如图 5-53 所示。

3. 跳转及标号指令

跳转指令可以使 PLC 编程的灵活性大大提高，使主机可根据对不同条件的判断，选择不同的程序段执行程序。

网络1 STOP、END、WDR使用举例

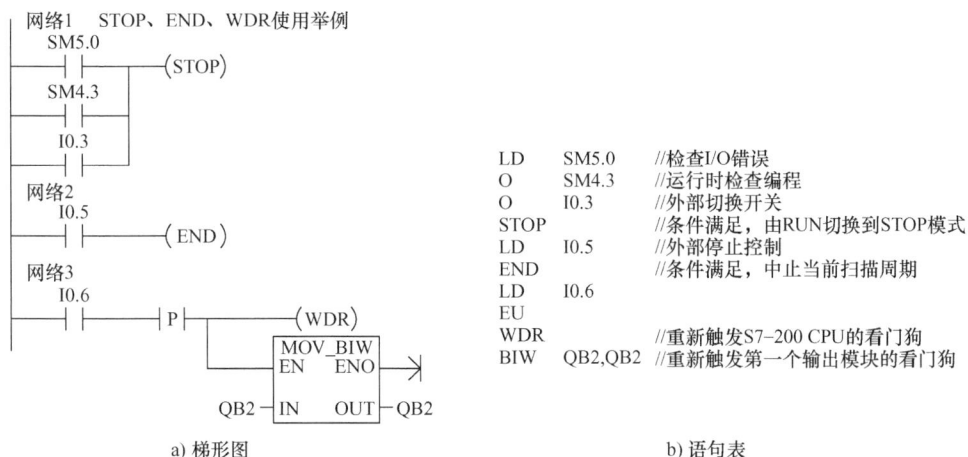

```
LD    SM5.0    //检查I/O错误
O     SM4.3    //运行时检查编程
O     I0.3     //外部切换开关
STOP           //条件满足,由RUN切换到STOP模式
LD    I0.5     //外部停止控制
END            //条件满足,中止当前扫描周期
LD    I0.6
EU
WDR            //重新触发S7-200 CPU的看门狗
BIW   QB2,QB2  //重新触发第一个输出模块的看门狗
```

a) 梯形图　　　　　　　　　　b) 语句表

图5-53 结束、停止及看门狗指令举例

跳转指令 JMP（Jump to Label）：当输入端有效时，使程序跳转到标号处执行。

标号指令 LBL（Label）：指令跳转的目标标号。操作数 n 为 0～255。

跳转指令的使用方法如图5-54所示。

使用说明：

① 跳转指令和标号指令必须配合使用，而且只能使用在同一程序块中，如主程序、同一个子程序或同一个中断程序。不能在不同的程序块中互相跳转。

② 执行跳转后，被跳过程序段中的各元器件的状态为：

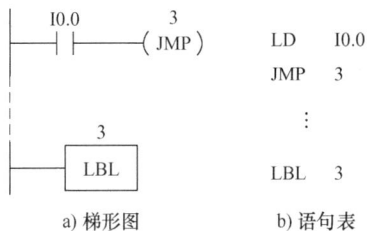

a) 梯形图　　b) 语句表

图5-54 跳转指令使用举例

a. Q、M、S、C 等元器件的位保持跳转前的状态；

b. 计数器 C 停止计数，当前值存储器保持跳转前的计数值；

c. 对定时器来说，因刷新方式不同而工作状态不同。在跳转期间，分辨率为 1ms 和 10ms 的定时器会一直保持跳转前的工作状态，原来工作的继续工作，到设定值后，其位的状态也会改变，输出触点动作，其当前值存储器一直累计到最大值 32 767 才停止。对分辨率为 100ms 的定时器来说，跳转期间停止工作，但不会复位，存储器里的值为跳转时的值，跳转结束后，若输入条件允许，可继续计时，但已失去了准确计时的意义，所以在跳转段里的定时器要慎用。

4. 循环指令

循环指令的引入为解决重复执行相同功能的程序段提供了极大方便，并且优化了程序结构，特别是在进行大量相同功能的计算和逻辑处理时，循环指令非常有用。循环指令有两条：FOR 和 NEXT。

（1）循环指令

循环开始指令 FOR：用来标记循环体的开始。

循环结束指令 NEXT：用来标记循环体的结束。无操作数。

FOR 和 NEXT 之间的程序段称作循环体，每执行一次循环体，当前计数值增1，并且将

其结果同终值进行比较，如果大于终值，则终止循环。

循环指令的 LAD 和 STL 形式如图 5-55 所示。

（2）参数说明

从图 5-55a 中可以看出，循环指令盒中有三个数据输入端：当前循环计数 INDX（Index Value of Current Loop Count）、循环初值 INIT（Starting Value）和循环终值 FINAL（Ending Value）。在使用时必须给 FOR 指令指定 INDX、INIT 和 FINAL。

图 5-55 循环指令的 LAD 和 STL 形式

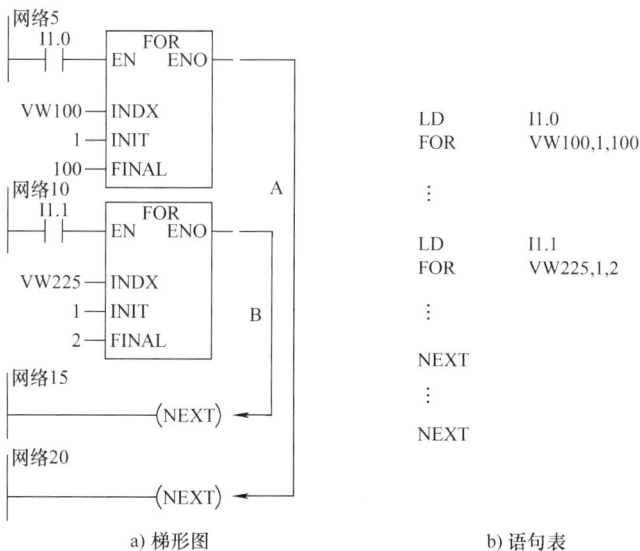

INDX 操作数：VW、IW、QW、MW、SW、SMW、LW、T、C、AC、∗VD、∗AC 和 ∗CD。这些操作数属于 INT 型。

INIT 和 FINAL 操作数：VW、IW、QW、MW、SW、SMW、LW、T、C、AC、常数、∗VD、∗AC 和 ∗CD。这些操作数属于 INT 型。

循环指令使用举例如图 5-56 所示。当 I1.0 接通时，标为 A 的外层循环执行 100 次。当 I1.1 接通时，标为 B 的内层循环执行 2 次。

使用说明：

① FOR、NEXT 指令必须成对使用。

② FOR 和 NEXT 可以循环嵌套，嵌套最多为 8 层，但各个嵌套之间一定不可有交叉现象。

③ 每次使能输入（EN）重新有效时，指令将自动复位各参数。

④ 初值大于终值时，循环体不被执行。

图 5-56 循环指令使用举例

⑤ 在使用循环指令时，要注意在循环体中对 INDX 的控制，这一点非常重要。

5. 子程序指令

子程序在结构化程序设计中是一种方便有效的工具。S7 - 200 PLC 的指令系统具有简单、方便、灵活的子程序调用功能。与子程序有关的操作有：建立子程序、子程序的调用和返回。

（1）建立子程序

建立子程序是通过编程软件来完成的。可用编程软件"编辑"菜单中的"插入"选项，选择"子程序"，以建立或插入一个新的子程序。同时，在指令树窗口可以看到新建的子程

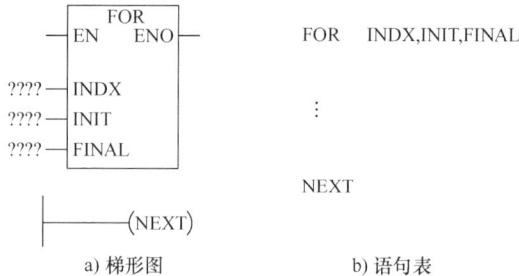

序图标，默认的程序名是SBR_N，编号N从0开始按递增顺序生成（N取值范围为0～63，CPU224XP和CPU226是0～127），也可以在图标上直接更改子程序的程序名，把它变为更能描述该子程序功能的名字。在指令树窗口双击子程序的图标就可以进入子程序，并对它进行编辑。

（2）子程序的调用

1）子程序调用指令——CALL。

在使能输入有效时，主程序把程序控制权交给子程序。子程序的调用可以带参数，也可以不带参数。它在梯形图中以指令盒的形式编程。指令格式见表5-22。

表5-22　子程序调用指令格式

指　　　令	子程序调用指令	子程序条件返回指令
LAD	子程序名 EN	——(RET)
STL	CALL 子程序名	CRET

2）子程序条件返回指令——CRET。

在使能输入有效时，结束子程序的执行，返回主程序中（返回到调用此子程序的下一条指令）。梯形图中以线圈的形式编程，指令不带参数。

使用说明：

① CRET多用于子程序的内部，由判断条件决定是否结束子程序调用，RET用于子程序的结束。用编程软件编程时，在子程序结束处，不需要手工输入RET指令，软件会自动在内部加到每个子程序结尾（不显示出来）。

② 如果在子程序的内部又对另一子程序执行调用指令，则这种调用称作子程序的嵌套。子程序的嵌套深度最多为8级。

③ 当一个子程序被调用时，系统自动保存当前的堆栈数据，并把栈顶置1，堆栈中的其他值为0，子程序占有控制权。子程序执行结束，通过返回指令自动恢复原来的逻辑堆栈值，调用程序又重新取得控制权。

④ 累加器可在调用程序和被调用子程序之间自由传递，所以累加器的值在子程序调用时既不保存也不恢复。

⑤ 当子程序在一个扫描周期内被多次调用时，在子程序中不能使用上升沿、下降沿、定时器和计数器指令。

3）带参数的子程序调用。

子程序中可以有参变量，带参变量的子程序调用极大地扩大了子程序的使用范围，增加了调用的灵活性。它主要用于功能类似的子程序块的编程。子程序的调用过程如果存在数据的传递，则在调用指令中应包含相应的参数。

子程序最多可以传递16个参数。参数在子程序的局部变量表中加以定义。参数包含下列信息：变量名、变量类型和数据类型。

局部变量表中的变量类型区定义的变量有：

① 传入子程序参数IN。IN可以是直接寻址数据（如VB10）、间接寻址数据（如

* AC1)、常数（如 16#1234）或地址（如 &VB100）；

② 传入/传出子程序参数 IN/OUT。调用子程序时，将指定参数位置的值传到子程序，子程序返回时，从子程序得到的结果被返回到指定参数的地址。参数可采用直接寻址和间接寻址，但常数和地址值不允许作为输入/输出参数；

③ 传出子程序参数 OUT。将从子程序来的结果返回到指定参数的位置。输出参数可以采用直接寻址和间接寻址，但不可以是常数或地址值；

④ 暂时变量 TEMP。只能在子程序内部暂时存储数据，不能用来传递参数。

在带参数调用子程序指令中，参数必须按照一定顺序排列，输入参数（IN）在最前面，其次是输入/输出参数（IN/OUT），最后是输出参数（OUT）。

局部变量表使用局部变量存储器，在局部变量表中加入一个参数时，系统自动给该参数分配局部变量存储空间。当给子程序传递值时，参数放在子程序的局部变量存储器中。局部变量表的最左列是每个被传递的参数的局部变量存储器地址。当子程序调用时，输入参数值被复制到子程序的局部变量存储器。当子程序完成时，从局部变量存储器区复制输出参数值到指定的输出参数地址。

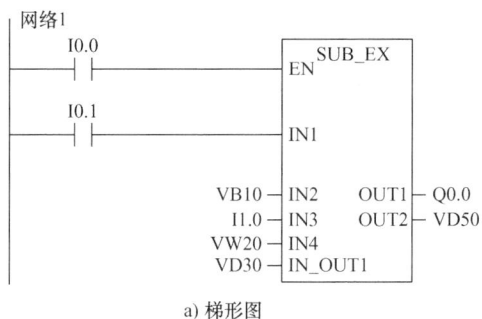

参数子程序调用指令格式：CALL 子程序名，参数1，参数2，…，参数 n

程序实例如图 5-57 所示。

网络1

a) 梯形图

```
LD    I0.0
CALL  SUB_EX,I0.1,VB10,I1.0,VW20,VD30,Q0.0,VD50
```

b) 语句表

图 5-57 带参数子程序调用举例

6. 诊断 LED 指令

诊断 LED 指令是新版的 CPU 增加的指令。PLC 的主机面板上有一个 SF/DIAG（错误/诊断）指示灯，当 CPU 发生系统故障时，该指示灯发红光，表明系统出现错误（SF）。对于诊断（DIAG）功能部分，可以使用指令控制该指示灯是否发黄光。该指令的梯形图及语句表形式如图 5-58 所示，其中 IN 的数据类型为字节型数据。

a) 梯形图格式   b) 语句表格式

图 5-58 诊断 LED 指令

在该指令中，如果输入参数 IN 的数值为零，则诊断 LED 指示灯被设置为不发光。如果输入参数 IN 的数值大于零，则诊断 LED 指示灯被设置为发光（黄色）。

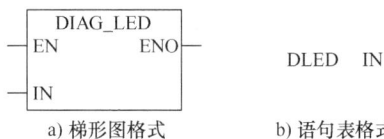

除使用指令控制其发黄色光外，也可以通过编程软件系统块中的"配置 LED"复选框选项来控制 SF/DIAG 发黄光，一共有两个选项：

① 当有数据被强制时，SF/DIAG 指示灯发黄光；

② 当模块有 I/O 错误时，SF/DIAG 指示灯发黄光。

如果选中，则在相关事件发生时，SF/DIAG 指示灯发黄光。如果在系统块中不选这两个选项，则 SF/DIAG 指示灯是否发黄光只受指令控制。

一个使用诊断 LED 指令的例子如图 5-59 所示，该例中，当故障信号 I0.0 出现时，SF/DIAG 指示灯发黄光。

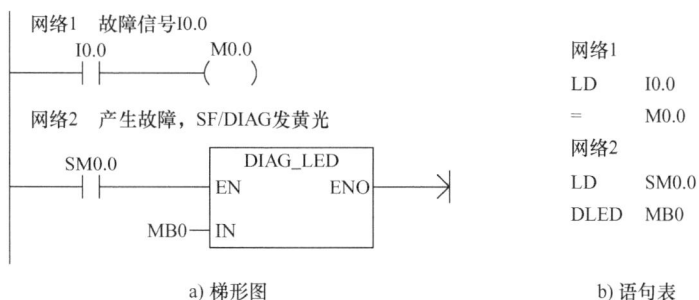

网络1　故障信号I0.0

网络2　产生故障，SF/DIAG发黄光

网络1
LD　　　I0.0
=　　　 M0.0
网络2
LD　　　SM0.0
DLED　 MB0

a) 梯形图　　　　　　　　　　　　b) 语句表

图 5-59　使用诊断 LED 指令举例

7. 与 ENO 指令——AENO

ENO 是 LAD 中指令盒的布尔能流输出端。如果指令盒的能流输入有效，则执行没有错误，ENO 就置位，并将能流向下传递。ENO 可以作为允许位表示指令成功执行。

STL 指令没有 EN 输入，但对要执行的指令，其栈顶值必须为 1。可用"与"ENO（AENO）指令来产生指令盒中的 ENO 位相同的功能。

指令格式：AENO

AENO 指令无操作数，且只在 STL 中使用，它将栈顶值和 ENO 位进行逻辑与运算，运算结果保存到栈顶。

AENO 指令使用较少。AENO 指令的用法如图 5-60 所示。

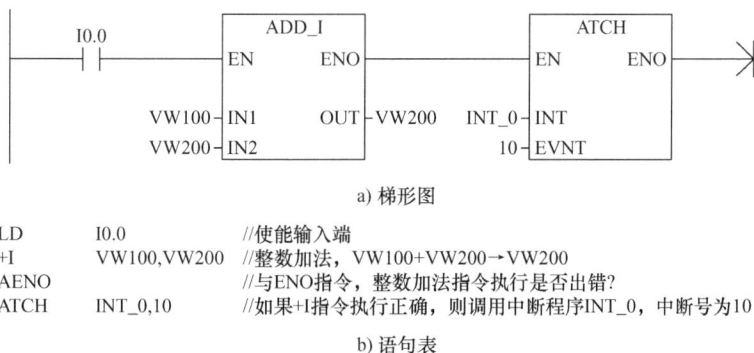

a) 梯形图

```
LD      I0.0          //使能输入端
+I      VW100,VW200   //整数加法，VW100+VW200→VW200
AENO                  //与ENO指令，整数加法指令执行是否出错？
ATCH    INT_0,10      //如果+I指令执行正确，则调用中断程序INT_0，中断号为10
```

b) 语句表

图 5-60　AENO 指令用法举例

5.2.6　字符串指令

字符串指令在进行人机界面设计和数据转换时非常有用。

1. 字符串长度指令——SLEN（String Length）

指令格式：LAD 及 STL 格式如图 5-61a 所示。

功能描述：把 IN 中指定的字符串的长度值送到 OUT 中。

数据类型：IN 为字符串型字节，OUT 为字节。

2. 字符串复制指令——SCPY（Copy String）

指令格式：LAD 及 STL 格式如图 5-61b 所示。

135

功能描述：把 IN 中指定的字符串复制到 OUT 中。

数据类型：IN 和 OUT 均为字符串型字节。

3. 字符串连接指令——SCAT（Concatenate String）

指令格式：LAD 及 STL 格式如图 5-61c 所示。

功能描述：把 IN 中指定的字符串连接到 OUT 中指定的字符串后面。

数据类型：IN 和 OUT 均为字符串型字节。

4. 从字符串中复制字符串指令——SSCPY（Copy Substring From String）

指令格式：LAD 及 STL 格式如图 5-61d 所示。

功能描述：从 INDX 指定的字符号开始，把 IN 中存储的字符串中的 N 个字符复制到 OUT 中。

数据类型：IN 和 OUT 均为字符串型字节，INDX 和 N 均为字节。

5. 字符串搜索指令——SFND（Find String within String）

指令格式：LAD 及 STL 格式如图 5-61e 所示。

功能描述：在 IN1 字符串中寻找 IN2 字符串。由 OUT 指定搜索的起始位置。如果找到了相匹配的字符串，则 OUT 中会存入这段字符中首个字符的位置；如果没有找到，OUT 被清零。

数据类型：IN1 和 IN2 均为字符串型字节，OUT 为字节。

6. 字符搜索指令——CFND（Find First Character Within String）

指令格式：LAD 及 STL 格式如图 5-61f 所示。

功能描述：在 IN1 字符串中寻找 IN2 字符串中的任意字符。由 OUT 指定搜索的起始位置。如果找到了相匹配的字符，则 OUT 中会存入相匹配的首个字符的位置；如果没有找到，OUT 被清零。

数据类型：IN1 和 IN2 均为字符串型字节，OUT 为字节。

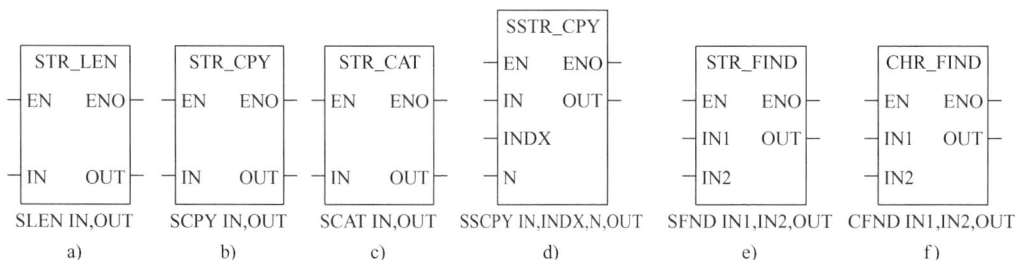

图 5-61　字符串指令

5.2.7　时钟指令

利用时钟指令可以实现调用系统实时时钟或根据需要设定时钟，这对于实现控制系统的运行监视、运行记录以及所有和实时时间有关的控制等十分方便。实用的时钟操作指令有两种：读实时时钟和设定实时时钟，如图 5-62a 和 b 所示。最新的 CPU 增加了两条可以对夏令时进行操作和控制的指令：扩展读实时时钟和扩展写设定实时时钟，如图 5-62c 和 d 所示。由于我国不实行夏时制，所以本书不再讲解这两条指令。

136

1. 读实时时钟指令（Read Real Time Clock）

指令格式：LAD 及 STL 格式如图 5-62a 所示。

功能描述：系统读当前时间和日期，并把它装入一个 8B 的缓冲区。操作数 T 用来指定 8B 缓冲区的起始地址。

数据类型：T 为字节。

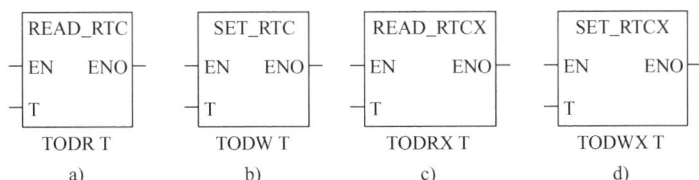

图 5-62　时钟指令格式

2. 设定实时时钟指令（Set Real Time Clock）

指令格式：LAD 及 STL 格式如图 5-62b 所示。

功能描述：系统将包含当前时间和日期的一个 8B 的缓冲区装入 PLC 的时钟中去。操作数 T 用来指定 8B 缓冲区的起始地址。

数据类型：T 为字节。

时钟缓冲区的格式见表 5-23。

表 5-23　时钟缓冲区

字节	T	T+1	T+2	T+3	T+4	T+5	T+6	T+7
含义	年	月	日	小时	分钟	秒	0	星期
范围	00~99	01~12	01~31	00~23	00~59	00~59	0	00~07

注意：

① 对于一个没有使用过时钟指令的 PLC，在使用时钟指令前，要在编程软件的"PLC"一栏中对 PLC 的时钟进行设定，然后才能开始使用时钟指令。时钟可以设定成和 PC 中的一样，也可用 TODW 指令自由设定，但必须先对时钟存储单元赋值后，才能使用 TODW 指令。

② 所有日期和时间的值均要用 BCD 码表示。如对于年而言，16#03 表示（20）03 年；对于小时而言，16#23 表示晚上 11 点。星期的表示范围是 1~7：1 表示星期日，依次类推，7 表示星期六，0 表示禁用星期。

③ 系统不检查、不核实时钟各值的正确与否，所以必须确保输入的设定数据是正确的。例如，2 月 31 日虽为无效日期，但可以被系统接受。

④ 不能同时在主程序和中断程序中使用读写时钟指令，否则，将产生非致命错误，中断程序中的实时时钟指令将不被执行。

⑤ 硬件时钟在 CPU224 以上的 PLC 中才有。

3. 应用实例

编写一段程序，要求可实现读写实时时钟，并使用 LED 数码管显示分钟。时钟缓冲区从 VB100 开始。该例程序如图 5-63 所示。

主程序
Network1　I0.0上升沿时写实时时钟

子程序SBR_0
Network1　设置日期和时间：
　　　　　 03年5月11日2时10分55秒，星期天

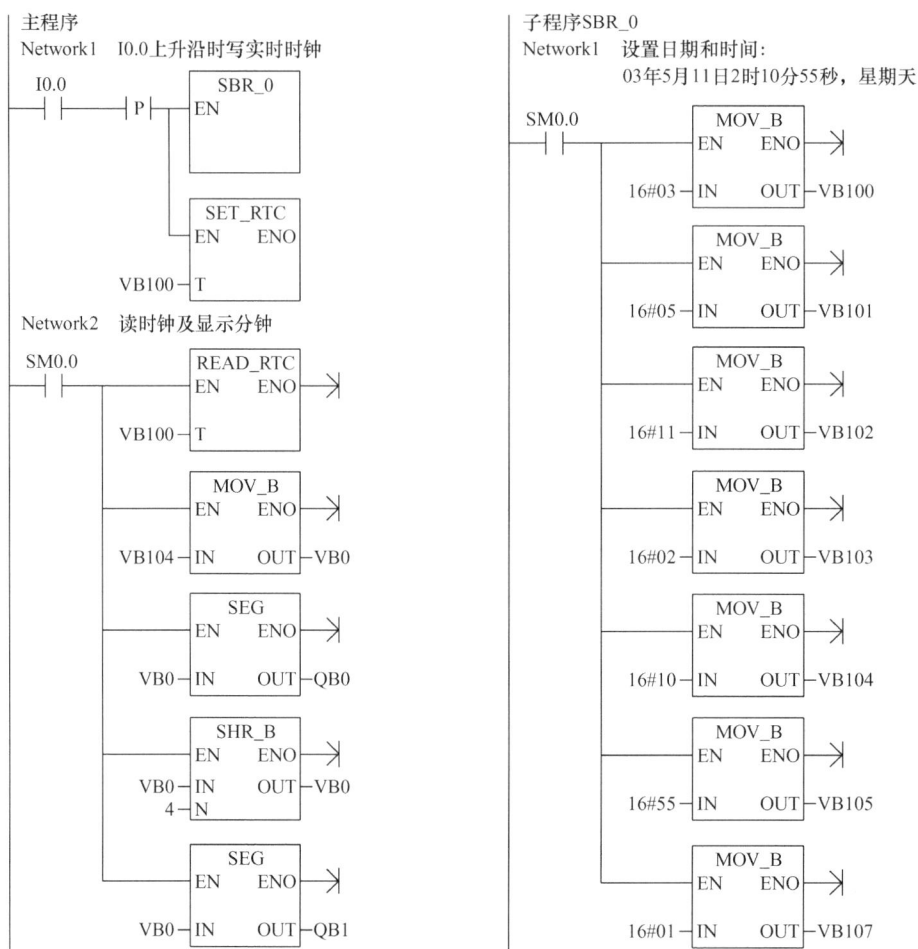

图 5-63　读写时钟程序

整个程序由主程序和子程序组成。主程序完成实时时钟的读取，并且进行分钟的显示。子程序完成时钟和日期的设置，可在需要的时候调用子程序，具体的时间可根据实际情况设置。日期和时间的设定数值也可以集中放到参数块中，从而简化程序设计。

5.2.8　中断程序与中断指令

中断技术在处理复杂和特殊的控制任务时是必需的，它属于 PLC 的高级应用技术。中断是由设备或其他非预期的急需处理的事件引起的，某些中断事件的发生具有随机性，它使系统暂时中断现在正在执行的程序，而转到中断服务程序去处理这些事件，处理完毕后再返回原程序执行。中断在可编程序控制器的实时处理、运动控制、网络通信中非常重要。

1. 几个基本概念

（1）中断源及种类

中断源，即中断事件发出中断请求的来源。S7–200 系列 PLC 具有最多可达 34 个中断源，每个中断源都分配一个编号加以识别，称作中断事件号。这些中断源大致分为三大类：通信中断、输入/输出中断和时基中断。

1）通信中断。

可编程序控制器的通信口可由程序来控制，通信中的这种操作模式称作自由通信口模式，利用数据接收和发送中断可以对通信进行控制。在这种模式下，用户可以通过编程来设置波特率、奇偶校验和通信协议等参数。

2）输入/输出中断。

输入/输出中断包括外部输入中断、高速计数器中断和脉冲串输出中断。外部输入中断是系统利用I0.0 ~ I0.3的上升沿或下降沿产生中断，这些输入点可用于连接某些一旦发生就必须引起注意的外部事件；高速计数器中断可以响应当前值等于预设值、计数方向改变、计数器外部复位等事件所引起的中断；脉冲串输出中断可以用来响应给定数量的脉冲输出完成所引起的中断，其典型应用是对步进电动机的控制。

3）时基中断。

时基中断包括定时中断和定时器中断。

定时中断可用来支持一个周期性的活动，周期时间以1ms为计量单位，周期时间可以是1 ~ 255ms。对于定时中断0，把周期时间值写入SMB34；对于定时中断1，把周期时间值写入SMB35。每当达到定时时间值，相关定时器溢出，执行中断处理程序。定时中断可以用来以固定的时间间隔作为采样周期来对模拟量输入进行采样，也可以用来执行一个PID控制回路；另外，定时中断在自由口通信编程时非常有用。

当把某个中断程序连接到一个定时中断事件上时，如果该定时中断被允许，那就开始计时。当定时中断重新连接时，定时中断功能能清除前一次连接时的任何累计值，并用新值重新开始计时。理解这一点非常重要。

定时器中断可以利用定时器来对一个指定的时间段产生中断。这类中断只能使用分辨率为1ms的定时器T32和T96来实现。当所用定时器的当前值等于预设值时，在主机正常的定时刷新中，执行中断程序。

（2）中断优先级

在中断系统中，将全部中断源按中断性质和处理的轻重缓急进行，并给以优先权。所谓优先权，是指多个中断事件同时发出中断请求时，CPU对中断响应的优先次序。中断优先级由高到低依次是：通信中断、输入/输出中断、时基中断。每种中断中的不同中断事件又有不同的优先权。所有中断事件及优先级见表5-24。

表5-24　中断事件及优先级

组优先级	组内类型	中断事件号	中断事件描述	组内优先级
通信中断（最高级）	通信口0	8	通信口0：接收字符	0
		9	通信口0：发送完成	0
		23	通信口0：接收信息完成	0
	通信口1	24	通信口1：接收信息完成	1
		25	通信口1：接收字符	1
		26	通信口1：发送完成	1

（续）

组 优 先 级	组 内 类 型	中断事件号	中断事件描述	组内优先级
输入/输出中断 （次高级）	脉冲输出	19	PT00 脉冲串输出完成中断	0
		20	PTO1 脉冲串输出完成中断	1
	外部输入	0	I0.0 上升沿中断	2
		2	I0.1 上升沿中断	3
		4	I0.2 上升沿中断	4
		6	I0.3 上升沿中断	5
		1	I0.0 下降沿中断	6
		3	I0.1 下降沿中断	7
		5	I0.2 下降沿中断	8
		7	I0.3 下降沿中断	9
	高速计数器	12	HSC0 当前值等于预设值中断	10
		27	HSC0 输入方向中断	11
		28	HSC0 外部复位中断	12
		13	HSC1 当前值等于预设值中断	13
		14	HSC1 输入方向改变中断	14
		15	HSC1 外部复位中断	15
		16	HSC2 当前值等于预设值中断	16
		17	HSC2 输入方向改变中断	17
		18	HSC2 外部复位中断	18
		32	HSC3 当前值等于预设值中断	19
		29	HSC4 当前值等于预设值中断	20
		30	HSC4 输入方向改变中断	21
		31	HSC4 外部复位中断	22
		33	HSC5 当前值等于预设值中断	23
时基中断 （最低级）	定时	10	定时中断 0	0
		11	定时中断 1	1
	定时器	21	T32 当前值等于预设值中断	2
		22	T96 当前值等于预设值中断	3

在 PLC 中，CPU 按先来先服务的原则响应中断请求，一个中断程序一旦执行，就一直执行到结束为止，不会被其他甚至更高优先级的中断程序所打断。在任何时刻，CPU 只执行一个中断程序。中断程序执行中，新出现的中断请求按优先级和到来时间的先后顺序进行排队等候处理。中断队列能保存的最大中断个数有限，如果超过队列容量，则会产生溢出，某些特殊标志存储器位被置位。中断队列、溢出标志位及队列容量见表 5-25。

表5-25　各主机的中断队列最大中断数

中断队列种类	中断队列溢出标志位 （0：不溢出；1：溢出）	CPU221、CPU222 和CPU224	CPU224XP 和CPU226
通信中断队列	SM4.0	4个	8个
I/O中断队列	SM4.1	16个	16个
时基中断队列	SM4.2	8个	8个

2. 中断指令

中断调用即调用中断程序，使系统对特殊的内部事件做出响应。系统响应中断时自动保存逻辑堆栈、累加器和某些特殊标志存储器位，即保护现场。中断处理完成时，又自动恢复这些单元原来的状态，即恢复现场。

（1）中断连接指令——ATCH（Attach Interrupt）

指令格式：LAD及STL格式如图5-64a所示。

功能描述：将一个中断事件和一个中断程序建立联系，并允许这一中断事件。

数据类型：中断程序号INT和中断事件号EVNT均为字节型常数。

INT的取值范围是常数0～127，不同CPU主机的EVNT取值范围不同，见表5-26。

表5-26　EVNT取值范围

CPU型号	CPU221	CPU222	CPU224	CPU224XP和CPU226
EVNT取值范围	0～12，19～23，27～33	0～12，19～23，27～33	0～23，27～33	0～33

（2）中断分离指令——DTCH（Detach Interrupt）

指令格式：LAD及STL格式如图5-64b所示。

功能描述：切断一个中断事件和所有程序的联系，使该事件的中断回到不激活或无效状态，因而禁止了该中断事件。本指令主要用于对某一事件单独禁止中断。

数据类型：中断事件号EVNT为字节型常数。

（3）开中断指令及关中断指令

指令格式：LAD及STL格式如图5-64c所示。

ENI（Enable Interrupt）：开中断指令（中断允许指令）。全局开放（或允许）所有被连接的中断事件。梯形图中以线圈形式编程，无操作数。

DISI（Disable Interrupt）：关中断指令（中断禁止指令）。全局关闭（或禁止）所有被连接的中断事件。梯形图中以线圈形式编程，无操作数。

（4）清除中断事件指令CEVNT（Clear Event）

该指令是新版本的CPU增加的指令，在一些有潜在的非期望中断事件发生的特殊情况下使用。

指令格式：LAD及STL格式如图5-64d所示。

功能描述：该指令可以从中断队列中清除所有EVNT类型的中断事件。它可以用来从队列中清除不需要的中断事件，从而避免预料之外的中断事件的发生。

数据类型：中断事件号EVNT为字节型常数。

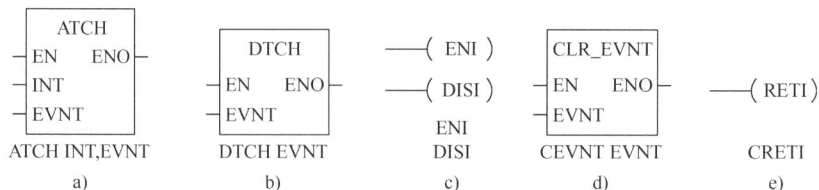

图 5-64　中断指令格式

（5）中断条件返回——CRETI（Condition Return From Interrupt Instruction）

有些情况下，不一定要把中断程序完全执行完，当满足一定条件时，也可以提前结束中断程序的执行，返回主程序。

指令格式：LAD 及 STL 格式如图 5-64e 所示。

功能描述：条件返回指令。可根据前面的逻辑操作的条件从中断程序中返回。无操作数。

注意：

① 多个事件可以调用同一个中断程序，但同一个中断事件不能同时指定多个中断服务程序。否则，在中断允许时，若某个中断事件发生，系统默认只执行为该事件指定的最后一个中断程序。

② 当系统由其他模式切换到 RUN 模式时，就自动关闭了所有的中断。

③ 可以通过编程，在 RUN 模式下，用使能输入执行 ENI 指令来开放所有的中断，以实现对中断事件的处理。全局关中断指令 DISI 使所有中断程序不能被激活，但允许发生的中断事件等候，直到使用开中断指令重新允许中断。

④ 特别提示：在一个程序中若使用中断功能，则至少要使用一次 ENI 指令，不然程序中的 ATCH 指令完不成使能中断的任务。

例：编写一段程序完成一个数据采集任务，要求每 200ms 采集一个数。本程序如图 5-65 所示。

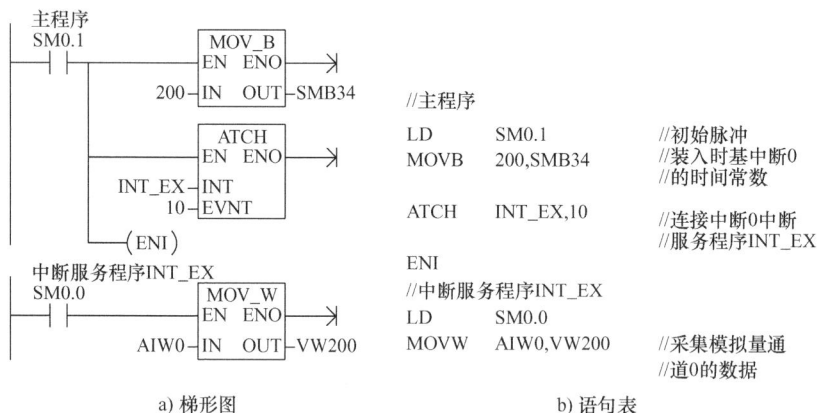

图 5-65　中断程序使用举例

3. 中断程序

中断程序也称中断服务程序，是用户处理中断事件而事先编制的程序。编程时可以用中断程序入口处的中断程序标号来识别每个中断程序。

（1）构成

中断程序必须由三部分构成：中断程序标号、中断程序指令和无条件返回指令。中断程序标号即中断程序的名称，它在建立中断程序时生成；中断程序指令是中断程序的实际有效部分，对中断事件的处理就是由这些指令组合完成的，在中断程序中可以调用嵌套子程序；中断返回指令用来退出中断程序回到主程序。它有两种返回指令：一种是无条件中断返回指令，程序编译时由软件自动在程序结尾加上该指令，而不必由编程人员手工输入；另一种是条件返回指令 CRETI，在中断程序内部用它可以提前退出中断程序。

（2）要求

中断程序的编写要求是：短小精悍、执行时间短。用户应最大限度地优化中断程序，否则意外情况可能会导致由主程序控制的设备出现异常操作。

（3）编制方法

用编程软件，在"编辑"菜单下的"插入"中选择"中断"，则自动生成一个新的中断程序编号。在一个程序中可以有多个中断程序，其地址序号排列为 INT0 ~ INTn，其默认的中断程序名是 INT_0 ~ INT_n。用户也可以在图标上直接更改中断程序的程序名，把它变为更能描述该中断程序功能的有实际意义的名字。建立中断程序时，按建立的先后次序，其地址序号从 INT0 开始依次向后排列。在指令树窗口双击中断程序的图标就可进入中断程序，并对它进行各种编辑。

注意：

① 在执行中断程序和中断程序调用的子程序时可以共用累加器和逻辑堆栈；

② 在中断程序中不能使用 DTSI、ENI、HDEF、LSCR 和 END 指令。

中断程序应用实例可参见高速指令和 PID 指令部分。

5.2.9 高速处理指令

高速处理类指令有高速计数指令和高速脉冲输出指令两类。

1. 高速计数指令

一般来说，高速计数器 HSC 和编码器配合使用，在现代自动控制中实现精确定位和测量长度。它可用来累计比可编程序控制器的扫描频率高得多的脉冲输入，利用其产生的中断事件完成预定的操作。

（1）S7 - 200 系列 PLC 的高速计数器

不同型号的 PLC 主机，高速计数器的数量也不同，使用时每个高速计数器都有地址编号（HCn，非正式程序中有时也用 HSCn）。HC（或 HSC）表示该编程元件是高速计数器，n 为地址编号。每个高速计数器包含两方面的信息：计数器位和计数器当前值。高速计数器的当前值为双字长的符号整数，且为只读值。

S7 - 200 系列 PLC 中，CPU221 和 CPU222 有 4 个高速计数器，它们是 HC0 和 HC3 ~ HC5；CPU224、CPU224XP 和 CPU226 有 6 个，它们是 HC0 ~ HC5。这些计数器中，HC3 和 HC5 只能作为单向计数器，其他计数器既可以作为单向计数器，也可以作为双向计数器使用。

（2）中断事件类型

高速计数器的计数和动作可采用中断方式进行控制，与 CPU 的扫描周期关系不大，各种型号的 PLC 可用的高速计数器的中断事件大致分为 3 类：

① 当前值等于预设值中断；

② 输入方向改变中断；

③ 外部复位中断。

所有高速计数器都支持当前值等于预设值中断。每个高速计数器的 3 种中断的优先级由高到低，不同高速计数器之间的优先级又按编号顺序由高到低。具体对应关系见表 5-24。

（3）工作模式及输入点的连接

高速计数器的使用共有 4 种基本类型：带有内部方向控制的单向计数器，带有外部方向控制的单向计数器，带有两个时钟输入的双向计数器和 A/B 相正交计数器。它的输入信号类型有：无复位或启动输入、有复位无启动输入或者既有启动又有复位输入。

每种高速计数器有多种功能不相同的工作模式。高速计数器的工作模式与中断事件密切相关。使用一个高速计数器，首先要使用 HDEF 指令给计数器设定一种工作模式。每一种 HSCn 的工作模式的数量也不同，HSC1、HSC2 最多可达 12 种，而 HSC5 只有一种工作模式。

选用某个高速计数器在某种工作模式下工作后，高速计数器所使用的输入端不是任意选择的，必须按系统指定的输入点输入信号。例如，如果 HSC0 在模式 4 下工作，就必须用 I0.0 为时钟输入端，I0.1 为增减方向输入端，I0.2 为外部复位输入端。

高速计数器输入点、输入/输出中断输入点都包括在一般数字量输入点编号范围内。同一个输入点只能用作一种功能。如果程序定义了某些输入点由高速计数器使用，只有高速计数器不用的输入点才可以用来作为输入/输出中断或一般数字量输入点。例如，HSC0 在模式 0 下工作，只用 I0.0 作时钟输入，不使用 I0.1 和 I0.2，则这两个输入端可作为它用。

高速计数器的输入点和工作模式见表 5-27。

表 5-27　高速计数器的输入点和工作模式

模　式	描　述	输　入　点			
	HSC0	I0.0	I0.1	I0.2	
	HSC1	I0.6	I0.7	I1.0	I1.1
	HSC2	I1.2	I1.3	I1.4	I1.5
	HSC3	I0.1			
	HSC4	I0.3	I0.4	I0.5	
	HSC5	I0.4			
0	带有内部方向控制的单向计数器	时钟			
1		时钟		复位	
2		时钟		复位	启动
3	带有外部方向控制的单向计数器	时钟	方向		
4		时钟	方向	复位	
5		时钟	方向	复位	启动
6	带有增减计数时钟的双向计数器	增时钟	减时钟		
7		增时钟	减时钟	复位	
8		增时钟	减时钟	复位	启动
9	A/B 相正交计数器	时钟 A	时钟 B		
10		时钟 A	时钟 B	复位	
11		时钟 A	时钟 B	复位	启动

对高速计数器的复位和启动有如下规定：

① 当激活复位输入端时，计数器清除当前值并一直保持到复位端失效。

② 当激活启动输入端时，计数器计数；当启动端失效时，计数器的当前值保持为常数，并且忽略时钟事件。

③ 如果在启动输入端无效的同时，复位信号被激活，则忽略复位信号，当前值保持不变；如果在复位信号被激活的同时，启动输入端被激活，则当前值被清除。

（4）高速计数器指令

1）定义高速计数器指令——HDEF（High Speed Counter Definition）

指令格式：LAD 及 STL 格式如图 5-66a 所示。

功能描述：为指定的高速计数器分配一种工作模式，即用来建立高速计数器与工作模式之间的联系。每个高速计数器使用之前必须使用 HDEF 指令，而且只能使用一次。

数据类型：HSC 表示高速计数器编号，为 0 ~ 5 的常数，属字节型；MODE 表示工作模式，为 0 ~ 11 的常数，属字节型。

2）高速计数器指令——HSC（High Speed Counter）

指令格式：LAD 及 STL 格式如图 5-66b 所示。

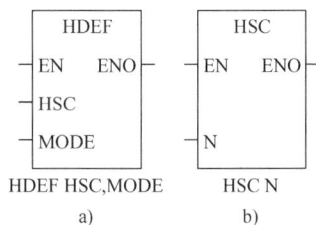

图 5-66　高速计数器指令格式

功能描述：根据高速计数器特殊存储器位的状态，并按照 HDEF 指令指定的工作模式，设置高速计数器并控制其工作。

数据类型：N 表示高速计数器编号，为 0 ~ 5 的常数，属字型。

（5）高速计数器的使用方法

每个高速计数器都有固定的特殊存储器与之相配合，完成高速计数功能。具体对应关系见表 5-28。

表 5-28　HSC 使用的特殊标志寄存器

高速计数器编号	状态字节	控制字节	初始值（双字）	预设值（双字）
HSC0	SMB36	SMB37	SMB38	SMB42
HSC1	SMB46	SMB47	SMB48	SMB52
HSC2	SMB56	SMB57	SMB58	SMB62
HSC3	SMB136	SMB137	SMB138	SMB142
HSC4	SMB146	SMB147	SMB148	SMB152
HSC5	SMB156	SMB157	SMB158	SMB162

1）状态字节。

每个高速计数器都有一个状态字节，程序运行时根据运行状况自动使某些位置位，可以通过程序来读取相关位的状态，用来判断条件实现相应的操作。状态字节中各状态位的功能见表 5-29。

表 5-29　状态字节位

状态	SM××6.0 ~ SM××6.4	SM××6.5	SM××6.6	SM××6.7
功能描述	不用	当前计数方向 0 为减；1 为增	当前值为预设值 0 为不等；1 为相等	当前值大于预设值 0 为小于等于；1 为大于

2）控制字节。

每个高速计数器都对应一个控制字节。用户可以根据要求来设置控制字节中各控制位的状态，如复位与启动输入信号的有效状态、计数速率、计数方向、允许更新双字值和允许执行 HSC 指令等，实现对高速计数器的控制。控制字节中各控制位的功能见表 5-30。

表 5-30　控制位的含义

控　制　位	功　能　描　述	适用的计数器 HCn
SM × ×7.0	复位有效电平控制位：0 为高电位有效；1 为低电位有效	0, 1, 2, 4
SM × ×7.1	启动有效电平控制位：0 为高电位有效；1 为低电位有效	1, 2
SM × ×7.2	正交计数速率选择位：0 为 4x 计数速率；1 为 1x 计数速率	0, 1, 2, 4
SM × ×7.3	计数方向控制位：0 为减计数；1 为增计数	0, 1, 2, 3, 4, 5
SM × ×7.4	写计数方向允许控制：0 为不更新；1 更新计数方向	0, 1, 2, 3, 4, 5
SM × ×7.5	写入预设值允许控制：0 为不更新；1 为更新预设值	0, 1, 2, 3, 4, 5
SM × ×7.6	写入初始值允许控制：0 为不更新；1 为更新当前值	0, 1, 2, 3, 4, 5
SM × ×7.7	HSC 指令执行允许控制：0 为禁止 HSC；1 为允许 HSC	0, 1, 2, 3, 4, 5

表 5-30 中的前 3 位（0、1 和 2 位）只有在 HDEF 指令执行时进行设置，在程序中其他位置不能更改（默认值为：启动和复位为高电位有效，正交计数速率为 4x，即 4 倍输入时钟频率）。第 3 位和第 4 位可以在工作模式 0、1 和 2 下直接更改，以单独改变计数方向。后 3 位可以在任何模式下并在程序中更改，以单独改变计数器的初始值、预设值或对 HSC 禁止计数。

3）使用高速计数器及选择工作模式步骤。

选择高速计数器及工作模式包括两方面工作：根据使用的主机型号和控制要求，一是选用高速计数器；二是选择该高速计数器的工作模式。

① 选择高速计数器。

例如，要对一高速脉冲信号进行增/减计数，计数当前值达到 1200 时产生中断，计数方向用一个外部信号控制，所用的主机型号为 CPU224。

分析：控制要求为带外部方向控制的单向增/减计数，因此可用的高速计数器可以是 HSC0、HSC1、HSC2 或 HSC4 中的任何一个。如果确定为 HSC0，由于不要求外部复位，所以应选择工作模式 3。同时也确定了各个输入点：I0.0 为计数脉冲的时钟输入；I0.1 为外部方向控制（I0.1 = 0 时为减计数，I0.1 = 1 时为增计数）。

② 设置控制字节。

在选择用 HSC0 的工作模式 3 之后，对应的控制字节为 SMB37。如果向 SMB37 写入 2# 11111000，即 16#F8，则对 HSC0 的功能设置为：复位与启动输入信号都是高电位有效，4 倍计数频率，计数方向为增计数，允许更新双字值和允许执行 HSC 指令。

③ 执行 HDEF 指令。

执行 HDEF 指令时，HSC 的输入值为 0，MODE 的输入值为 3，指令如下：

HDEF0, 3

④ 设定初始值和预设值。

每个高速计数器都对应一个双字长的初始值和一个双字长的预设值。两者都是有符号整数。当前值随计数脉冲的输入而不断变化，当前值可以由程序直接读取 HCn 得到。

本例中选用 HSC0，所以对应的初始值和预设值分别存放到 SMD38 和 SMD42 中。如果希望从 0 开始计数，计数值达到 1200 时产生中断，则可以用双字传送指令分别将 0 和 1200 装入 SMD38 和 SMD42 中。

⑤ 设置中断事件并全局开中断。

高速计数器利用中断方式对高速事件进行精确控制。

本例中，用 HSC0 进行计数，要求在当前值等于预设值时产生中断。因此，中断事件是当前值等于预设值，中断事件号为 10。用中断调用 ATCH 指令将中断事件号 10 和中断程序（假设中断子程序编号为 HSCINT）连接起来，并全局开中断。指令如下：

ATCHHSCINT，10

在 HSC_ EX 程序中，可完成 HSC0 当前值等于设定值时计划要做的工作。

⑥ 执行 HSC 指令。

以上设置完成并用指令实现之后，即可用 HSC 指令对高速计数器编程进行计数。本例中指令如下：

HSC 0

以上 6 步是对高速计数器的初始化。该过程可以用主程序中的程序段来实现，也可以用子程序来实现。高速计数器在投入运行之前，必须要执行一次初始化程序段或初始化子程序。

（6）应用实例：采用测频的方法测量电动机的转速

分析所谓用测频法测量电动机的转速是指在单位时间内采集编码器脉冲的个数，因此可以选用高速计数器对转速脉冲信号进行计数，同时用时基来完成定时。知道了单位时间内的脉冲个数，再经过一系列的计算就可以得知电动机的转速。下面的程序只是整个程序中有关 HSC 的部分。

设计步骤：

① 选择高速计数器 HSC0，并确定工作方式 0。采用初始化子程序，用初始化脉冲 SM0.1 调用子程序。

② 令 SMB37 = 16 # F8。其功能为：计数方向为增；允许更新计数方向；允许写入新初始值；允许写入新设定值；允许执行 HSC 指令。

③ 执行 HDEF 指令，输入端 HSC 为 0，MODE 为 0。

④ 装入当前值，令 SMD38 = 0。

⑤ 装入时基定时设定值，令 SMB34 = 200。

⑥ 执行中断连接 ATCH 指令，中断程序为 HSCINT，EVNT 为 10。执行中断允许指令 ENI，重新启动时基定时器，清除高速计数器的初始值。

⑦ 执行指令 HSC，对高速计数器编程并投入运行，输入值 IN 为 0。

主程序、初始化子程序和中断程序的梯形图如图 5-67 所示。

2. 高速脉冲输出指令

高速脉冲输出功能是指在 PLC 的某些输出端产生高速脉冲，用来驱动负载，实现高速输出和精确控制，这在运动控制中具有广泛应用。使用高速脉冲输出功能时，PLC 主机应选用晶体管输出型，以满足高速输出的频率要求。

（1）高速脉冲输出的方式和输出端子的连接

高速脉冲输出有高速脉冲串输出 PTO（Pulse Train Output）和宽度可调脉冲输出 PWM（Pulse Width Modulation）两种方式。

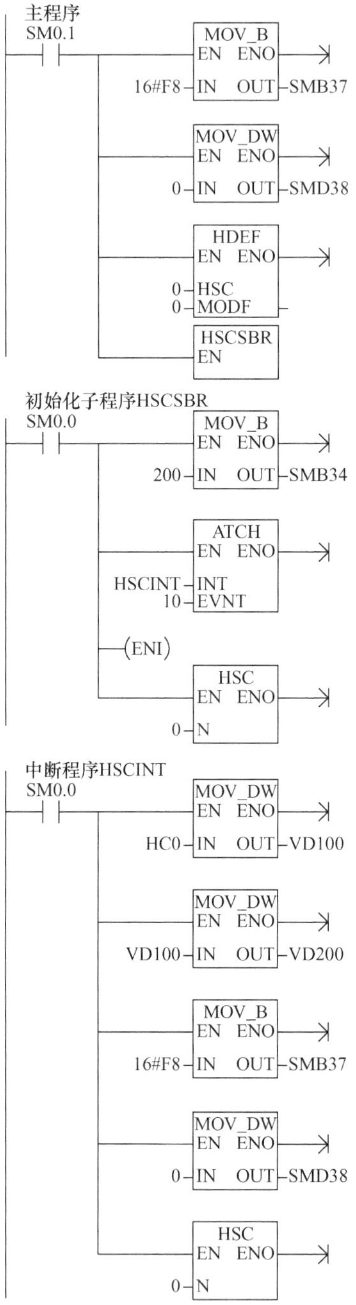

```
主程序
SM0.1
├──┤├────────┌─MOV_B──┐
              │EN  ENO├─→
    16#F8────┤IN   OUT├─SMB37
              └────────┘
              ┌─MOV_DW─┐
              │EN  ENO├─→
        0────┤IN   OUT├─SMD38
              └────────┘
              ┌─HDEF───┐
              │EN  ENO├─→
        0────┤HSC     │
        0────┤MODF    │
              └────────┘
              ┌─HSCSBR─┐
              │EN      │
              └────────┘

初始化子程序HSCSBR
SM0.0
├──┤├────────┌─MOV_B──┐
              │EN  ENO├─→
      200────┤IN   OUT├─SMB34
              └────────┘
              ┌─ATCH───┐
              │EN  ENO├─→
   HSCINT────┤INT     │
       10────┤EVNT    │
              └────────┘
├─(ENI)
              ┌─HSC────┐
              │EN  ENO├─→
        0────┤N       │
              └────────┘

中断程序HSCINT
SM0.0
├──┤├────────┌─MOV_DW─┐
              │EN  ENO├─→
      HC0────┤IN   OUT├─VD100
              └────────┘
              ┌─MOV_DW─┐
              │EN  ENO├─→
    VD100────┤IN   OUT├─VD200
              └────────┘
              ┌─MOV_B──┐
              │EN  ENO├─→
    16#F8────┤IN   OUT├─SMB37
              └────────┘
              ┌─MOV_DW─┐
              │EN  ENO├─→
        0────┤IN   OUT├─SMD38
              └────────┘
              ┌─HSC────┐
              │EN  ENO├─→
        0────┤N       │
              └────────┘
```

主程序

LD   SM0.1   //初始脉冲
MOVB   16#F8,SMB37
    //F8H送高速计数器0控制字节单元
MOVD   0,SMD38
    //清高速计数器0的初始值单元
HDEF   0,0
    //定义高速计数器0为工作方式0
CALL   HSCSBR
    //调时基初始化子程序

时基初始化子程序HSCSBR

LD   SM0.0
MOVB   200,SMB34
    //时基中断0定时时间常数单元送200
    //即定时200ms
ATCH   HSCINT,10
ENI   //全局开中断
HSC   0   //启动高速计数器0

中断服务程序HSCINT

LD   SM0.0
MOVD   HC0,VD100
    //读高速计数器0的计数值到VD100
MOVD   VD100,VD200
    //数值送数据处理单元
MOVB   16#F8,SMB37
    //重新初始化高速计数器0
MOVD   0,SMD38
    //清高速计数器0的初始值单元
HSC   0
    //启动高速计数器

a) 梯形图   b) 语句表

图 5-67 高速计数器使用举例程序

高速脉冲串输出 PTO 主要用来输出指定数量的方波（占空比 50%），用户可以控制方波的周期和脉冲数，如图 5-68a 所示。

高速脉冲串的周期以 μs 或 ms 为单位，是一个 16 位无符号数据，周期变化范围为 50 ～ 65535μs 或 2 ～ 65535ms，编制时周期值一般设置成偶数。脉冲串的个数用双字长无符号数表示，脉冲数取值的范围是 1 ～ 4294967295 之间。

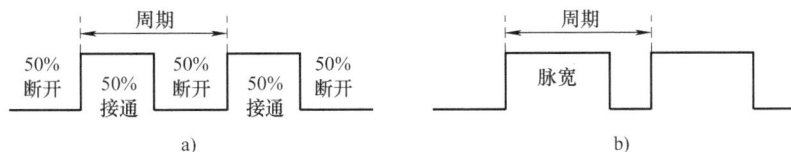

图5-68　高速脉冲的输出方式

宽度可调脉冲输出 PWM 主要是用来输出占空比可调的高速脉冲串，用户可以控制脉冲的周期和脉冲宽度，如图 5-68b 所示。

宽度可调脉冲 PWM 的周期或脉冲宽度以 μs 或 ms 为单位，是一个 16 位无符号数据，周期变化范围同高速脉冲串 PTO。

每个 CPU 由两个 PTO/PWM 发生器产生高速脉冲串和脉冲宽度可调的波形，一个发生器分配在数字输出端 Q0.0，另一个分配在 Q0.1。PTO/PWM 发生器和输出映像寄存器共同使用 Q0.0 和 Q0.1，当 Q0.0 或 Q0.1 设定为 PTO 或 PWM 功能时，PTO/PWM 发生器控制输出，在输出点禁止使用通用功能。输出映像寄存器的状态、强制输出、立即输出等指令的执行都不影响输出波形，当不使用 PTO/PWM 发生器时，输出点恢复为原通用功能状态，输出点的波形由输出映像寄存器来控制。

在使用下面讲到的 PTO 和 PWM 操作之前，需要用普通位操作指令设置这两个输出位，将 Q0.0 和 Q0.1 置 0。

（2）高速脉冲指令及特殊寄存器

1）脉冲输出指令——PLS（Pulse Output）。

指令格式：LAD 和 STL 格式如图 5-69 所示。

功能描述：当使能端输入有效时，检测用户程序设置的特殊功能寄存器位，激活由控制位定义的脉冲操作。从 Q0.0 或 Q0.1 输出高速脉冲。

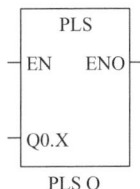

图5-69　脉冲输出指令格式

高速脉冲串输出 PTO 和宽度可调脉冲输出 PWM 都可由 PLS 指令来激活输出。而高速脉冲串输出 PTO 还可采用中断方式控制。

数据类型：数据输入 Q 属于字型，必须是 0 或 1 的常数。

2）特殊标志寄存器。

每个 PTO/PWM 发生器都有 1 个控制字节、16 位无符号的周期时间值和脉宽值各 1 个、32 位无符号的脉冲计数值 1 个。这些字都占有一个指定的特殊功能寄存器，一旦这些特殊功能寄存器的值被设置成所需操作，可通过执行脉冲指令 PLS 来执行这些功能。各寄存器的功能见表 5-31。

表 5-31　相关寄存器功能表

Q0.0 的寄存器	Q0.1 的寄存器	名称及功能描述
SMB66	SMB76	状态字节，在 PTO 方式下，跟踪脉冲串的输出状态
SMB67	SMB77	控制字节，控制 PTO/PWM 脉冲输出的基本功能
SMW68	SMW78	周期值，属字型，PTO/PWM 的周期值，范围为 2 ~ 65 535
SMW70	SMW80	脉宽值，属字型，PWM 的脉宽值，范围为 2 ~ 65 535
SMD72	SMD82	脉冲数，属双字型，PTO 的脉冲数，范围为 1 ~ 4 294 967 295
SMB166	SMB176	段号，多段管线 PTO 进行中的段的编号
SMW168	SMW178	多段管线 PTO 包络表起始字节的地址

（3）应用实例

编写实现脉冲宽度调制 PWM 的程序。根据要求控制字节（SMB77）=（DB)$_{16}$设定周期为 10000ms，脉冲宽度为 1000ms，通过 Q0.1 输出。

设计程序如图 5-70 所示。

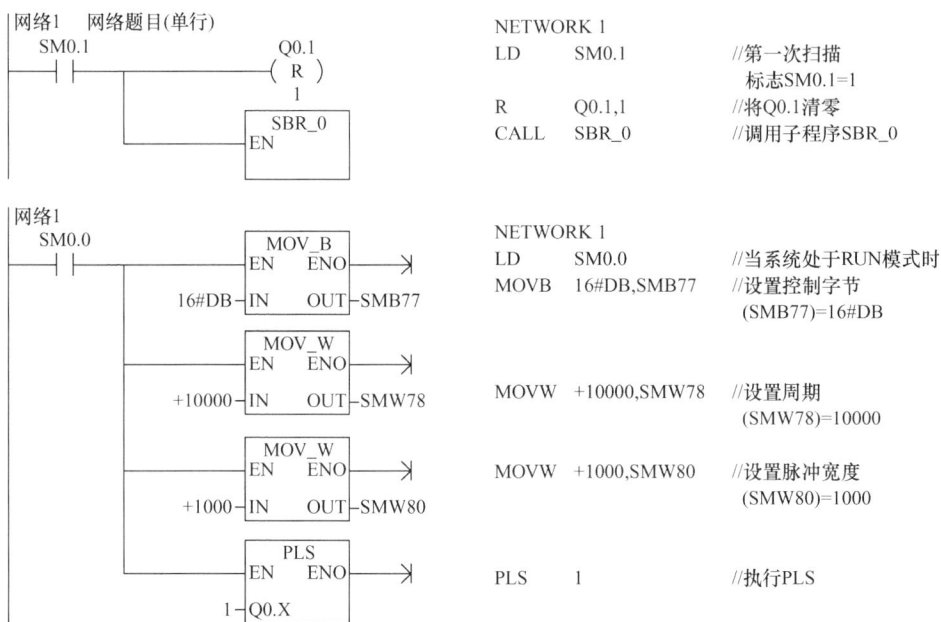

图 5-70　PWM 程序

5.2.10　PID 回路指令

PID 是过程控制领域中技术成熟，并经过长期工程实践考验有效的控制方法。在较早的 PLC 中没有 PID 的现成指令，只能通过运算指令实现 PID 功能，但随着 PLC 技术的发展，很多品牌的 PLC 都增加了 PID 功能，有些是专用模块，有些是指令形式，这样使 PLC 可方便地应用于模拟量的控制。西门子的 S7 - 200 系列 PLC 是采用 PID 回路指令来实现 PID 控制的。

1. PID 算法及其离散化

下面介绍一个 PID 控制算法，并对所有算式中的参数有如下定义：

$M(t)$：PID 回路输出，是时间的函数；

M_n：第 n 次采样时刻，PID 回路输出的计算值；

e：PID 回路的偏差（设定值与过程变量之差）；

e_n：在第 n 次采样时刻的偏差值；

e_{n-1}：在第 $n-1$ 次采样时刻的偏差值；

e_x：采样时刻 x 的偏差值；

M_{initial}：PID 回路输出初始值；

M_x：积分项前值；

K_C：PID 回路增益；

K_I: 积分项的比例常数;

K_D: 微分项的比例常数;

T_S: 采样周期(或控制周期);

T_I: 积分项的比例常数;

T_D: 微分项的比例常数;

SP_n: 第 n 个采样时刻的设定值;

SP_{n-1}: 第 $n-1$ 个采样时刻的设定值;

PV_n: 第 n 个采样时刻的过程变量值;

PV_{n-1}: 第 $n-1$ 个采样时刻的过程变量值;

如果一个 PID 回路的输出 M 是时间 t 的函数,则可以看作是比例项、积分项和微分项三部分之和。即

$$M(t) = K_C * e + K_C \int_0^t e \, dt + M_{initial} + K_C * de/dt \tag{5-1}$$

以上各量都是连续量,第一项为比例项,最后一项为微分项,中间两项为积分项。用计算机处理这样的控制算式,即连续的算式必须周期性地采样并进行离散化,同时各信号也要离散化,公式为

$$M_n = K_C * e_n + K_I * \sum_1^n e_x + M_{initial} + K_D * (e_n - e_{n-1}) \tag{5-2}$$

从式(5-2)可以看出,比例项仅是当前采样的函数,积分项是从第一个采样周期到当前采样周期所有误差项的函数,微分项是当前采样和前一次采样的函数。对计算机系统来说,只要保存积分项前值和误差前值,就可以得到一个更简单的公式,如

$$M_n = K_C * e_n + K_I * e_n + MX + K_D * (e_n - e_{n-1}) \tag{5-3}$$

具体到 S7-200 PLC 中,设定值为 SP(the value of setpoint),过程值为 PV(the value of process variable),系统增益系数只使用 K_C,积分时间控制积分项在整个输出结果中影响的大小,微分时间控制微分项在整个输出结果中影响的大小。具体的计算公式为

$$M_n = K_C * (SP_n - PV_n) + K_C * (T_S/T_I) * (SP_n - PV_n) + MX \\ + K_C * (T_D/T_S) * [(SP_n - PV_n) - (SP_{n-1} - PV_{n-1})] \tag{5-4}$$

一般来说,设定值不是经常改变的,所以,n 时刻和 $n-1$ 时刻的 SP 是相等的。对式(5-4)进行简化后,得出

$$M_n = K_C * (SP_n - PV_n) + K_C * (T_S/T_I) * (SP_n - PV_n) + MX \\ + K_C * (T_D/T_S) * (PV_{n-1} - PV_n) \tag{5-5}$$

这就是 PLC 中使用的 PID 算法。

2. PID 回路指令及使用

(1) PID 回路指令(Proportional, Integral, Derivative Loop)

指令格式:LAD 和 STL 格式如图 5-71 所示。

功能描述:该指令利用回路表中的输入信息和组态信息,进行 PID 运算。

数据类型:回路表的起始地址 TBL 为 VB 指定的字节型数据;回路号 LOOP 是 0~7 的常数。

（2）PID 回路号

用户程序中最多可有 8 条 PID 回路，不同的 PID 回路指令不能使用相同的回路号，否则，会产生意外的后果。

（3）PID 指令的使用

使用 PID 指令的关键有 3 步：建立 PID 回路表、对输入采样数据进行归一化处理、对 PID 输出数据进行工程量转换。

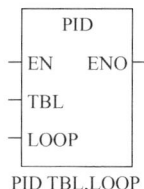

图 5-71　PID 回路指令格式

1）建立 PID 回路表。

公式（5-5）中包含 9 个用来控制和监视 PID 运算的参数。在 PID 指令使用时要建立一个所谓的 PID 回路表，用来给这些参数分配一个存放的地址单元。回路表中所有的地址都是双字地址，其格式见表 5-32。建议在具体使用时找一个容易记忆的地址作为开始地址，这样便于编写程序，例如回路表的首地址可以设置为 VD100 或 VD200 等。

表 5-32　PID 回路表

参　　　数	地址偏移量	数 据 格 式	I/O 类型	描　　　述
过程变量当前值 PV_n	0	双字，实数	I	过程变量，0.0～1.0
给定值 SP_n	4	双字，实数	I	给定值，0.0～1.0
输出值 M_n	8	双字，实数	I/O	输出值，0.0～1.0
增益 K_C	12	双字，实数	I	比例常数，正、负
采样时间 T_S	16	双字，实数	I	单位为 s，正数
积分时间 T_I	20	双字，实数	I	单位为 min，正数
微分时间 T_D	24	双字，实数	I	单位为 min，正数
积分项前值 MX	28	双字，实数	I/O	积分项前值，0.0～1.0
过程变量前值 PV_{n-1}	32	双字，实数	I/O	最近一次 PID 变量值

2）第二步，将实数格式的工程实际值转化为 0.0～1.0 之间的无量纲相对值，用下式来完成这一过程：

$$R_{norm} = (R_{raw}/Span) + Offset \tag{5-6}$$

式中　R_{norm}——工程实际值的归一化值；

　　　R_{raw}——工程实际值在未进行归一化处理的实数形式值；

　　　$Offset$——偏移量标准化实数又分为双极性（围绕 0.5 上下变化）和单极性（以 0.0 为起点在 0.0～1.0 之间的范围内变化）两种：对于双极性，偏移量 $Offset$ 为 0.5；对于单极性，偏移量 $Offset$ 为 0；

　　　$Span$——值域的大小，通常单极性时取 32000，双极性时取 64000。

以下程序段用于将 AC0 中的双极性模拟量进行归一化处理（可紧接上面的程序）：

```
/R      64000.0,AC0    //将 AC0 中的双极性模拟量值进行归一化
+R      0.5,AC0        //Offset 处理(双极性时)
MOVR    AC0,VD200      //将归一化结果存入 TABLE 中（设 TABLE 表地址为 VB200）
```

3）将回路控制输出转换为按工程量标定的整数值。

程序执行时把各个标准化实数量用离散化 PID 算式进行处理，产生一个标准化实数运算

结果。这一结果同样也要用程序将其转化为相应的16位整数，然后周期性地将其传送到指定的模拟量输出通道AQW输出，用以驱动模拟量的负载，实现模拟量的控制。这一转换实际上是归一化过程的逆过程。

第一步：用下式将回路输出转换为按工程量标定的实数格式：

$$R_{scal} = (M_n - Offset) \cdot Span \tag{5-7}$$

式中 R_{scal}——已按工程量标定的实数格式的回路输出；

M_n——归一化实数格式的回路输出。程序如下：

```
MOVR    VD208,AC0    //将回路输出结果(设TABLE表地址为VB200)放入AC0
- R     0.5,AC0      //双极性场合时减去0.5
* R     64 000,AC0   //将AC0中的值按工程量标定
```

第二步，将已标定的实数格式的回路输出转化为16位的整数格式并输出。程序如下：

```
TRUNC   AC0,AC0      //取整数
DTI     AC0,AC0      //双整数转换为整数
MOVW    AC0,AQW0     //把整数值送到模拟量输出通道(设为AQW0)
```

（4）选择PID回路类型

在大部分模拟量的控制中，使用的回路控制类型并不是比例、积分和微分三者俱全。例如大部分时候只需要比例积分回路。通过对常量参数的设置，可以关闭不需要的控制类型。

关闭积分回路：把积分时间T_I设置为无穷大，此时虽然由于有初值MX使积分项不为零，但积分作用可以忽略。

关闭微分回路：把微分时间T_D设置为0，微分作用即可关闭。

关闭比例回路：把比例增益K_C设置为0，则只保留积分和微分项。这时系统会在计算积分项和微分项时自动把增益当作1.0看待。

说明：实际使用PID指令时，还有变量范围、控制方式等许多问题要具体考虑，所以更详细的内容请参考系统使用手册。

（5）应用实例

控制要求：某一水箱有一条进水管和一条出水管，进水管的水流量随时间不断变化，控制系统使用单极性的液位传感器测量液位。要求控制出水管阀门的开度，使水箱内的液位始终保持在水满时液位的一半。系统使用比例、积分及微分控制，假设采用下列控制参数值：K_C为0.4，T_S为0.25，T_I为30min，T_D为15min。

解题分析：液位传感器对水箱液位信号进行测量采样，数据标准化时采用单极性方案；设定值是液位的50%，输出是单极性模拟量，用以控制阀门的开度，可以在0%~100%之间变化。

程序实现：本程序只是模拟量控制系统的PID程序主干，对于现场实际问题，还要考虑诸多方面的影响因素。

本程序的主程序、回路表初始化子程序PIDSBR0、初始化子程序PIDSBR1和中断程序PIDINT如图5-72所示。

本例中模拟量输入通道为AIW2，模拟量输出通道为AQW0。I0.4是手动/自动转换开关信号，I0.4为1时，为系统自动运行状态。

主程序

```
主程序
SM0.1        PIDSBR0
─┤├──┬────────┤EN
     │
     └────────┤PIDSBR1
              ┤EN
```

PID回路表初始化子程序PIDSBR0

```
SM0.0         MOV_R
─┤├──────────┤EN  ENO├
         0.5─┤IN  OUT├─VD204
              MOV_R
             ┤EN  ENO├
         0.4─┤IN  OUT├─VD212
              MOV_R
             ┤EN  ENO├
         0.2─┤IN  OUT├─VD216
              MOV_R
             ┤EN  ENO├
        30.0─┤IN  OUT├─VD220
              MOV_R
             ┤EN  ENO├
        15.0─┤IN  OUT├─VD224
```

初始化子程序PIDSBR1

```
SM0.0         MOV_B
─┤├──────────┤EN  ENO├
         200─┤IN  OUT├─SMB34
              ATCH
             ┤EN  ENO├
      PIDINT─┤INT
         10─┤EVNT
            ─( ENI )
```

中断程序PIDINT

```
SM0.0          I_DI
─┤├──────────┤EN  ENO├
        AIW2─┤IN  OUT├─AC0
              DI_R
             ┤EN  ENO├
         AC0─┤IN  OUT├─AC0
              DIV_R
             ┤EN  ENO├
         AC0─┤IN1 OUT├─AC0
      32000.0─┤IN2
              MOV_R
             ┤EN  ENO├
         AC0─┤IN  OUT├─VD200
```

```
I0.4           PID
─┤├──────────┤EN  ENO├
       VB200─┤TBL
          0─┤LOOP
SM0.0         MUL_R
─┤├──────────┤EN  ENO├
       VD208─┤IN1 OUT├─AC0
      32000.0─┤IN2
              ROUND
             ┤EN  ENO├
         AC0─┤IN  OUT├─AC0
              DI_I
             ┤EN  ENO├
         AC0─┤IN  OUT├─AC0
              MOV_W
             ┤EN  ENO├
         AC0─┤IN  OUT├─AQW0
```

//主程序
LD   SM0.1   //初始化脉冲，调用回路表
CALL PIDSBR0   //初始化程序，建立回路表
CALL PIDSBR1   //调用初始化程序

//PID回路表初始化子程序PIDSBR0
LD   SM0.0
MOVR 0.5,VD204   //装入设定值
MOVR 0.4,VD212   //装入回路增益
MOVR 0.2,VD216   //装入采样时间
MOVR 30.0,VD220 //装入积分时间
MOVR 15.0,VD224 //装入微分时间

//初始化子程序PIDSBR1
LD   SM0.0
MOVB 200,SMB34   //设置时基0，每200ms中断
ATCH PIDINT,10   //中断事件连接
ENI

//中断程序PIDINT
LD   SM0.0
ITD   AIW2,AC0   //采集模拟量，并转化成双整数
DTR   AC0,AC0   //转化成浮点数
/R   32000.0,AC0 //转化成标准值0.0~1.0之间
MOVR AC0,VD200   //送回路表输入值单元

LD   I0.4   //手动/自动切换
PID   VB200,0   //执行PID指令
LD   SM0.0
MOVR VD208,AC0   //控制量输出值
*R   32000.0,AC0 //将控制量转化成实际值
ROUND AC0,AC0   //即整数形式
DTI   AC0,AC0   //双整数到整数
MOVW AC0,AQW0   //控制量输出

a) 梯形图   b) 语句表

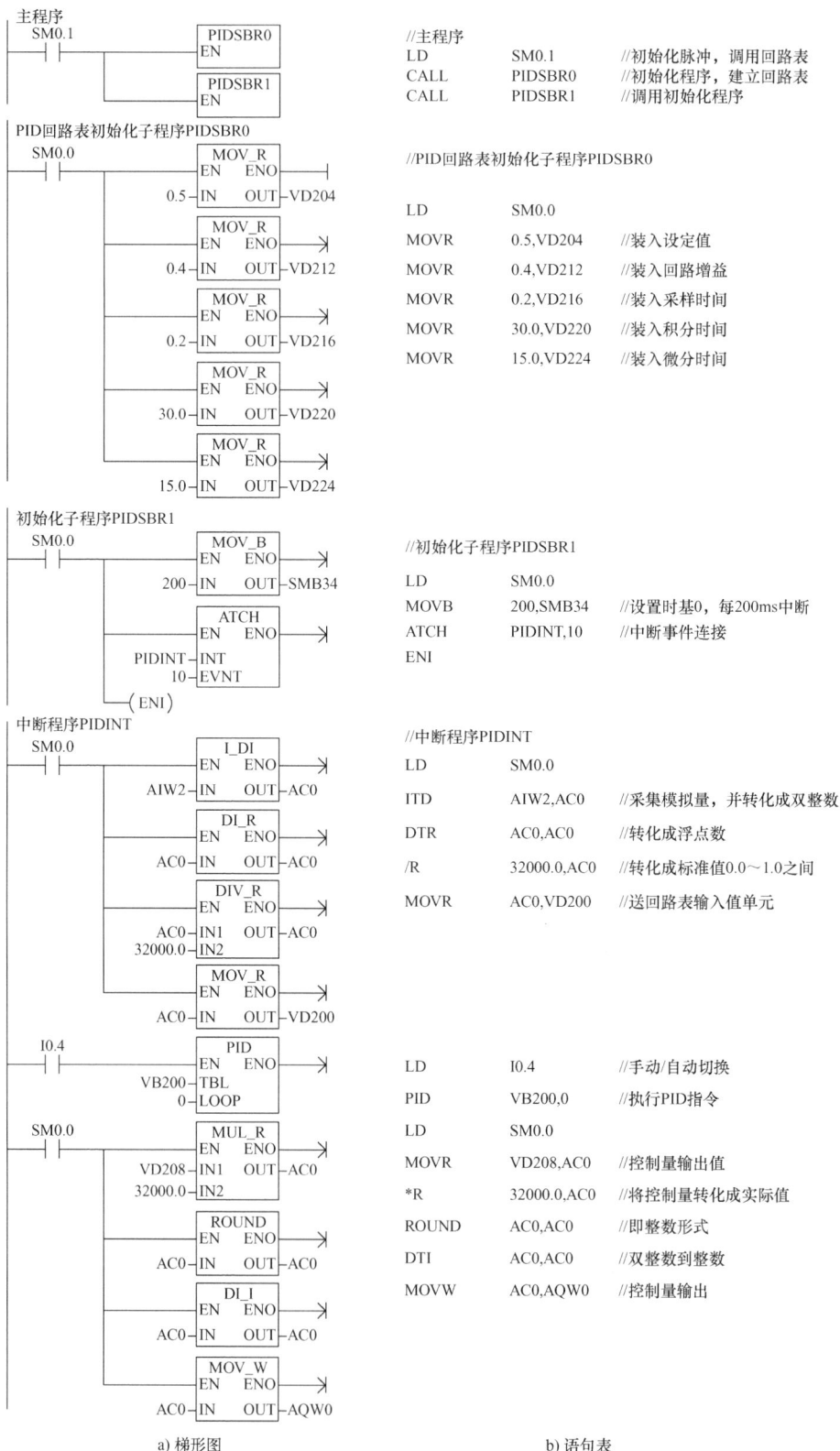

图 5-72 PID 控制举例

5.3　梯形图编程的基本规则

在编制梯形图程序时，必须注意遵守以下基本原则，从而保证梯形图程序编写得简洁、合理。

1）梯形图按元件从左到右、自上到下绘制（指令编程亦应从左到右、自上而下）。每一行都是从左母线开始，以线圈或指令盒结束。触点不能放在线圈的右边，不能在线圈与右母线之间接其他元件，线圈与右母线直接相连，如图 5-73 所示。

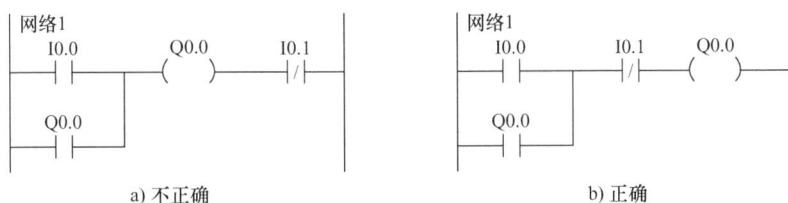

图 5-73　梯形图画法实例 1

2）线圈和指令盒一般不允许直接连接在左母线上，如需要的话可通过特殊的中间继电器 SM0.0（常 ON 特殊中间继电器）完成，如图 5-74 所示。

3）PLC 内部元器件触点的使用次数是无限制的。

图 5-74　梯形图画法实例 2

4）编程时首先对梯形图中的元件进行编址，同一个编程元件的线圈和触点要使用同一编号（或地址）。

5）在同一程序中，同一编号的线圈使用两次及两次以上称为双线圈输出。双线圈输出非常容易引起误动作，所以应避免使用。S7 - 200 的 PLC 中不允许双线圈输出，如图 5-75 所示。

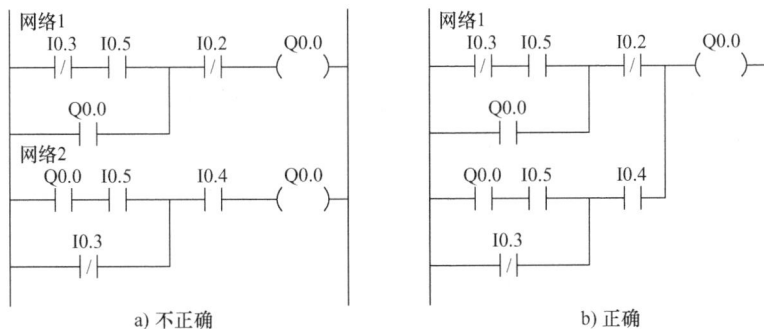

图 5-75　梯形图画法实例 3

6）梯形图中的触点可以多次串联或并联，但线圈只能并联而不能串联。

7）绘制梯形图时，应按照"上重下轻、左重右轻"的原则进行。即当几条支路并联时，串联触点多的电路块尽量放在上方；当几个电路块串联时，并联触点多的电路块尽量放在最左边。这样一是节省指令，程序循环周期短，二是美观。如图 5-76 所示。

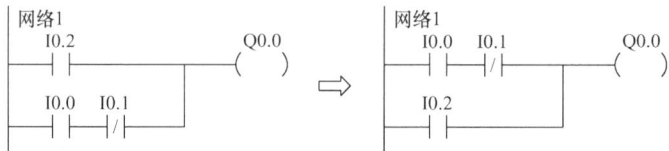

a) 把串联多的电路块放在最上边

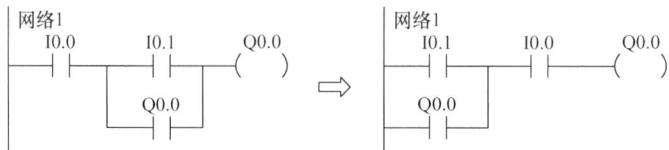

b) 把并联多的电路块放在最左边

图 5-76　梯形图画法实例 4

8）梯形图程序每行中的触点数没有限制，但如果太多，则在梯形图编程时，由于受屏幕显示的限制看起来会不舒服（需使用滑动块），另外打印出的梯形图程序也不好看。所以，在使用时，如果一行的触点数太多，则可以采取一些中间过渡的措施，比如使用中间继电器把过长的一行梯形图程序分为两行或三行。使用举例如图 5-77 所示。

a) 过长的梯形图程序行

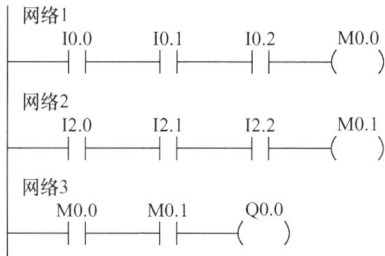

b) 改造后的梯形图程序

图 5-77　梯形图的改造

9）输入继电器的线圈由输入端子上的外部信号驱动，因而输入继电器的线圈不应出现在梯形图中。梯形图中输入继电器触点的通断取决于外部信号。

10）梯形图的推荐画法如图 5-78 所示。

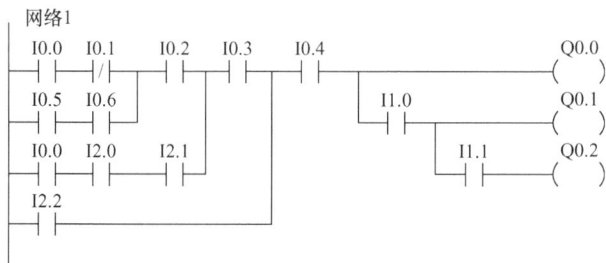

图 5-78　梯形图的推荐画法

本 章 小 结

本章介绍了 SIMATIC 指令集所包含的基本指令、功能指令及使用方法。在基本指令中，位操作指令是最常用的，也是最重要的，是其他所有指令的基础。

基本逻辑指令包括基本位操作指令、置位/复位指令、立即指令、边沿脉冲指令、逻辑堆栈指令、定时器、计数器、比较指令、取反和空操作指令。这些指令是 PLC 编程的基础，要求大家熟练掌握这些指令在梯形图和语句表中的使用方法，尤其是定时器和计数器指令的工作原理。

功能指令包括数据处理指令、算术逻辑运算指令、表功能指令、转换指令、中断指令、程序控制指令、高速处理指令、PID 回路指令等。功能指令在工程实际中应用十分广泛，它是不同型号 PLC 功能强弱的体现，应了解特殊功能指令在 PLC 中的实现形式，重点是掌握其中常用指令的梯形图编程方法。

通过基本指令的使用和编程，为今后 PLC 梯形图的经验设计打下基础，使大家对 S7-200 PLC 使用梯形图编程的认识进一步加深。

1. 在梯形图中，用户程序是多个程序网络（Network）的有序组合。

2. 每个程序网络是各种编程元件的触点、线圈及指令盒在左、右母线之间的有序排列。

3. 在绝大多数的指令盒上，有允许输入端 EN 和允许输出端 ENO，EN 和 ENO 都是布尔量。对于要执行指令的指令盒，EN 输入端必须存在能流。如果指令执行正确，输出端 ENO 将把能流向下传送。如果在执行指令过程中存在错误，则能流终止在当前的指令盒。

练习与思考

5-1　根据下列语句表程序，写出梯形图程序。

LD	I0.0	A	I0.5
AN	I0.1	OLD	
LD	I0.2	A	I0.6
A	I0.3	=	Q0.1
O	I0.4		

5-2　根据下列语句表程序，写出梯形图程序。

LD	I0.0	LD	I0.3
LPS		O	I0.4
LD	I0.1	ALD	
O	I0.2	=	M0.1
ALD		LPP	
=	M0.0	A	I0.5
LRD		=	Q0.0

5-3　写出图 5-79 所示梯形图的语句表程序。

5-4　写出图 5-80 所示梯形图的语句表程序。

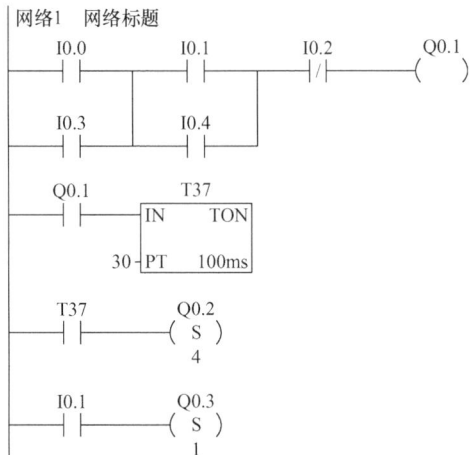

图 5-79 题 5-3 的梯形图

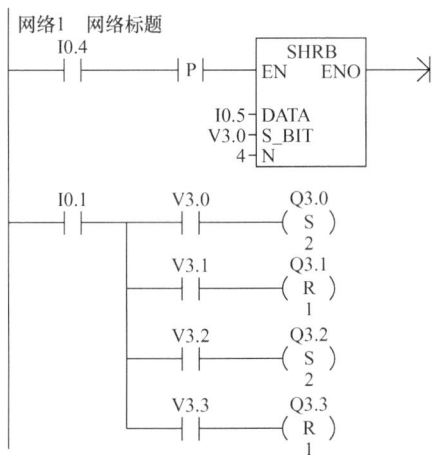

图 5-80 题 5-4 的梯形图

5-5 试设计一个照明灯的控制程序。当按下接在 I0.0 上的按钮后，接在 Q0.0 上的照明灯可发光 30s。如果在这段时间内又有人按下按钮，则时间间隔从头开始。这样可确保在最后一次按完按钮后，灯光可维持 30s 的照明。

5-6 试设计电动机起停控制的梯形图程序，并与所设计的电气原理图进行比较。第一台电动机起动 10s 后，第二台电动机自行起动，运行 5s 后，第一台电动机停止并同时使第三台电动机自行起动，再运行 10s 后，电动机全部停止。

5-7 设计一个对锅炉鼓风机和引风机控制的梯形图程序，控制要求如下：

（1）开机时首先起动引风机，10s 后自动起动鼓风机；

（2）停止时，立即关断鼓风机，经 20s 后自动关断引风机。

5-8 设计一个智力竞赛抢答控制装置。

（1）当出题人说出问题且按下开始按钮 SB1 后，在 10s 之内，4 个参赛者中只有最早按下抢答按钮的人抢答有效；

（2）每个抢答桌上安装 1 个抢答按钮、1 个指示灯。抢答有效时，指示灯快速闪亮 3s，赛场中的音响装置响 2s；

（3）10s 后抢答无效。

5-9 试设计多个传送带起动和停止控制的梯形图程序，如图 5-81 所示。初始状态为各个电动机都处于停止状态。按下起动按钮后，电动机 M1 通电运行，行程开关 SQ1 有效后，电动机 M2 通电运行，行程开关 SQ2 动作后，M1 断电停止。其他传送带动作依此类推，整个系统循环工作。按下停止按钮后，系统把目前的工作进行完后停止在初始状态。

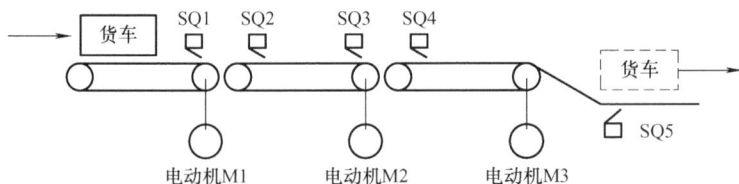

图 5-81 多个传送带起动和停止示意图

5-10　用寄存器移位指令（SHRB）设计一个路灯照明系统的控制程序，3路灯按H1→H2→H3的顺序依次点亮。各路灯之间点亮的间隔时间为10h。

5-11　用循环移位指令设计一个彩灯控制程序，8路彩灯串按H1→H2→H3→…→H8的顺序依次点亮，且不断重复循环。各路彩灯之间的间隔时间为0.1s。

5-12　编程输出字符A的七段显示码。

5-13　编程实现将VD100中存储的ASCII码字符串37、42、44、32转换成十六进制数，并存储到VW200中。

5-14　编程实现定时中断，当连接在输入端I0.1的开关接通时，闪烁频率减半；当连接在输入端I0.0的开关接通时，又恢复成原有的闪烁频率。

5-15　编写一段程序计算 $\sin 30° + \cos 120°$ 的值。

5-16　编写一段程序，将VB100开始的50个字的数据传送到VB1000开始的存储区。

5-17　设计一个报时器。

（1）具有整点报时功能。按上、下午区分，1点和13点接通音响1次；2点和14点接通音响2次，每次持续时间1s，间隔1s；3点和15点接通音响3次，每次持续时间1s，间隔1s，依次类推；

（2）具有随机报时功能。可根据外部设定在某时某分报时，报时时接通一个音乐电路5s，若不进行复位，可连续报时3次，每次间隔3s；

（3）通过报时方式选择开关，选择上述两种报时功能。

5-18　用循环指令编写一段输出控制程序，假设有8个指示灯，从左到右以0.5s的速度依次点亮，保持任一时刻只有一个指示灯亮，到达最右端后，再从左到右依次点亮，每按动一次启动按钮，循环显示20次。

5-19　有4组节日彩灯，每组由红、绿、黄3盏顺序排放，请实现下列控制要求：

（1）每0.5s移动一个灯位；

（2）每次亮1s；

（3）可用1个开关选择点亮方式：①每次点亮1盏彩灯；②每次点亮1组彩灯。

5-20　用高速计数器HSC1实现20kHz的加计数。当计数值等于100时，将当前值清零。用逻辑操作指令编程一段数据处理程序，将累加器AC0与VW100存储单元数据实现逻辑与操作，并将运算结果存入累加器AC0。

第6章 PLC控制系统的设计与应用

导读

PLC作为通用工业控制计算机，正在成为工业控制领域的主流控制设备，在世界工业控制中发挥着越来越大的作用。在实际的工业控制应用过程中，PLC控制系统设计方法的优劣起着重要的作用。PLC控制系统的设计方法并不是固定不变的，而是多种多样，要靠广大的设计人员在具体设计工作中去积累和总结。本章主要介绍PLC控制系统设计的基本原则、基本内容、一般步骤和过程，以及PLC在工业控制过程中的应用举例和提高PLC控制系统可靠性的措施等。

学习要点：

掌握PLC控制系统设计的步骤及注意事项；掌握PLC程序设计的规则及常见错误分析；熟悉PLC控制系统在工业控制中的典型应用；了解提高PLC控制系统可靠性的一般措施。

6.1 PLC控制系统的设计

在学习了PLC的大量的相关知识后，要能够把其运用在实际训练当中。当然，要设计经济、可靠、简单的PLC控制系统，需要丰富的专业知识和实际的工作经验。本章主要介绍PLC控制系统设计的基本原则、基本内容、一般步骤以及应用举例。

6.1.1 PLC控制系统设计的基本原则

对于工业领域或其他领域的被控对象来说，电气控制的目的是在满足其工业生产要求的前提下，最大限度地提高生产效率和产品质量。为了达到此目的，在可编程序控制系统设计时应遵循以下原则：

1）最大限度地满足被控对象的控制要求。

2）保证控制系统的高可靠性与安全性。

3）在满足上面条件的前提下，力求使控制系统简单、经济、实用和维修方便。

4）选择PLC时，要考虑生产和工艺改进所需的余量。

6.1.2 PLC控制系统设计的基本内容

1. 分析被控对象并提出控制要求

详细分析被控对象的工艺过程及工作特点，了解被控对象之间的配合，提出被控对象对PLC控制系统的控制要求，确定控制方案，拟定设计任务书。

2. 确定输入/输出设备

根据系统的控制要求，确定系统所需的全部输入设备（如按钮、位置开关、转换开关及各种传感器等）和输出设备（如接触器、电磁阀、信号指示灯及其他执行器等），从而确定与 PLC 有关的输入/输出设备，以确定 PLC 的 I/O 点数。

3. 选择 PLC

PLC 的选择包括对 PLC 的机型、容量、I/O 模块、电源等的选择。

4. 分配 I/O 点并设计 PLC 外围硬件电路

（1）分配 I/O 点

画出 PLC 的 I/O 点与输入/输出设备的连接图或对应关系表。

（2）设计 PLC 外围硬件电路

画出系统其他部分的电气电路图，包括主电路和未进入 PLC 的控制电路等。

5. PLC 程序设计

（1）程序设计

根据系统的控制要求，采用合适的设计方法来设计 PLC 程序。程序要以满足系统控制要求为主线，逐一编写实现各控制功能或子任务的程序，逐步完善系统指定的功能。除此之外，程序通常还应包括以下内容：

① 初始化程序。在 PLC 上电后，一般都要做一些初始化的操作，为启动做必要的准备，避免系统发生误动作。初始化程序的主要内容有：对某些数据区、计数器等进行清零，对某些数据区所需数据进行恢复，对某些继电器进行置位或复位，对某些初始状态进行显示等。

② 检测、故障诊断和显示等程序。这些程序相对独立，在程序设计基本完成时再添加。

③ 保护和联锁程序。保护和联锁是程序中不可缺少的部分，必须认真加以考虑。它可以避免由于非法操作而引起的控制逻辑混乱。

（2）程序模拟调试

程序模拟调试的基本思想是，以方便的形式模拟产生现场实际状态，为程序的运行创造必要的环境条件。根据产生现场信号的方式不同，模拟调试有硬件模拟法和软件模拟法两种形式：

① 硬件模拟法是使用一些硬件设备（如用另一台 PLC 或一些输入器件等）模拟产生现场的信号，并将这些信号以硬接线的方式连到 PLC 系统的输入端，其时效性较强；

② 软件模拟法是在 PLC 中另外编写一套模拟程序，模拟提供现场信号，其简单易行，但时效性不易保证。模拟调试过程中，可采用分段调试的方法，并利用编程器的监控功能。

6. 硬件实施

硬件实施方面主要进行控制柜（台）等硬件的设计及现场施工，主要内容有以下几方面：

1）设计控制柜和操作台等部分的电气布置图及安装接线图。

2）设计系统各部分之间的电气互连图。

3）根据施工图样进行现场接线，并进行详细检查。

6.1.3 PLC 控制系统设计的一般步骤

由于程序设计与硬件实施可同时进行，因此 PLC 控制系统的设计周期可大大缩短，在整个设计过程中，PLC 程序的设计占有很重要的地位。控制程序设计的好坏，直接关系整个系统设计的成功与否。所以在设计 PLC 程序时应遵循一些基本的步骤，常见的步骤如下，其设计步骤图如图 6-1 所示。

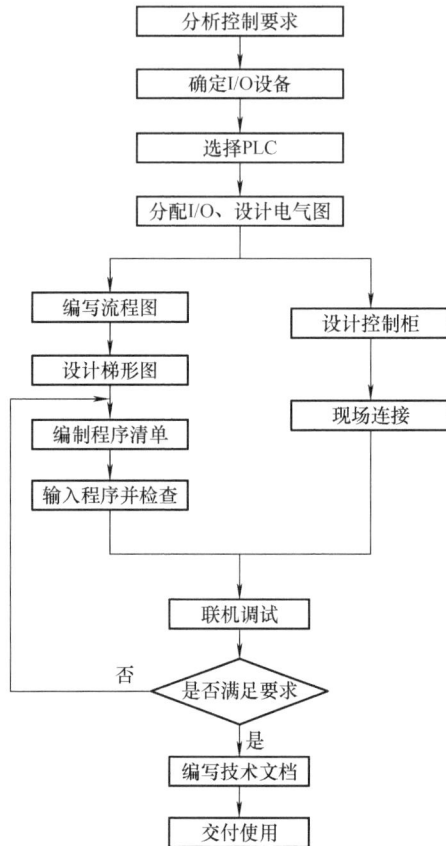

```
分析控制要求
    ↓
确定I/O设备
    ↓
选择PLC
    ↓
分配I/O、设计电气图
    ↓
编写流程图          设计控制柜
    ↓                  ↓
设计梯形图          现场连接
    ↓
编制程序清单
    ↓
输入程序并检查
    ↓
联机调试
    ↓
是否满足要求 —否
    ↓是
编写技术文档
    ↓
交付使用
```

图 6-1　PLC 控制系统设计步骤图

1）分析生产工艺过程；
2）根据控制要求确定所需的用户输入、输出设备，分配 I/O；
3）选择 PLC；
4）设计 PLC 接线图以及电气施工图；
5）程序设计和控制柜接线施工；
6）调试程序，直至满足要求为止；
7）设计控制柜，编写系统交付使用的技术文件，说明书、电气图、电气元件明细表；
8）验收、交付使用。

6.2　PLC 在工业控制中的应用举例

6.2.1　多台电动机的顺序起停控制

现有四台电动机 M1、M2、M3、M4，要求四台电动机顺序起动和顺序停车。顺序起动的时间间隔为 30s，顺序停车的时间间隔为 10s。选用 S7 - 200（CPU224）做控制。对电动机顺序起停控制有很多种方法，本部分给出两种方法：利用顺序继电器实现的顺序起停控制和采用定时器实现的顺序起停控制。

1）过程分析：四台电动机 M1、M2、M3、M4，实现四台电动机顺序起动和顺序停车。起、停的顺序均为 M1→M2→M3→M4。顺序起动时的时间间隔为 30s，顺序停车的时间间隔为 10s。

2）输入/输出地址分配见表 6-1。

表 6-1　输入/输出地址值分配表

	停止按钮 SB1	I0.0
	起动按钮 SB2	I0.1
输入信号	热继电器 FR1	I0.2
	热继电器 FR2	I0.3
	热继电器 FR3	I0.4
	热继电器 FR4	I0.5
	接触器 KM1	Q0.0
输出信号	接触器 KM2	Q0.1
	接触器 KM3	Q0.2
	接触器 KM4	Q0.3

3）PLC 的 I/O 接线图如图 6-2 所示。

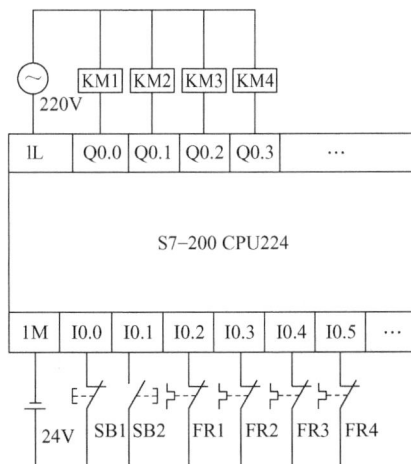

图 6-2　PLC 的 I/O 接线图

4）控制程序：实现四台电动机顺序起停控制，

① 方法一：利用顺序继电器实现的顺序起停控制梯形图程序如图 6-3 所示。

② 方法二：采用定时器实现的顺序起停控制梯形图程序如图 6-4 所示。

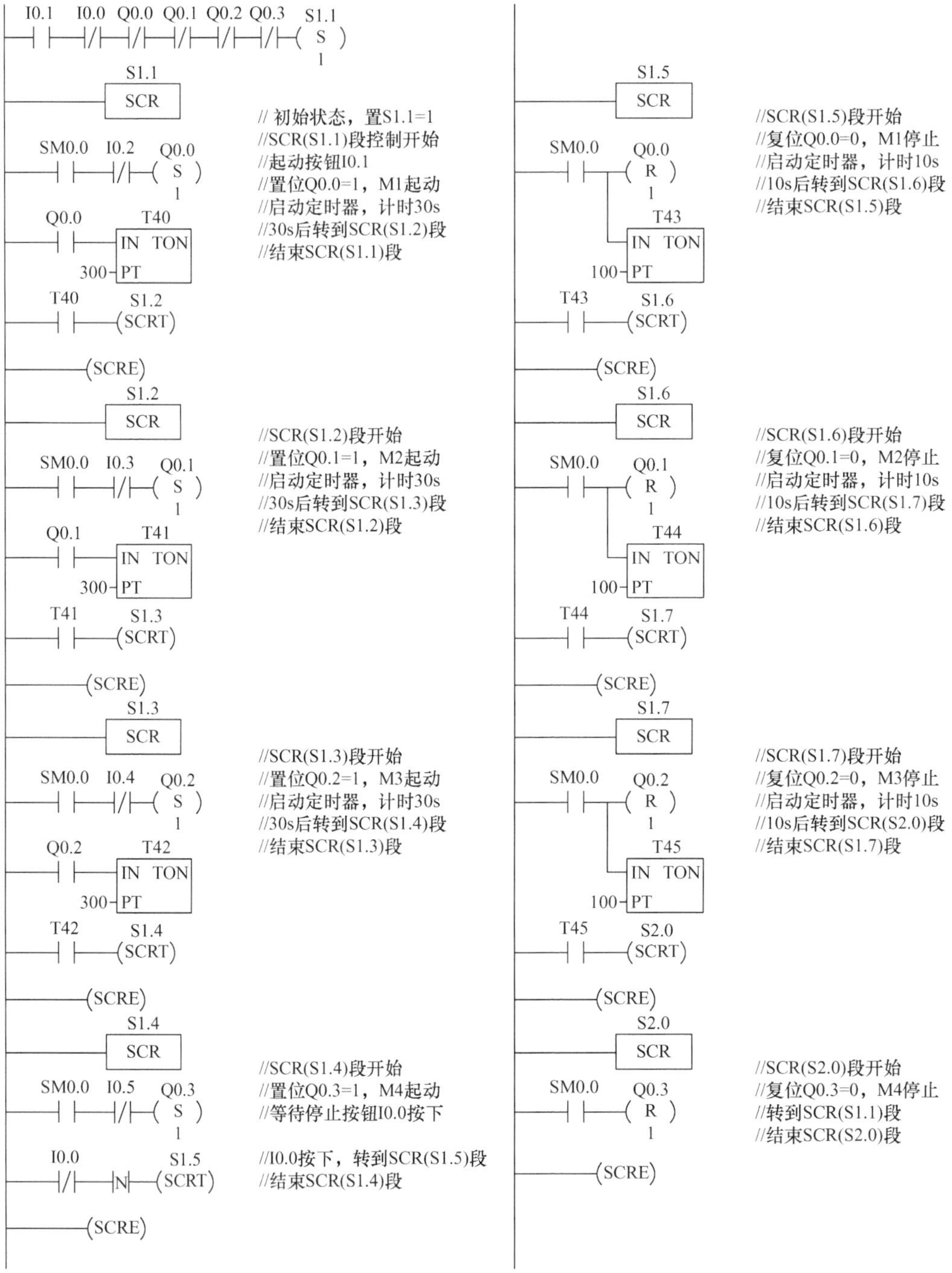

图 6-3　四台电动机顺序起停控制顺序继电器程序图

6.2.2　电动机 丫-△ 减压起动控制

电动机的 丫-△ 减压起动控制在第 2 章继电器-接触器控制系统中已有详细阐述，现通过 PLC 做控制，选用 S7 - 200 PLC（CPU224）进行电动机的 丫-△ 减压起动控制。其实现过程如下：

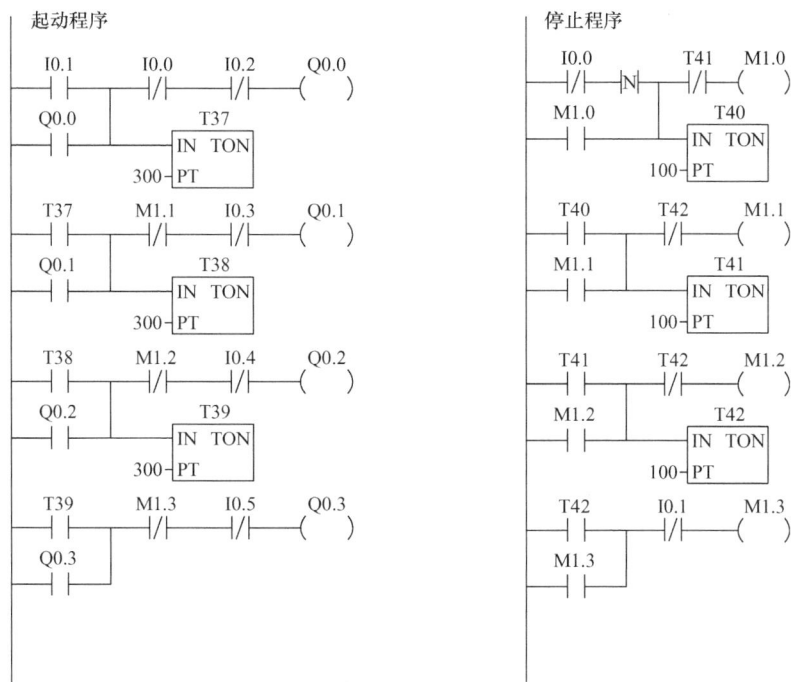

图 6-4　四台电动机顺序起停控制时间继电器程序图

1）过程分析：电动机的 丫-△ 减压起动控制由接触器 KM1、KM2、KM3 控制，其中 KM3 将电动机定子绕组联结成星形，KM2 将电动机定子绕组联结成三角形。KM2 与 KM3 不能同时吸合，否则将产生电源短路。在程序设计过程中，应充分考虑由星形向三角形切换的时间，即由 KM3 完全断开（包括灭弧时间）到 KM2 接通这段时间应锁定住，以防电源短路。

2）输入/输出地址分配表见表 6-2。

表 6-2　输入/输出地址值分配表

输入信号	停止按钮 SB1	I0.0
	起动按钮 SB2	I0.1
	热继电器 FR1	I0.2
输出信号	总接触器 KM1	Q0.1
	三角形接触器 KM2	Q0.2
	星形接触器 KM3	Q0.3

3）PLC 的 I/O 接线图如图 6-5 所示。

4）控制程序：电动机的 丫-△ 减压起动控制梯形图程序如图 6-6 所示。

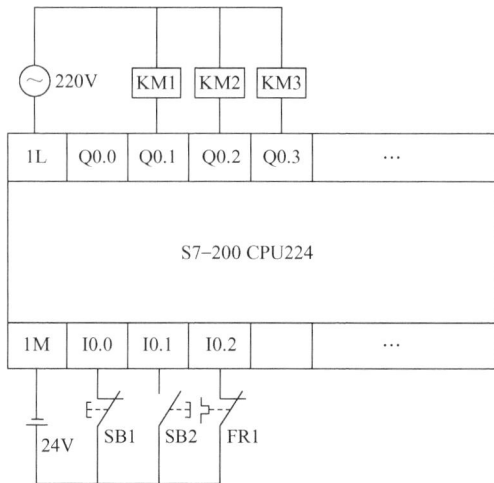

图 6-5 PLC 的 I/O 接线图

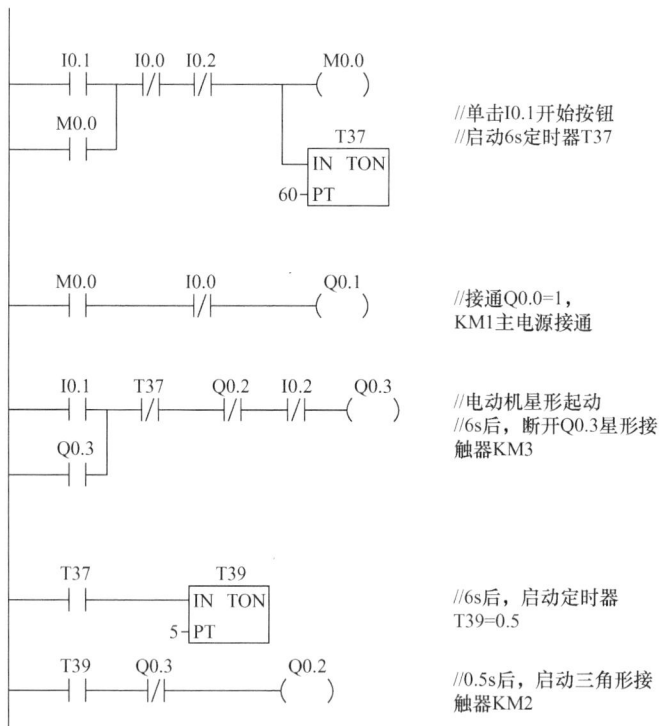

//单击I0.1开始按钮
//启动6s定时器T37

//接通Q0.0=1，
KM1主电源接通

//电动机星形起动
//6s后，断开Q0.3星形接触器KM3

//6s后，启动定时器
T39=0.5

//0.5s后，启动三角形接触器KM2

图 6-6 丫-△减压起动控制程序图

6.2.3 十字路口交通信号灯的 PLC 控制

1）十字路口交通信号灯设置示意图。

十字路口交通信号灯设置示意图如图 6-7 所示。

2）控制要求（用 S7－200 PLC 设计一个十字路口交通信号灯控制系统）。

① 控制过程：正常工作时，信号灯由启动开关控制。当启动开关闭合时，信号灯系统开始工作，首先东西绿灯亮，南北红灯亮。当启动开关断开时，所有信号灯都熄灭；

② 东西绿灯亮20s后闪3s灭，黄灯亮2s灭，红灯亮30s，绿灯亮，循环；

③ 对应东西绿黄灯亮时南北红灯亮25s，接着绿灯亮25s后闪3s灭；黄灯亮2s后，红灯又亮，循环；

④ 当东西绿灯和南北绿灯同时亮时，报警灯亮。

3）十字路口交通信号灯时序图如图6-8所示。

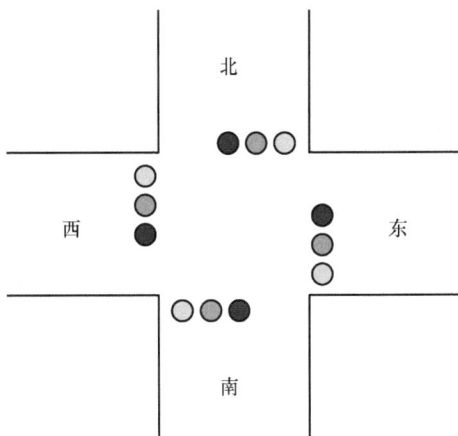

图6-7 十字路口交通信号灯设置示意图

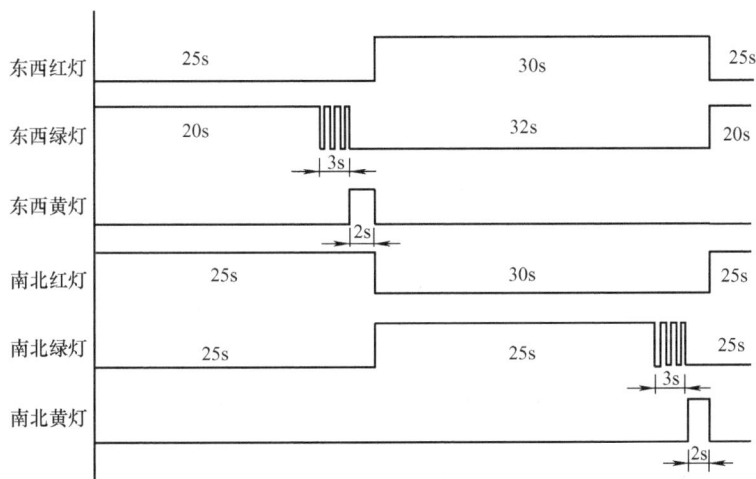

图6-8 十字路口交通信号灯时序图

4）十字路口交通信号灯 I/O 地址值分配见表6-3。

表6-3 十字路口交通信号灯 I/O 地址值分配表

输入信号	启动开关 SB2	I0.1
输出信号	报警灯	Q0.0
	南北红灯	Q0.1
	东西绿灯	Q0.2
	东西黄灯	Q0.3
	东西红灯	Q0.4
	南北绿灯	Q0.5
	南北黄灯	Q0.6

5）PLC 的 I/O 接线如图 6-9 所示。

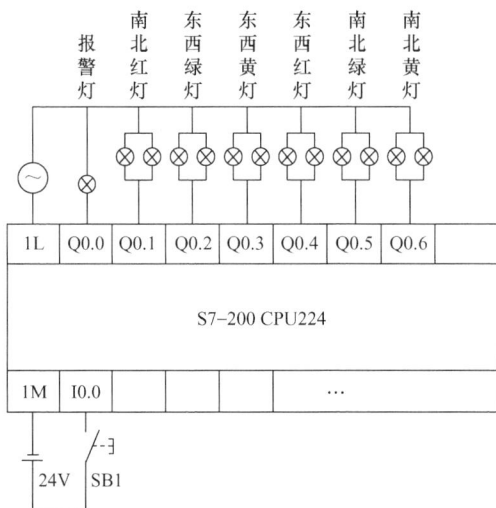

图 6-9 十字路口交通信号灯 PLC 的 I/O 接线图

6）控制程序：十字路口交通信号灯控制梯形图程序如图 6-10 所示。

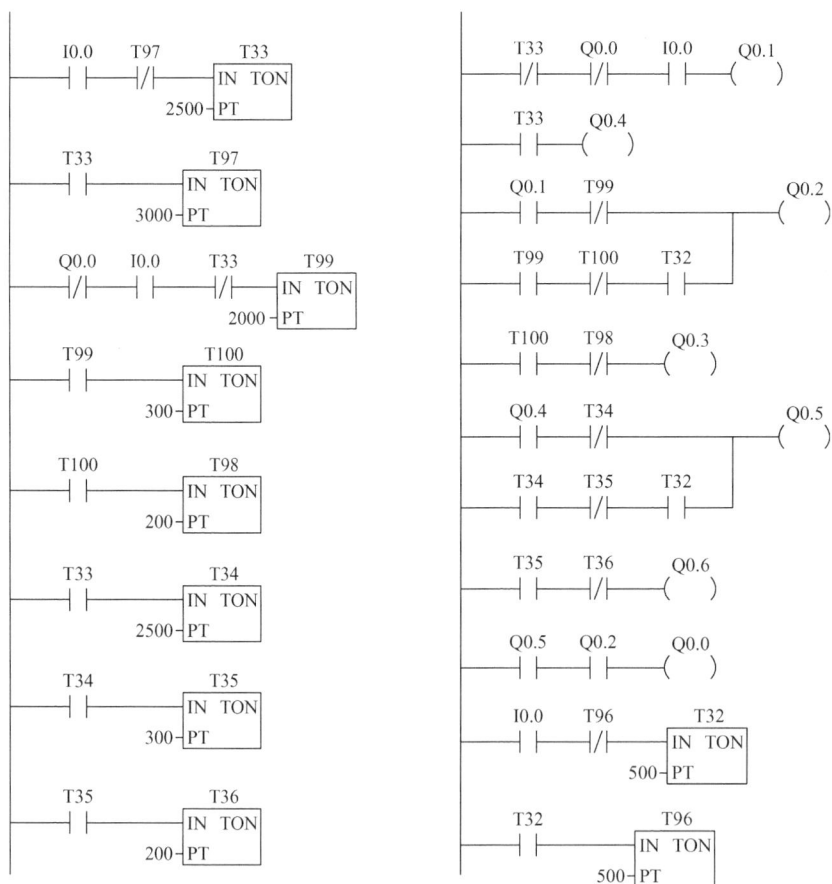

图 6-10 十字路口交通信号灯控制梯形图程序

6.3　提高 PLC 控制系统可靠性的措施

在现代电气自动控制设备中，高可靠性是其重要的关键性能，而这些自动化设备中，由 PLC（可编程序控制器）直接控制或参与控制的设备则占了大量的市场份额。因此提高 PLC 控制系统的可靠性对于设备的正常、稳定工作以及该设备以后的功能增加改进来讲是非常有必要的。大量的 PLC 工作在环境恶劣、复杂的工业环境中，高要求的工业现场要求 PLC 有很强的可靠性及长时间的无故障工作周期。本部分内容从 PLC 本身、工作环境、安装布线、接地、安全保护环节、软件措施及冗余几个方面说明使用或设计时应注意的问题。

6.3.1　PLC 的工作环境

PLC 是一种应用于工业生产自动化控制的设备，尽管具有高可靠性、抗干扰能力强等优点，但是在工作环境过于恶劣、电磁干扰特别强烈、安装使用不当等情况下，就可能造成程序的错误或运算错误等，从而产生错误的后果。为保证 PLC 的正常运行，要提高 PLC 控制系统的可靠性，一方面要求 PLC 厂家提高设备的抗干扰能力；另一方面要求在设计、安装和使用维护过程中引起高度重视，多方面配合才能完善地解决问题，有效地增强抗干扰性能。因此 PLC 在使用过程中要注意以下问题：

1）温度：各生产厂家对 PLC 的环境温度都有一定的规定。通常 PLC 允许的工作环境温度在 0～55℃。因此，安装时不要把发热量大的元件放在 PLC 的下方；PLC 四周要有足够的通风散热空间；不要把 PLC 安装在阳光直接照射或离暖气、加热器、大功率电源等发热器件很近的场所；安装 PLC 的控制柜要有通风的百叶窗，还应该在柜内安装风扇强迫通风。

2）湿度：PLC 工作环境的空气相对湿度一般要求小于 85%，以保证 PLC 的绝缘性能；湿度太大也会影响模拟量输入/输出装置的精度。因此，不能将 PLC 安装在结露、雨淋的场所，安装 PLC 的控制柜要有防雨措施。在必要的情况下，可以安装空调。

3）空气：不宜把 PLC 安装在能直接接触到大量污染物（如灰尘、油烟、铁粉等）、腐蚀性气体和可燃性气体的场所，尤其是有腐蚀性气体的场所，一旦受到气体的侵蚀，很容易造成元件及印制电路板的腐蚀。PLC 安装在这种场所，在温度条件允许的情况下，可以将 PLC 封闭；或将 PLC 安装在密闭性较高的控制室内，并安装空气净化装置。

4）电源：PLC 对于电源线带来的干扰具有一定的抵抗能力。在可靠性要求很高或电源干扰特别严重的环境中，可以安装一台带屏蔽层的隔离变压器，以减少设备与地之间的干扰。一般 PLC 都有直流 24V 输出提供给输入端，当输入端使用外接直流电源时，应选用开关型直流稳压电源。因为普通的整流滤波电源，由于纹波的影响，容易使 PLC 接收到错误信息。

5）振动：应使 PLC 远离强烈的振动源，防止振动频率在 10～55Hz 频繁或连续振动。当使用环境不可避免地振动时，应采取必要的减振措施，如采用减振胶等。

6.3.2　PLC 的抗干扰措施

PLC 采用现代的大规模集成电路技术及严格的生产工艺制造。与传统继电器-接触器控制电路相比，其内部处理不依靠触点，元件寿命十分长。作为工业控制计算机，它在设计和制造的过程中采取了多层抗干扰措施。在输入/输出通道采用光隔离，有效抑制外部干扰源对 PLC

的影响；在设计中采用滤波器等电路，增强 PLC 对电噪声、电源波动、振动、电磁波等的干扰，确保 PLC 在高温、高湿以及空气中存在各种强腐蚀物质粒子的恶劣工业环境下工作；对中央处理器等重要部件采用良好的导电、导磁材料进行屏蔽，以减少电磁干扰。

1. 合理的安装和布线

PLC 有内部电源和外部电源。对外部电源的要求相对来说不高。内部电源是 PLC 的工作电源，即 PLC 内部电路的工作电源。它的性能好坏直接影响到 PLC 的可靠性。在工业现场，开关动作引起的浪涌、大型电力设备的起停、交直流传动系统引起的谐波等都能在电网中引起强烈的脉冲干扰。一般 PLC 的内部电源都采用开关式稳压电源或性能较好的稳压电源。在干扰较强或可靠性要求较高的场合，应该用带屏蔽层的隔离变压器。还可以在隔离变压器二次侧串接 LC 滤波电路。同时，在安装时还应注意两个问题：①系统的动力线应足够粗，以降低大容量设备起动时引起的线路压降；②PLC 输入电路用外接直流电源时，最好采用稳压电源，以保证输入信号的正确性和稳定性。

PLC 不能在高压电器和高压电源线附近安装，更不能与高压电器安装在同一个控制柜内。在柜内 PLC 应远离高压电源线，二者间距离应大于 200mm。

安装 PLC 的控制柜应当远离有强烈振动和冲击的场所，尤其是连续、频繁的振动。必要时可以采取相应措施来减轻振动和冲击的影响，以免造成接线或插件的松动。

PLC 应远离强干扰源，如大功率晶闸管装置、高频设备和大型动力设备等，同时 PLC 还应该远离强电磁场和强放射源，以及易产生强静电的地方。

2. 接地

良好的接地是 PLC 安全可靠运行的重要条件。为了抑制干扰，PLC 一般最好单独接地，与其他设备分别使用各自的接地装置，且 PLC 接地极与其他设备接地极相距 10m 以上。接地时，严格检查接地点的状态，正常状态下接地点是没有电流流过的。

接地电阻要小于 100Ω，接地线的截面积应大于 $2mm^2$。另外，PLC 的 CPU 单元必须接地，若使用了 I/O 扩展单元等，则 CPU 单元应与它们具有共同的接地体，而且从任意单元的保护接地端到地的电阻都不能大于 100Ω。

另外，接地点分布的不合理则会使接地点电位不同，从而产生环地电流，可能会影响 PLC 内部逻辑电路和模拟电路的正常运行。

3. 安全保护环节

（1）短路保护

除了 PLC 本身需要有短路保护之外，必须在 PLC 外部输出回路中装上熔断器，最好在每个负载的回路中都装上熔断器进行短路保护。当 PLC 输出设备短路时，避免 PLC 内部输出元件损坏。

（2）互锁

除在程序中保证电路的互锁关系，PLC 外部接线中必须采取硬件的互锁措施，以确保系统安全可靠地运行，如电动机正、反转控制，要利用接触器 KM1、KM2 常闭触点在 PLC 外部进行互锁。在不同电机或电器之间有互锁要求时，必须在 PLC 外部进行硬件互锁。

（3）紧急停止

紧急停止时切断负载的电源，而与 PLC 电源无关。PLC 外部负载的供电线路应具有失电压保护措施，当临时停电再恢复供电时，未按下"启动"按钮时，PLC 的外部负载就不能自行启动。

4. 软件措施

有时硬件措施不一定能完全消除干扰的影响，采用一定的软件措施加以配合，对提高 PLC 控制系统的抗干扰能力和可靠性起到很好的作用。

5. 采用冗余系统或热备用系统、表决系统

某些控制系统（如化工、造纸、冶金、核电站、航天航空业等）要求有极高的可靠性，如果控制系统出现故障，由此引起停产或设备损坏将造成极大的经济损失。因此，仅仅通过提高 PLC 控制系统的自身可靠性是满足不了要求的。在这种要求极高可靠性的大型系统中，常采用冗余系统或热备用系统来有效地解决上述问题。

（1）冗余系统

所谓冗余系统是指系统中有多余的部分，没有它系统照样工作，但在系统出现故障时，这多余的部分能立即替代故障部分而使系统继续正常运行。冗余系统一般是在控制系统中最重要的部分（如 CPU 模块）由两套相同的硬件组成，当某一套出现故障立即由另一套来控制。是否使用两套相同的 I/O 模块，取决于系统对可靠性的要求程度。

（2）热备用系统

热备用系统的结构较冗余系统简单，虽然也有两个 CPU 模块在同时运行一个程序，但没有冗余处理单元 RPU。系统两个 CPU 模块的切换，是由主 CPU 模块通过通信口与备用 CPU 模块进行通信来完成的。

（3）表决系统

在性能可靠性要求非常高的时候，可采用 3CPU 组成的表决系统。即三只 CPU 同时运算，有两只以上的运算结果是正确的方可把运算结果传递给 I/O 口或外部设备。在要求极高的系统中，如在航天航空业使用 5CPU 甚至 7CPU 组成的表决系统。

6.3.3　PLC 系统的故障诊断

表6-4 给出了 S7-200 PLC 主要硬件故障和诊断指导的相关内容。

表 6-4　S7-200 PLC 主要硬件故障和诊断表

定　期	可能原因	解决方法
输出不工作	被控制的设备产生了损坏，输出的电气浪涌	当接到感性负载时，需要接入抑制电路
	程序错误	修改程序
	接线松动或不正确	检查接线，如果不正确，要改之
	输出过载	检查输出的负载
	输出被强制	检查 CPU 是否有被强制的 I/O
CPU SF（系统故障）灯亮	用户程序错误：0003 看门狗错误；0011 间接寻址；0012 非法的浮点数	对于编程错误，检查 FOR、NEXT、JMP、LBL 和比较指令的用法
	电气干扰：-0001 到 0009	对于电气干扰，检查接线。控制盘良好接地和高电压与低电压并行引线是很重要的 把 DC24V 传感器电源的 M 端子接地
	元件损坏：0001 到 0010	查出原因后，更换元件

（续）

定　　期	可 能 原 因	解 决 方 法
电源损坏	电源线引入过电压	把电源分析器连接到系统，检查过电压尖锋的幅值和持续时间。根据检查的结果给系统配置抑制设备
电子干扰问题	不合适的接地	纠正不正确的接地系统
	在控制柜内交叉配线	纠正控制盘、接地和高电压与低电压不合理的布线，把DC24V传感器电源的M端子接地
	对快速信号配置了输入滤波器	增加系统数据块中的输入滤波器的延迟时间
连接外部设备时通信网络损坏	如果所有的非隔离设备连到一个网络，而该网络没有一个共同的参考点，通信电缆提供了一个不期望的电流通路，这些不期望的电流可以造成通信错误或损坏电路	检查通信网络；更换隔离型PC/PPI电缆；当连接没有共同电气参考点的机器时，使用隔离型"RS-485 to RS-485"中继器

6.3.4　PLC系统的试运行与维护

1. 运行错误信息

PLC在运行中发生错误时，一般会给出错误信息。利用简单编程器可读出错误信息，从而有针对性地去排除故障。PLC在运行中出现的错误分为两种：非指令错误和致命错误。非致命错误发生后，PLC仍继续运行；致命错误发生时，PLC则停止运行。具体故障类型及其描述说明参见附录D。

2. PLC的主要故障检查

PLC在运行中出现的故障检查可以分为以下几种：

1）总体检查：总体检查判断故障发生的大致范围，为进一步的详细检查做好前期工作。出现错误后，总体检查内容包含电源指示灯、运行指示灯、ERR/ALM指示灯是否正常，检查I/O是否有输出，运行环境是否正常等内容，并分别做出相应的处理。

2）电源模块故障：一个工作正常的电源模块，其上面的工作指示灯如"AC""DC24V""DC5V""BATT"等应该是绿色长亮的，哪一个灯的颜色发生了变化或闪烁或熄灭就表示那一部分的电源有问题。

3）CPU模块故障：通用型S7PLC的CPU模块上往往包括通信接口、EPROM插槽、运行开关等，故障的隐蔽性更大，因为更换CPU模块的费用很大，所以对它的故障分析、判断要尤为仔细。

4）运行错误检查：对PLC运行中产生的错误信息（致命错误和非致命错误等）进行检查，并找出错误代码所对应的原因，并进行处理。

5）I/O模块故障：输入模块一般由光耦合电路组成；输出模块根据型号不同有继电输出、晶体管输出、光电输出等，每一点输入/输出都有相应的发光二极管指示，有输入信号但该点不亮或确定有输出但输出灯不亮时就应该怀疑I/O模块有故障。

6）环境条件检查：影响PLC工作的环境因素主要有温度、湿度、噪声等。可针对PLC工作应该对应的外界环境进行比较检查，从而判断外界因素是否对PLC的运行产生了影响。

3. 维护检查

PLC控制系统中出现的故障率为：CPU及存储器占5%，I/O模块占15%，传感器及开关占45%，执行器占30%，接线等其他方面占5%，可见80%以上的故障出现在外围电路。

外围电路由现场输入信号（如按钮、选择开关、接近开关及一些传感器输出的开关量、继电器输出触点或模-数转换器转换的模拟量等）、现场输出信号（电磁阀、继电器、接触器、电机等）以及导线和接线端子等组成。接线松动、元器件损坏、机械故障、干扰等均可引起外围电路故障，排查时要仔细，替换的元器件要选用性能可靠、安全系数高的优质器件。一些功能强大的控制系统采用故障代码表示故障，对故障的分析排除带来极大便利，应好好利用。

本 章 小 结

本章主要介绍了PLC控制系统的设计与应用，内容如下：

1. PLC控制系统设计的基本原则、基本内容、一般步骤和过程，以及PLC在工业控制过程中的应用举例和提高PLC控制系统可靠性的措施等。

2. PLC控制系统在工业控制中的典型应用。

3. 提高PLC控制系统可靠性的一般措施。

练习与思考

6-1 简述PLC控制系统设计的基本原则。

6-2 简述PLC控制系统设计的基本内容和一般步骤。

6-3 提高PLC控制系统的可靠性的措施有哪些？

6-4 常见PLC控制系统的抗干扰措施有哪些？

6-5 用S7-200 PLC简单设计一个对锅炉鼓风机和引风机控制的梯形图程序，控制要求：

（1）开机时首先起动引风机，采用星-三角形减压起动，星形起动5s后三角形起动，10s后自动起动鼓风机，采用直接起动。

（2）停止时，立即关断鼓风机，经过15s自动关断引风机。

6-6 如图6-11所示为传输带设备示意图。左上角为装碎石头的料斗，右上角为装沙子的料斗，另外有一个中间料斗，3个料斗均采用电磁阀控制。传输带1用来运输碎石，传输带2用来运输沙子，传输带3用来运输由传输带1或传输带2传输过来的碎石或沙子。在工作过程中，不能同时将沙子和碎石运输到中间料斗中，即传输带1和传输带2不能同时工作。传输碎石时的工作程序是：碎石过来后，传输带1和传输带3先起动，5s后碎石料斗和中间料斗打开，进行碎石的传输；传输沙子时的工作程序是：碎石

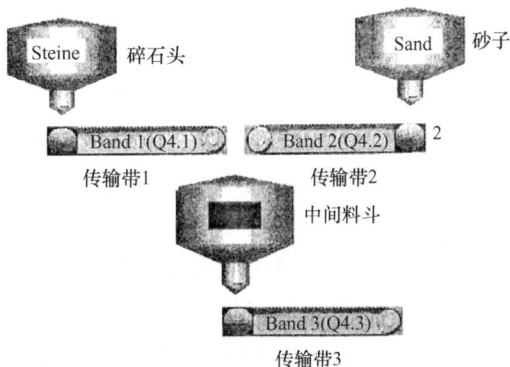

图6-11 传输带设备示意图

沙子过来后，传输带2和传输带3先起动，5s后碎石沙子料斗和中间料斗打开，进行沙子的传输。当传输带3因过载停止运行时，正在工作的传输带1或传输带2必须立即停止运行。三条传输带均设过载保护。要求用西门子S7-200 PLC完成：

（1）根据要求列写出系统输入/输出点对应的PLC地址分配表；

（2）编写其梯形图程序。

第 7 章　可编程序控制器的通信与网络

导读

随着计算机网络技术的发展以及各企业对工厂自动化程度要求的不断提高，自动控制也从传统的集中式向多级分布式方向发展，很多企业都在大量地使用各式各样的可编程设备，例如工业控制计算机、PLC、变频器、机器人、柔性制造系统等。有的企业实现了整个车间或整个工厂的综合自动化，将不同厂家的可编程设备连接到多层网络中，相互之间进行数据通信，实现集中管理和分散控制。因此通信与网络已经成为控制系统不可缺少的重要组成部分，也是实现控制系统设计和维护的重点和难点之一。今后可编程序控制器的通信和网络总的发展趋势是向高速、多层次、大信息吞吐量、高可靠性和开放式(即通信协议向国际标准或地区通用工业标准靠拢) 的方向发展。

学习要点：

掌握可编程序控制器的通信及工业网络的基本知识和实现方法。重点掌握通信参数的设置方法，网络读及网络写指令、自由口通信指令等。

7.1　计算机通信方式与串行通信接口

7.1.1　数据通信基础

无论是计算机还是PLC，它们都是数字设备，它们之间交换的信息是由"0"和"1"表示的数字信号。通常把具有一定编码、格式和位长要求的数字信号称为数据信息。数据通信就是将数据信息通过适当的传送线路从一台机器传送到另一台机器。这里的机器可以是计算机、PLC或是有数据通信功能的其他数字设备。

数据通信系统的任务是把地理位置不同的计算机和PLC及其他数字设备连接起来，高效率地完成数据的传送、信息交换和通信处理三项任务。

数据通信系统一般由传送设备、传送控制设备和传送协议及通信软件等组成。

计算机的数据传送通常有两种方式：并行数据通信和串行数据通信。

串行通信是指所传送数据按顺序一位一位地发送或接收，如图 7-1 所示。其传送特点是：传送数据按位顺序进行，最少需要一根传输线即可完成，传输速率慢，成本低。计算机与远程终端或者终端与终端之间的数据传送通常都是采用串行通信；在长距离而速度要求不高的数据传送时通常使用串行通信，传输距离可以从几米到几千米。但近年来串行通信有了很快的发展，甚至可达到近 Mbit/s 的数量级，因此在分布式控制系统中得到广泛应用。

并行通信是指所传送数据的各位同时发送或接收，如图 7-2 所示。其传送特点是：各数据位同时传送，传输速率快，效率高。但是在数据传送过程中，有多少位数据就有多少根数据线，因此传送成本高。通常在集成电路芯片的内部、同一插件板上的各部件之间、同一机箱内的各插件板之间等数据的传送采用并行通信，并行通信的传送距离较短，通常在 30m 之内。

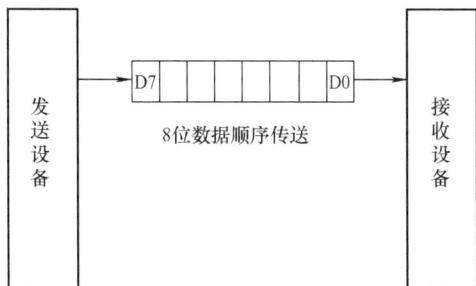

图 7-1 串行通信数据传送图   图 7-2 并行通信数据传送图

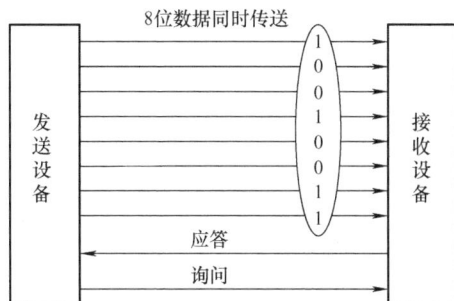

7.1.2 串行通信基础

1. 串行通信方式

在进行串行通信的过程中，发送端与接收端之间的同步问题是数据通信中的一个重要问题。同步不好轻者导致误码增加，重者使整个系统不能正常工作。传送过程中为了解决这一问题，在串行通信中采用了两种同步技术——异步传送和同步传送。

（1）异步传送

异步传送也称起止式传送，它是利用起止法来达到收发同步的。

在异步传送中，以字符（帧）为单位传送数据，被传送的数据编码成一串脉冲。异步串行通信字符信息格式如图 7-3a 所示，发送的字符由一个起始位、7 个或 8 个数据位、一个奇偶校验位（可以没有）和停止位（一位或两位）组成。字节的传送由起始位"0"开始，然后是数据位编码的字节，接下来是校验位（可忽略），最后是停止位"1"（可以是 1 位或 2 位）表示字节的结束。例如，传送一个 ASCII 字符（每个字符有 7 位），若选用 2 位停止位，那么传送这个七位的 ASCII 字符就需要 11 位，其中起始位 1 位，校验位 1 位，停止位 2 位。其格式如图 7-3a 所示。

（2）同步传送

同步传送在数据开始处就用同步字符（通常为 1~2 个）来指示。由定时信号（时钟）来实现发送端同步，一旦检测到与规定的同步字符相符合，接下去就连续按顺序传送数据。在这种传送方式中数据以一组数据（数据块）为单位传送，数据块中每字节不需要起始位和停止位，因而就克服了异步传送效率低的缺点，但同步传送所需的软、硬件价格是异步的 8~12 倍。因此通常在数据传送速率超过 2000bit/s 的系统中才采用同步传送，如图 7-3b 所示。

2. 数据传送方向

按串行通信的数据在通信线路进行传送的方向可分为单工、半双工和全双工通信方式三种，如图 7-4 所示。

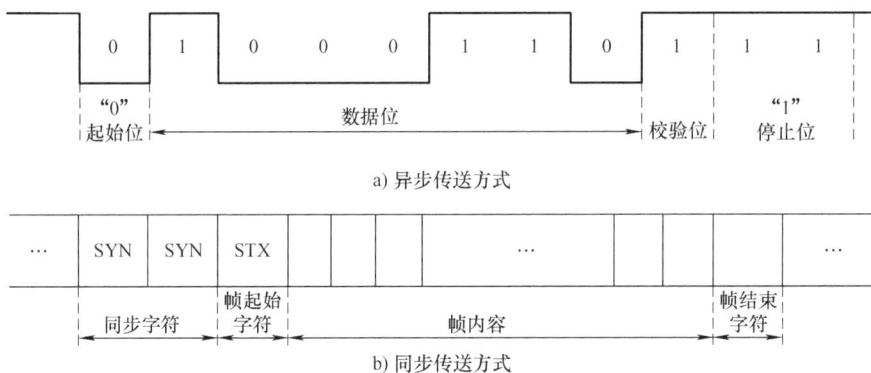

图 7-3 串行通信传送方式

（1）单工通信方式

单工通信方式的数据传送是单向的。通信双方中乙方固定为发送端，另一端则固定为接收端。该数据通信只需要一根数据线，如图 7-4a 所示，发送端只能作为数据发送端发送数据，接收端只能作为数据接收端，这种情况下，数据信号从一端传送到另外一端，信号流是单方向的。日常生活中的广播电视是单工通信的工作方式。

（2）半双工通信方式

半双工通信方式的数据流可以实现双向的通信，但不能在两个方向上同时进行，必须轮流交替地进行。如图 7-4b 所示，发送端可以转变为接收端；相应地，接收端也可以转变为发送端。但是在同一个时刻，信息只能在一个方向上传输。因此，也可以将半双工通信理解为一种切换方向的单工通信。日常生活中对讲机是最为常见的一种半双工通信方式，手持对讲机的双方可以互相通信，但在同一个时刻，只能由一方在讲话。

（3）全双工通信方式

全双工通信方式是指在通信的任意时刻，线路上可实现双向信号传输。全双工通信允许数据同时在两个方向上传输，又称为双向同时通信，如图 7-4c 所示，即通信的双方可以同时发送和接收数据，通信系统的每一端都设置了发送器和接收器，能控制数据同时在两个方向上传送。日常生活中的电话、手机通信为最常见的全双工通信方式。

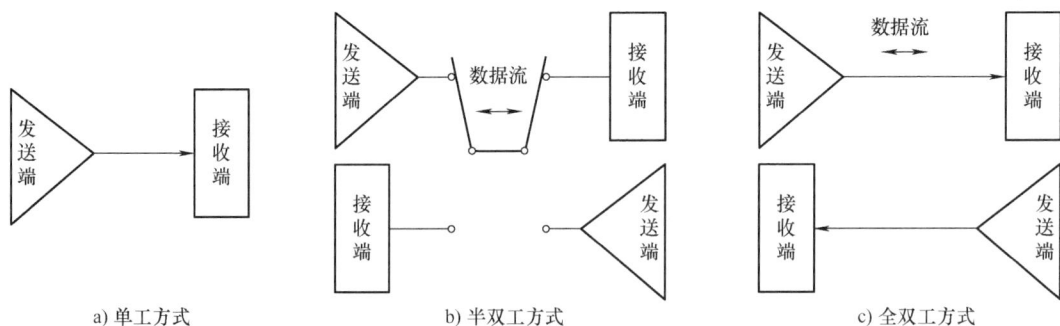

a) 单工方式   b) 半双工方式   c) 全双工方式

图 7-4 数据传送方向图

3. 波特率

比特率：即数据传输速率，表示每秒钟传送二进制代码的位数，它的单位是 bit/s。

假如数据传输速率是 120 字符/s，而每个字符包含 10 个代码位（一个起始位、一个终止位、8 个数据位）。这时传输的波特率为

$$10bit/字符 × 120 字符/s = 1200bit/s$$

波特率：即调制速率，指数据信号对载波的调制速率，它用单位时间内载波调制状态改变次数来表示，其单位为波特（Baud）或 bit/s。波特率与比特率的关系为

$$比特率 = 波特率 × 单个调制状态对应的二进制位数$$

4. 传输介质

目前普遍使用的传输介质有同轴电缆、双绞线、光缆，其他介质如无线电、红外微波等在 PLC 网络中应用很少。其中双绞线（带屏蔽层）成本低、安装简单；光缆尺寸小、质量轻、传输距离远，但成本高、安装维修需要专用仪器，具体性能见表 7-1。

表 7-1 传输介质性能比较表

性　　能	传输介质		
	双绞线	同轴电缆	光缆
传输速率	9.6kbit/s ~ 2Mbit/s	1 ~ 450Mbit/s	10 ~ 500Mbit/s
连接方法	点到点；多点 1.5km 不用中继器	点到点；多点 10km 不用中继器（带宽） 1 ~ 3km 不用中继器（基带）	点到点 50km 不用中继器
传输信号	数字、调制信号、纯模拟信号	调制信号、数字、声音、图像	调制信息、数字、声音、图像
支持网络	环形、星形、小型交换机	总线型、环形	总线型、环形
抗干扰	好（需要屏蔽层）	很好	极好
抗恶劣环境	好	好	极好，耐高温和其他恶劣环境

5. 串口通信接口标准

（1）RS-232C 串行接口标准

RS-232C 称为标准串口，是最常用的一种串行通信接口。RS-232C 的标准接插件是 9 针和 25 针的 DB 型连接器，工业控制中 9 针的连接器用得较多。

RS-232C 采取不平衡传输方式，即所谓单端通信。由于其发送电平与接收电平的差仅为 2 ~ 3V，所以其共模抑制能力差，再加上双绞线上的分布电容，其传送距离最大约为 15m，最高速率为 20kbit/s。RS-232C 是为点对点（即只用一对收、发设备）通信而设计的，其驱动器负载为 3 ~ 7kΩ，所以 RS-232C 适合本地设备之间的通信。

尽管 RS-232C 是目前广泛应用的串行通信接口，但是 RS-232C 仍存在一系列不足之处，如传输速率和距离有限、容易受到干扰信号的影响等。

（2）RS-422 接口标准

RS-422 接口标准的全称是"平衡电压数字接口电路的电气特性"，它定义了接口电路的特性。典型的 RS-422 是四线接口，实际上还有一根信号地线，共 5 根线。由于接收器采

用高输入阻抗，且发送驱动器具有比 RS232 更强的驱动能力，故允许在相同传输线上连接多个接收节点，最多可接 10 个节点。即一个主设备（Master），其余为从设备（Slave），从设备之间不能通信，所以 RS‐422 支持点对多的双向通信。

RS‐422 的最大传输距离为 1219m，最大传输速率为 10Mbit/s。其平衡双绞线的长度与传输速率成反比，在 100kbit/s 速率以下，才可能达到最大传输距离。只有在很短的距离下才能获得最高速率传输。一般 100m 长的双绞线上所能获得的最大传输速率仅为 1Mbit/s。

（3）RS‐485 接口标准

RS‐485 接口标准是从 RS‐422 接口标准基础上发展而来的，所以 RS‐485 的许多电气规定与 RS‐422 相仿。RS‐485 可以采用二线与四线方式，二线制可实现真正的多点双向通信，而采用四线连接时，与 RS‐422 一样只能实现点对多的通信，即只能有一个主设备（Master），其余为从设备（Slave），但它比 RS‐422 有改进，无论四线还是二线连接方式，总线上可最多接到 32 个设备。

RS‐485 与 RS‐422 的不同还在于其共模输出电压是不同的，RS‐485 是 −7 ~ +12V，而 RS‐422 在 −7 ~ +7V。RS‐485 与 RS‐422 一样，其最大传输距离约为 1219m，最大传输速率为 10Mbit/s。平衡双绞线的长度与传输速率成反比，在 100kbit/s 速率以下，才可能使用规定最长的电缆长度。只有在很短的距离下才能获得最高速率传输。一般 100m 长双绞线最大传输速率仅为 1Mbit/s。

7.1.3 网络概述

将具有独立功能而又分散在不同地理位置的多台计算机，通过通信设备和通信线路连接起来构成的计算机系统称为计算机网络。PLC 与计算机之间或多台 PLC 之间也可直接或通过通信处理器构成网络，以实现信息交换；各 PLC 或远程 I/O 模块按功能各自放置在生产现场进行分散控制，再用网络连接起来，组成集中管理的分布式网络。互连和通信是网络的核心，网络的拓扑结构、传输控制、传输介质和通道利用方式是构成网络的四大要素。

1. 数据通信网络拓扑结构

在网络中，通过传输线路互联的点称为节点，节点也可以定义为网络中通向任何一个分支的端点，或者通向两个或两个以上分支的公共点。各节点互联的方式和形式称为网络拓扑，常见的网络拓扑结构有树形、总线型、星形、环形等，如图 7-5 所示。

1）树形结构是分级的集中控制式网络，它的通信线路总长度短，成本较低，节点易于扩充，寻找路径比较方便，但除了节点及其相连的线路外，任一节点或其相连的线路故障都会使系统受到影响。

2）总线型结构是指各工作站和服务器均挂在一条总线上，各工作站地位平等，无中心节点控制，公用总线上的信息多以基带形式串行传递，其传递方向总是从发送信息的节点开始向两端扩散。各节点在接收信息时都进行地址检查，看是否与自己的工作站地址相符，相符则接收网上的信息。总线型结构的网络特点如下：结构简单，可扩充性好。当需要增加节点时，只需要在总线上增加一个分支接口便可与分支节点相连，当总线负载不允许时还可以扩充总线；使用的电缆少，且安装容易；使用的设备相对简单，可靠性高；维护难，分支节点故障查找难。

3）星形结构是指各工作站以星形方式连接成网。网络有中央节点，其他节点（工作站、服务器）都与中央节点直接相连，这种结构以中央节点为中心，因此又称为集中式网络。它具有如下特点：结构简单，便于管理；控制简单，便于建网；网络延迟时间较小，传输误差较低。但缺点也是明显的：成本高、可靠性较低、资源共享能力也较差。

4）环形结构由网络中若干节点通过点到点的链路首尾相连形成一个闭合的环，这种结构使公共传输电缆组成环形连接，数据在环路中沿着一个方向在各个节点间传输，信息从一个节点传到另一个节点。环形结构具有如下特点：信息流在网中是沿着固定方向流动的，两个节点仅有一条道路，故简化了路径选择的控制；环路上各节点都是自举控制，故控制软件简单；由于信息源在环路中是串行穿过各个节点，当环中节点过多时，势必影响信息传输速率，使网络的响应时间延长；环路是封闭的，不便于扩充；可靠性低，一个节点故障，将会造成全网瘫痪；维护难，对分支节点故障定位较难。

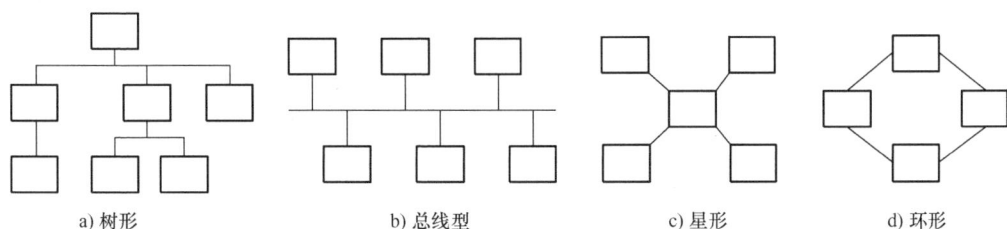

a) 树形   b) 总线型   c) 星形   d) 环形

图 7-5 网络拓扑结构图

2. 介质访问控制技术

介质访问控制是指对网络通道占有权的管理和控制。局域网络上的信息交换方式有两种：一种是线路交换，有固定的物理通道，如电话系统；还有一种是"报文交换"或"包交换"，无固定的物理通道。如果节点出现事故，则通过其他通道把数据组送到目的地，有些像传递邮包或电报的方式。

3. 开放系统互联模型

在计算机通信网络中，对所有通信设备和站点来说，它们需要共享网络中的资源，但是由于接到网络上的设备或计算机等可能出自不同的生产厂家，型号也不尽相同，硬件和软件上的差别给通信带来了障碍。所以，一个计算机通信网络必须有一套全网络"成员"共同遵守的约定，以便于实现彼此间通信和资源的共享，通常把这种约定的规范称为网络协议。

国际标准化组织 ISO 提出了开放系统互联模型（Open System Interconnect，OSI），作为通信网络的国际标准化的参考模型。OSI 是一个开放性的通信系统互联参考模型，它是一个定义得非常好的协议规范。OSI 模型有 7 层结构，它从低到高分别是：物理层、数据链路层、网络层、传输层、会话层、表示层和应用层，如图 7-6 所示。

OSI 按照系统功能分为 7 层，每层都有相对的独立

用户   用户

| 7. 应用层 |
| 6. 表示层 |
| 5. 会话层 |
| 4. 传输层 |
| 3. 网络层 |
| 2. 数据链路层 |
| 1. 物理层 |

通信线路

图 7-6 开放系统互联模型

功能，相对的两层之间有清晰的接口，因此系统层次分明，便于设计、实现和修改补充。OSI模型的低四层对用户数据进行可靠的透明传输，高三层分别对数据进行分析、解释、转换和利用。发送方传送给接收方数据，实际上是经过发送方各层从上到下传递到物理层，通过物理媒介传输到接收方，再经过从下到上各层的传递，最后达到接收方的应用程序。

1）物理层：提供为建立、维护和拆除物理链路所需要的机械的、电气的、功能的和规程的特性；有关的物理链路上传输非结构的位流以及故障检测指示。

2）数据链路层：在网络层实体间提供数据发送和接收的功能和过程；提供数据链路的流控。

3）网络层：控制分组传送系统的操作、路由选择、拥护控制、网络互联等功能，它的作用是将具体的物理传送对高层透明。

4）传输层：提供建立、维护和拆除传送连接的功能；选择网络层提供最合适的服务；在系统之间提供可靠的透明的数据传送，提供端到端的错误恢复和流量控制。

5）会话层：提供两个进程之间建立、维护和结束会话连接的功能；提供交互会话的管理功能，如三种数据流方向的控制，即一路交互、两路交替和两路同时会话模式。

6）表示层：代表应用进程协商数据表示；完成数据转换、格式化和文本压缩。

7）应用层：提供OSI用户服务，例如事务处理程序、文件传送协议和网络管理等。

7.2 S7－200系列PLC的通信及网络

西门子S7－200系列PLC是一种小型整体结构形式的PLC，CPU内部集成的PPI接口为用户提供了强大的通信功能，其PPI接口（即编程接口）的物理特性为RS－485，可根据不同的协议通过接口不同的设备进行通信和组成网络。本部分内容介绍S7－200系列PLC通信协议、通信设备及S7系列PLC组建的几种典型网络及其硬件配置。

7.2.1 PLC网络类型

1. 简单网络

简单网络是指以个人计算机为主站，一台或多台同型号的PLC为从站，组成简易的集散控制系统。多台设备通过传输线相连，可以实现多设备间的通信，形成网络结构。如图7-7所示就是一种最简单的网络结构，它由单主设备和多个从设备构成。

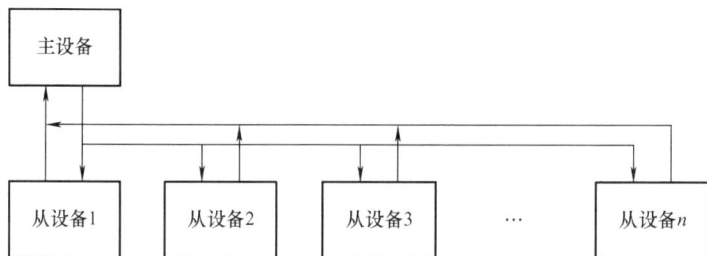

图 7-7 简单网络集散控制图

2. 多级网络

现代大型工业企业中，一般采用多级网络的形式，可编程序控制器制造商经常用金字塔结构来描述其产品可实现的功能。这种金字塔结构的特点是：上层负责生产管理，底层负责现场检测与控制，中间层负责生产过程的监控与优化。国际标准化组织（ISO）对企业自动化系统确立了初步的模型，如图 7-8 所示。

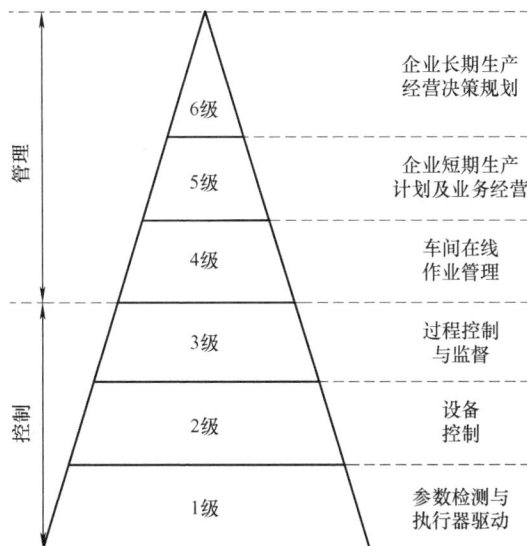

图 7-8　ISO 企业自动化系统模型图

不同 PLC 厂家的自动化系统网络结构层数及各层的功能分布有所差异，但基本都采用从上到下、各层在通信基础上相互协调，共同发挥作用的模式。实际应用中一般采用 3 ~ 4 级子网络复合型结构。

7.2.2　通信协议

通信双方在交换信息的过程中建立的一些规定和过程，称为通信协议。在 PLC 网络中使用的通信协议有通用协议和公司专用协议两大类。

1. 通用协议

在 PLC 网络的各个层次中，高层子网一般采用通用协议，如 PLC 网之间的互联机、PLC 网与其他局域网的互联，这表明工业网络向标准化和通用化发展的趋势。高层子网传送的是管理信息，与普通商业网络性质接近，同时解决不同网络之间的互联。

2. 公司专用网络

底层子网和中层子网一般采用公司专用协议，尤其是最底层子网，由于传送的是过程数据与控制命令，这种信息较短，但实时性要求高。

7.2.3　S7 - 200 PLC 的通信协议

西门子 S7 - 200 系列 PLC 是一种小型整体结构的 PLC，内部集成的 PPI 接口为用户提供了强大的通信功能，其 PPI 接口的物理特征为 RS－485，根据不同的协议通过此接口可与不同的设备进行通信和组成网络。

S7－200 CPU 支持多样的通信协议，包括通用协议和公司专用协议。专用协议包括点到点（Point-to-Point）接口协议（简称 PPI）、多点（Multi-Point）接口协议（简称 MPI）、Profibus 协议、自由通信接口协议和 USS 协议等。PPI、MPI、Profibus 协议在 OSI 七层通信结构的基础上，通过令牌环网实现，遵守欧洲标准 EN50170 中的过程现场总线（Profibus）标准。这些协议都是基于字符的异步协议，带有起始位、8 位数据位、奇偶校验位和一个停止位。

网络通信通过 RS－485 标准双绞线实现，在一个网络段上允许最多连接 32 台设备，并根据波特率的不同，实现网络段的长度最大可达到 1200m，采用中继器连接，可实现在网络上连接更多的设备和延长网络的长度。根据不同的波特率，采用中继器可以把网络长度延长最大至 9600m。

1. PPI 协议

PPI 通信协议是西门子公司专为 S7－200 系列 PLC 开发的通信协议。内置于 S7－200 CPU 中，PPI 协议物理上基于 RS－485 口，通过屏蔽双绞线就可以实现 PPI 通信，支持的波特率为 9.6kbit/s、19.2kbit/s 和 187.5kbit/s。PPI 协议是一种主/从协议。主站设备发送要求到从站设备，从站设备响应，从站不能主动发出信息。主站靠 PPI 协议管理的共享连接来与从站通信。PPI 协议并不限制与任意一个从站通信的主站的数量，但在一个网络中，主站不能超过 32 个。PPI 协议最基本的用途是让西门子 STEP7－Micro/WIN 编程软件上传和下载程序、让西门子人机界面与 PC 通信。

如果在用户程序中将 S7－200 CPU 设置（通过 SMB30 设置）为 PPI 主站模式，则这个 S7－200 CPU 在 RUN 模式下可以作为主站。一旦被设置为 PPI 主站模式，就可以利用网络读（NETR）和网络写（NETW）指令来读写另一个 S7－200 CPU 中的数据。

2. MPI 协议

MPI 协议，其英文全名为 Multi－Point－Interface。在 PLC 之间可组态为主/主协议或主/从协议，主要应用在 S7－300/400 CPU 与 S7－200 CPU 通信的网络中。应用 MPI 协议组成网络，通信支持的波特率为 19.2kbit/s 或 187.5kbit/s。MPI 协议的操作依赖于设备类型：如果控制站都是 S7－300/400 系列 PLC，那么就建立主/主连接关系，因为 MPI 协议支持多主站通信，所有的 S7－300 CPU 都可配置为网络主站，通过主/主协议可以实现 PLC 之间的数据交换。如果某些控制站是 S7－200 系列 PLC，则可以建立主/从连接关系，因为 S7－200 CPU 是从站，用户可以通过网络指令实现 S7－300 CPU 对 S7－200 CPU 的数据读写操作。

3. Profibus 协议

Profibus 协议通常用于实现分布式 I/O 设备（远程 I/O 设备）的高速通信，可用于带有 Profibus 协议的不同设备之间。这些设备包括从简单的输入/输出模块到电机控制模块和可编程序控制器等。S7－200 CPU 可以通过 EM277 Profibus DP 扩展模块连接到 Profibus－DP 协议支持的网络中，协议支持的波特率为 9.6kbit/s 到 12Mbit/s。

Profibus 网络中通常有一个主站和几个 I/O 从站，主站通过配置可以知道所连接的 I/O 从站的型号和地址。主站初始化网络时，需要核对网络上的从站设备与配置的从站是否匹配。运行时主站可以像操作自己的 I/O 一样对从站进行操作,即不断地把数据写到从站或从从站读取数据。当 DP 主站成功地配置一个从站时,它就拥有了该从站,如果网络中有另外一个从站,它只能很有限制地访问属于第一个主站的从站数据。

4. 用户自定义协议(自由口通信模式)

自由通信口(Freeport Model)模式是 S7 - 200 PLC 一个特有的功能。用户可根据 S7 - 200 PLC 的自由口通信对通信口进行操作,自己定义通信协议(如 ASCII 协议)。应用此种通信方式,可使 S7 - 200 PLC 与任何通信协议已知、具有串口的智能设备和控制器(例如打印机、调制解调器、控制器、条形码阅读器、PC 等)进行通信(见图 7-9)。该通信方式使可通信的范围大大增加,使控制系统的配置更加灵活、方便。当连接的智能设备具有 RS - 485 接口,可直接通过双绞线进行连接;如果连接的智能设备具有 RS - 232 接口,可通过 PC/PPI 电缆连接起来进行自由口通信。自由口通信支持的波特率为 1.2 ~ 115.2kbit/s。

在自由口通信模式下,通信协议完全由用户程序控制,通过设定特殊存储字节 SMB30(端口 0)或 SMB130(端口 1)允许自由口模式,用户程序可以通过使用发送中断、接收中断、发送指

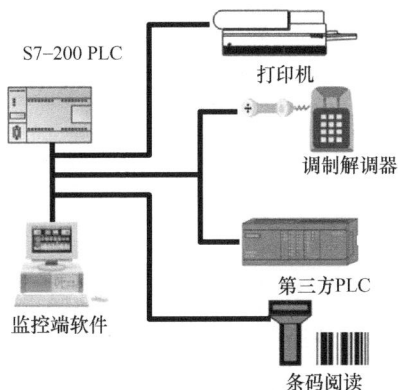

图 7-9 自由口通信方式与外部设备连接图

令(XMT)和接收指令(RCV)对通信口操作。CPU 只有在处于 RUN 模式下才能够允许自由口通信模式,而此时无法与 S7 - 200 PLC 进行通信和编写程序。当 CPU 处于 STOP 模式时,自由口模式通信停止,通信模式恢复为 PPI 协议模式,编程器可与 S7 - 200 恢复正常通信。关于发送和接收指令的使用请参阅 7.3 节的介绍。

5. USS 协议

USS 协议(Universal Serial Interface Protocol,通用串行接口协议)是西门子公司传动产品的通用通信协议,它是一种基于串行总线进行数据通信的协议。USS 协议是主/从结构的协议,规定了在 USS 总线上可以有一个主站和最多 31 个从站;总线上的每个从站都有一个站地址(在从站参数中设定),主站依靠它识别每个从站;每个从站也只对主站发来的报文做出响应并回送报文,从站之间不能直接进行数据通信。另外,还有一种广播通信方式,主站可以同时给所有从站发送报文,从站在接收到报文并做出相应的响应后可不回送报文。

6. TCP/IP

通过西门子以太网扩展模块 CP243 - 1 和互联网扩展模块 CP243 - 1IT,S7 - 200 PLC 能支持 TCP/IP 以太网通信,更多信息请参考相关手册。

7.2.4 通信设备

与 S7 - 200 PLC 相关的主要有以下网络通信设备。

1. 通信口

S7 - 200 PLC 主机根据 CPU 型号的不同,可带有一个或两个串行通信口,其符合

EN50170 欧洲标准中 Profibus 标准的 RS－485，兼容 9 针 D 形接口。D 形接口引脚图以及 PLC 端口 0 或端口 1 的引脚与 Profibus 的名称对应关系见表 7-2。

表 7-2　RS－232C 接口引脚信号的定义

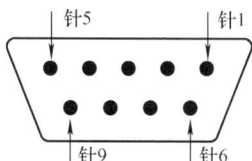

引脚号（9 针）	端口 0/端口 1	Profibus 名称
1	机壳接地	屏蔽
2	逻辑地	24V 返回
3	RS－485 信号 B	RS－485 信号 B
4	RTS（TTL）	发送申请
5	逻辑地	5V 返回
6	+5V，100Ω 串联电阻	+5V
7	+24V	+24V
8	RS－485 信号 A	RS－485 信号 A
9	10 位协议选择（输入）	不用

2. 网络连接器

一条 PC/PPI 电缆仅能连接两台设备通信，如果将多台设备连接起来通信就要使用网络连接器。西门子公司提供两种类型的网络连接器，如图 7-10 所示，一种连接器仅有一个与 PLC 连接的端口（图中第 2、3 个连接器属于该类型），另一种连接器还增加一个编程端口（图中第 1 个连接器属于该类型）。带编程接口的连接器可将编程站（如计算机）或 HMI（人机界面）设备连接至网络，而不会干扰现有的网络连接，这种连接器不但能连接 PLC、编程站或 HMI，还能将来自 PLC 端口的所有信号（包括电源）传到编程端口，这对于那些需从 PLC 取电源的设备（例如触摸屏 TD200）尤为有用。

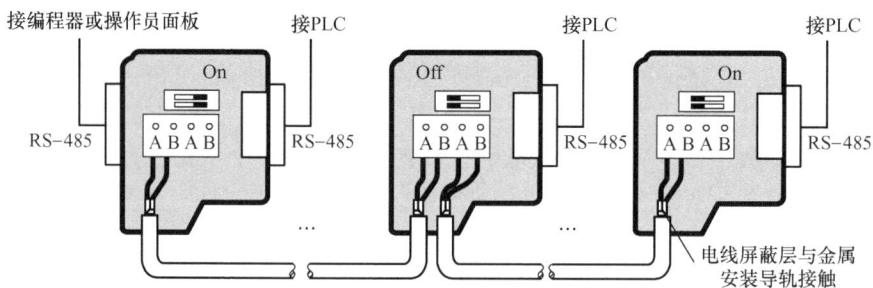

图 7-10　西门子公司的网络连接器

网络连接器的编程口与编程计算机之间一般采用 PC/PPI 电缆连接，连接器的 RS－485 端口与 PLC 之间采用 9 针 D 形双头电缆连接。

两种连接器都有两组螺钉连接端子，用来连接输入电缆和输出电缆，电缆连接方式如图 7-11 所示。两种连接器上还有网络偏置和终端匹配的选择开关，当连接器处于网络的始端或终端时，一组螺钉连接端子会处于悬空状态，为了吸收网络上的信号反射和增强信号强度，需要将连接器上的选择开关置于 ON，这样就会给连接器接上网络偏置和终端匹配电阻，如图7-11a所示，当连接器处于网络的中间时，两组螺钉连接端子都接有电缆，连接器无须接网络偏置和终端匹配电阻，如图7-11b所示。

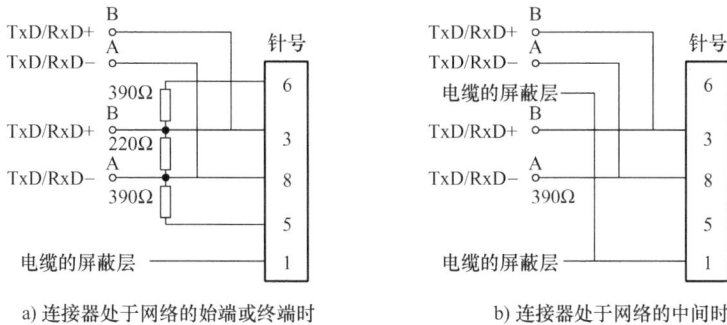

a) 连接器处于网络的始端或终端时   b) 连接器处于网络的中间时

图 7-11 网络连接器的开关处于不同位置时的电路结构

3. 网络中继器

在网络中可使用中继器延长网络通信距离，增加接入网络的设备，并且可以实现不同网络段的电气隔离。RS-485中继器为网络段提供偏置电阻和终端电阻。在一个串联网络中最多可以有9个中继器，每个中继器最多可再增加32个设备，但是网络总长度不能超过9600m。

4. Profibus-DP 通信模块

EM277 Profibus-DP是西门子公司为S7-200系列PLC设计的支持Profibus-DP协议的扩展模块。通过EM 277 Profibus DP扩展从站模块，可将S7-200 CPU连接到Profibus DP网络。EM 277经过串行I/O总线连接到S7-200 CPU，Profibus网络经过其DP通信端口，连接到EM 277 Profibus DP模块，这个端口可运行于9.6kbit/s和12Mbit/s之间的任何Profibus波特率。作为DP从站，EM 277模块接受从主站来的多种不同的I/O配置，向主站发送和接收不同数量的数据。EM 277模块不仅仅是传输I/O数据，而且EM 277能读写S7-200 CPU中定义的变量数据块。这样，使用户能与主站交换任何类型的数据。首先将数据移到S7-200 CPU中的变量存储器，就可将输入、计数值、定时器值或其他计算值传送到主站。类似地，从主站来的数据存储在S7-200 CPU中的变量存储器内，并可移到其他数据区。EM 277 Profibus DP模块的DP端口可连接到网络上的一个DP主站上，但仍能作为一个MPI从站与同一网络上如SIMATIC编程器或S7-300/S7-400 CPU等其他主站进行通信。

5. 工业以太网 CP243-1 通信处理器

CP243-1是一种通信处理器，用于在S7-200自动化系统中运行，它可用于将S7-200系统连接到工业以太网（IE）中。CP 243-1有助于S7产品系列通过因特网进行通信，因此，可以使用STEP 7 Micro/WIN 32，对S7-200进行远程组态、编程和诊断。而且，一台S7-200还可通过以太网与其他S7-200、S7-300或S7-400控制器进行通信。并可与OPC服务器进行通信。

在开放式SIMATIC NET通信系统中，工业以太网可以用作协调级和单元级网络。在技术上，工业以太网是一种基于屏蔽同轴电缆、双绞电缆而建立的电气网络，或一种基于光纤电缆的光网络。工业以太网根据国际标准IEEE 802.3定义。

6. EM241 MODEM 模块

利用 EM241 MODEM 模块可将 S7 – 200 PLC 连接在电话网上，通过电话网与 CPU 进行远程通信。EM241 MODEM 模块支持如下功能：Teleservice（远程维护或远程诊断）、Communication（CPU-to-CPU、CPU-to-PC 的通信）、Message（发送短消息给手机），此模块需 V3.2 或更高版软件的支持，EM241 参数化向导集成于 Micro/WIN V3.2 及更高级版本中。

EM241 调制解调器模块拥有众多优点：

1）不占用 CPU 的通信口：外部调制解调器占用 CPU 的通信口，但 EM241 是一个智能的扩展模块。

2）最大限度的安全保证：可靠的密码保护及集成的回拨功能。

3）世界范围灵活的应用：通过模块上的旋转开关来进行国家设定，能够实现由 300bit/s 到 33.6kbit/s 的自动波特率选择，脉冲或语音拨号亦可选择。

4）经济的安装成本：由标准电源供电，导轨安装，标准的 RJ11 插座能用于连接全世界的模拟电话网。

集成如下解决方案：

1）通过 Micro/WIN V3.2 进行远程服务；用于程序修改或远程维护。

2）通过 Modbus 主/从协议来进行 CPU-to-PC 的通信。

3）报警或事件驱动发送手机短消息或寻呼机信息。

4）通过电话线、Modbus 或 PPI 协议来进行 CPU-to-CPU 的数据传送。

除以上设备之外，常用的还有通信处理器 CPJI 2、MPI 卡等，具体使用方法可参阅西门子产品手册。

7.2.5　S7 – 200 系列 PLC 组建的几种典型网络

S7 – 200 系列 PLC 的几种典型网络中，通常有把计算机或编程器作为主站，把操作面板和 PLC 作为主站等类型，常见的这几种类型有单主站 PPI、多主站 PPI 和复杂 PPI 网络等几种。

1. 单主站 PPI 网络

对于简单的单主站 PPI 网络来说，编程站通过 PC/PPI 下载电缆或者通信卡（CP 卡）与 S7 – 200 PLC 组成的网络进行通信。如图 7-12 所示，计算机安装 STEP7 – Micro/WIN32 及

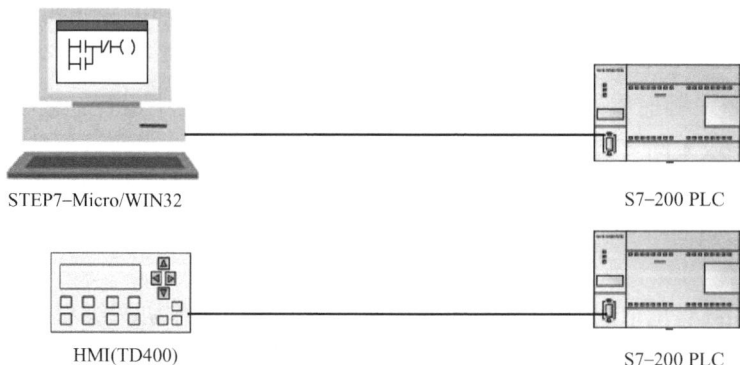

STEP7–Micro/WIN32　　　　　　　　　　S7–200 PLC

HMI(TD400)　　　　　　　　　　S7–200 PLC

图 7-12　单主站 PPI 网络图

以上版本软件或通过人机界面（HMI）设备（如 TD400、TP 或 OP 等）作为网络中的主站，S7 – 200 PLC 是网络中的从站。

计算机中安装的 STEP7 – Micro/Win32 及以上版本软件作为主站，可访问网络上的所有 CPU，向从站发出通信请求，但每次只能与一个 S7 – 200 PLC 通信；S7 – 200 PLC 被配置为从站，响应主站的请求。

2. 多主站 PPI 网络

编程站通过 PC/PPI 电缆或者通信卡（CP）与 S7 – 200 PLC 可以组成多主站单从站 PPI 网络。计算机（STEP7 – Micro/WIN32 及以上）和人机界面（HMI）设备作为 PPI 网络中的多个主站，S7 – 200 作为 PPI 网络中的从站。如图 7-13 所示，计算机（STEP7 – Micro/WIN32 及以上）和人机界面（HMI）作为 PPI 网络中的多个主站，S7 – 200 作为该网络中的单个从站；如图 7-14 所示，计算机（STEP7 – Micro/WIN32 及以上）和人机界面（HMI）作为 PPI 网络中的多个主站，两个 S7 – 200 PLC 作为该网络中的多个从站。

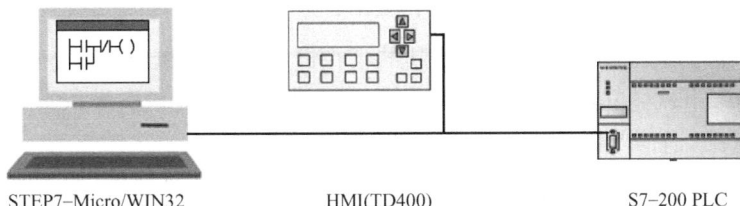

图 7-13　一个从站的多主站 PPI 网络图

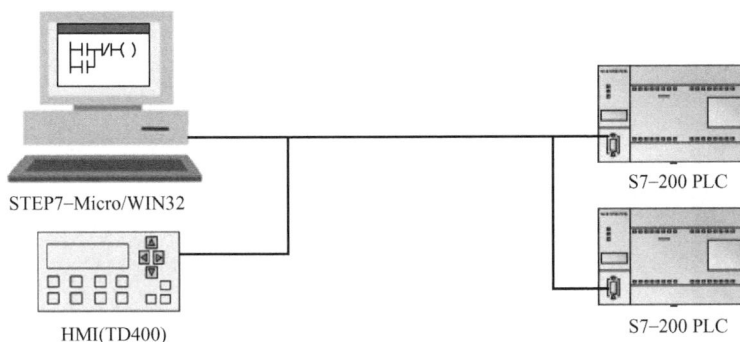

图 7-14　多个主站和多个从站的 PPI 网络图

3. 复杂的 PPI 网络

计算机（STEP7 – Micro/Win32 及以上）和人机界面（HMI）设备通过网络指令读写 S7 – 200 PLC 的数据，同时 S7 – 200 PLC 之间可以通过网络读写指令 NETR、NETW 读写数据，实现多主站多从站 PPI 网络下的点对点的通信。图 7-15 中所有设备（主站和从站）都对应分配不同的地址。对于多主站多从站的复杂 PPI 网络，配置 STEP7 – Micro/WIN32 及以上使用 PPI 协议时，应选择多主站并选择 PPI 高级选项框；如果使用的电缆是 PPI 多主站电缆，那么多主站网络和 PPI 高级选项框可以忽略。

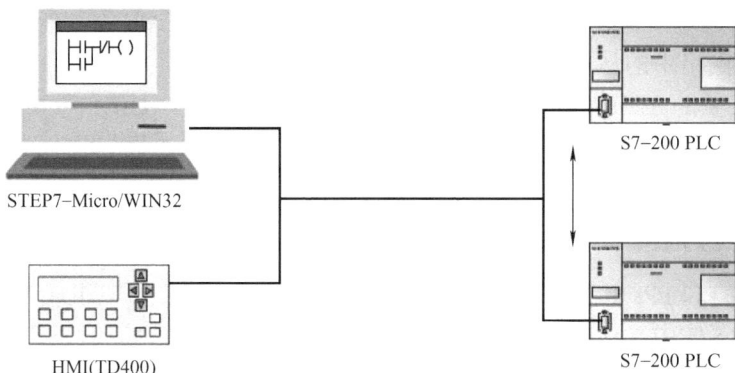

图 7-15　点对点通信模式下复杂的 PPI 网络图

7.2.6　通信参数的设置

1. 通信参数的设置

不同网络配置的通信参数的设置是不同的，在进行通信参数设置时，首先运行 STEP7 - Micro/WIN32 及以上软件并进入"通信"对话框。可通过单机"引导条"中的"通信"图标进入该对话框，"通信"对话框如图 7-16 所示。

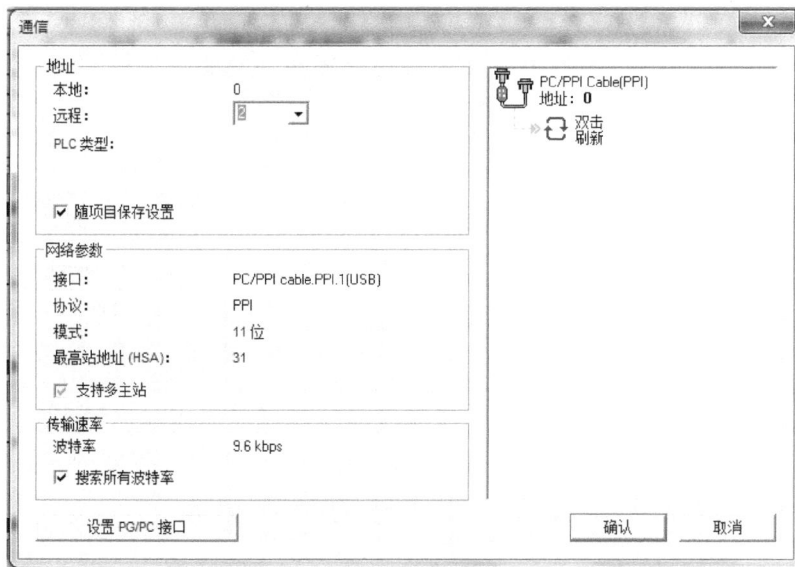

图 7-16　"通信"对话框

图中配置默认的参数为：远程设备地址为 2；本地设备地址为 0；通信模式，PC/PPI 电缆（与计算机通信接口为 USB）；通信协议，PPI 协议；传送字符数据格式为 11 位；传送波特率为 9.6kbps（即 kbit/s）等。

可根据具体需要更改以上参数的设置，具体步骤如下：

1）单击"通信"对话框左下"设置 PG/PC 接口"按钮（或双击"通信"对话框右上角 PC/PPI 电缆图标），可进入"Set PG/PC Interface"对话框，如图 7-17 所示。

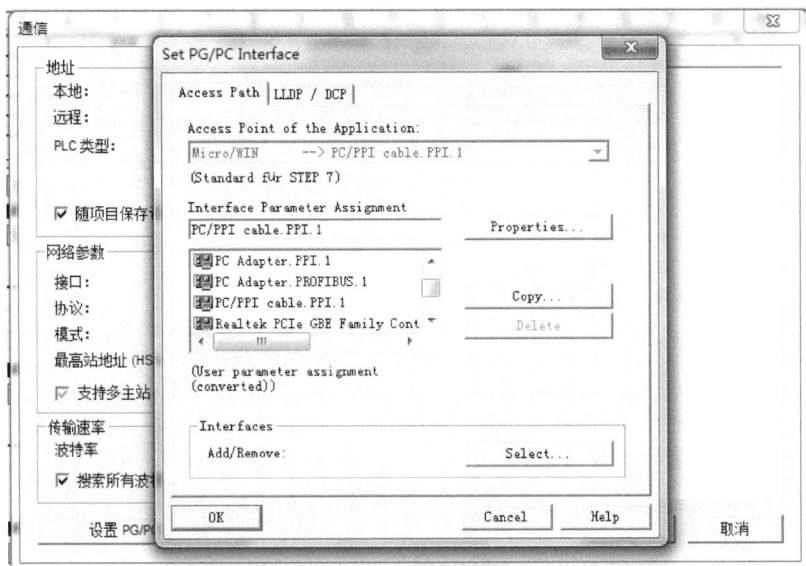

图 7-17 "Set PG/PC Interface"对话框

2）单击"Set PG/PC Interface"对话框中"属性（Properties）"按钮，出现"PC/PPI电缆属性（Properties – PC/PPI cable. PPI. 1）"对话框，如图 7-18 所示。

3）在"PC/PPI 电缆属性"对话框中可对"PPI"和"Local Connection"选项卡中的默认值进行设置和修改。

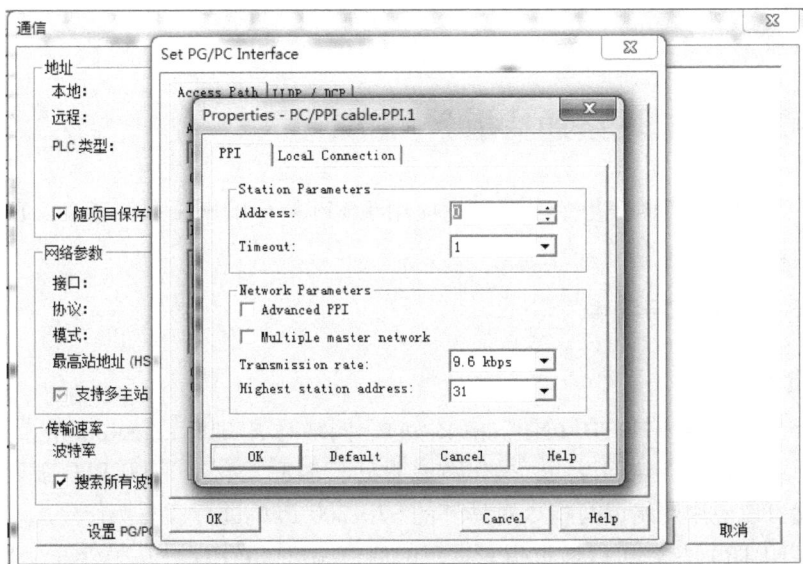

图 7-18 "PC/PPI 电缆属性"对话框

2. 安装或删除通信接口

按照上述方法进入"Set PG/PC Interface"对话框后，可按照以下步骤进行通信接口的安装或删除操作，如图 7-19 所示。

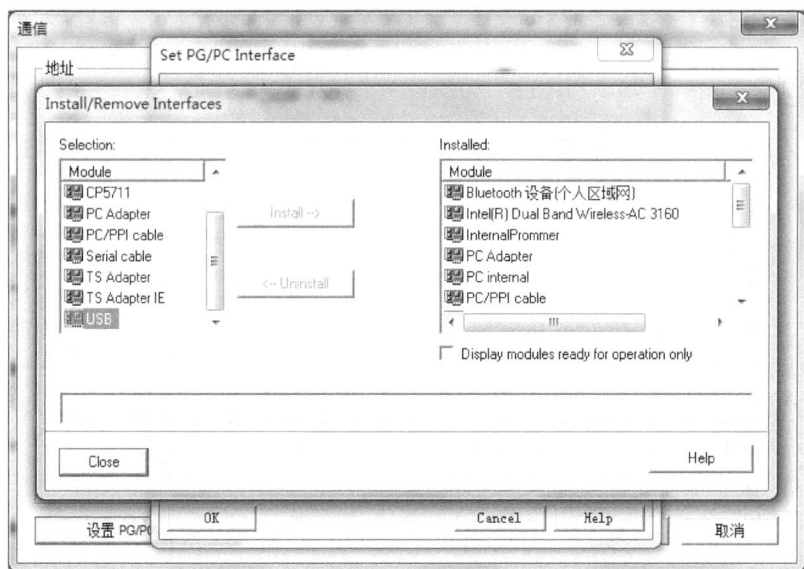

图 7-19　安装或删除通信接口对话框

1）单击"Set PG/PC Interface"对话框下方的"增加/删除（Add/Remove）"区中的"选择（Select）"按钮，进入"安装/删除（Install/Remove Interfaces）"对话框。

2）在"选择"对话框中选中要安装的接口硬件，单击"安装"按钮，然后根据其安装向导步骤完成安装。然后在右侧"已安装"对话框中会出现安装的硬件。

3）在右侧"已安装"对话框中选中要删除的硬件，单击中间的"删除"按钮，即可完成对硬件的删除。

7.3　S7 – 200 PLC 网络通信指令

S7 – 200 PLC 的网络通信指令主要包括应用于 PPI 协议的网络读写指令、应用于自由口通信模式的发送和接收指令等。

7.3.1　网络读/网络写指令

1. 网络指令

网络指令包含网络读 NETR（Network Read）、网络写 NETW（Network Write）指令。其指令名称、梯形图格式、功能说明、操作数说明见表 7-3。当 S7 – 200 PLC 被定义为 PPI 主站模式时，就可以应用网络读写指令对另外的 S7 – 200 PLC 进行读写操作。

网络读（NETR）指令可以通过指令指定的通信端口（PORT）从另外一个 S7 – 200 PLC 上接收数据，并将数据存储在指定的缓冲区表（TBL）中。

网络写（NETW）指令可以通过指令指定的通信端口（PORT）从另外一个 S7 – 200 PLC 和缓冲区表（TBL）中写数据。

网络读（NETR）指令允许从远程站点读取最多 16B 的信息，网络写（NETW）指令允许往远程站点写最多 16B 的信息。在程序中，可以使用任意多条网络读写指令，但是在任意时刻最多只允许有 8 条网络读写指令同时被激活，例如 4 条网络读指令和 4 条网络写指令，或者 2 条网络读指令和 6 条网络写指令等。

表7-3　网络读写指令说明表

指令名称	梯形图	功能说明	操作数	
			TBL	PORT
网络读指令（NETR）	NETR EN ENO ???? — TBL ???? — PORT	根据 TBL 表的定义，通过 PORT 端口从远程设备读取数据 TBL 端指定表的首地址，PORT 端指定读取数据的端口	VB、MB、*VD、*LD、*AC。（字节型）	常数：0（CPU221/222/224） 常数：0 或 1（CPU224XP/226）
网络写指令（NETW）	NETW EN ENO ???? — TBL ???? — PORT	根据 TBL 表的定义，通过 PORT 端口往远程设备写入数据 TBL 端指定表的首地址，PORT 端指定写入数据的端口		

使用网络读写指令对另外的 S7-200 PLC 进行读写操作时，首先要将应用网络读写指令的 S7-200 PLC 定义为 PPI 主站模式(SMB30 或 SMB130)，即通信初始化，然后就可以使用该指令进行读写操作了。

网络读（NETR）和网络写（NETW）指令中的操作数：TBL 可以是 VB、MB、*VD、*LD、*AC，数据类型为字节型（BYTE）；PORT 口输入为常数，当采用 CPU221/222/224 时为常数 0，当采用 CPU224XP/226 时为常数 0 或 1，数据类型为字节型（BYTE）。

2. TBL 表

S7-200 PLC 在执行网络读写指令时，PPI 主站和从站之间的数据传输需要按 TBL 表定义来操作，TBL 参数说明见表7-4。

表7-4　网络读写 TBL 参数说明

字节偏移量	说明				
0	D	A	E	0	错误码（4 位）
1	远程站地址（要读写的远程 PLC 的地址）				
2	指向远程站数据区的指针（I、Q、M、V）				
3					
4					
5					
6	数据长度（1~16 字节）				
7	数据字节 0	接收（读）和发送（写）数据的存储区，执行网络读（NETR）指令后，从远程站读到的数据存放在该区域。执行网络写（NETW）指令后，该区域的数据会发送到远程站			
8	数据字节 1				
⋮	⋮				
22	数据字节 15				

在数据传输 TBL 表首字节为状态字，其定义为如下含义：

- D 位：操作完成位。0：未完成；1：已完成。
- A 位：有效位，操作已被排队。0：无效；1：有效。
- E 位：错误标志位。0：无错误；1：有错误。

错误码由 4 位组成，其错误编码及其含义见表 7-5。

表 7-5　错误编码及其含义表

E1 E2 E3 E4	错误码	说　　明
0000	0	无错误
0001	1	超时错误：远程站点无响应
0010	2	接收错误：奇偶校验错，帧或校验时出错
0011	3	离线错误：相同的站地址或无效的硬件引起冲突
0100	4	列队溢出错误：超过 8 条被激活
0101	5	违反通信协议：没有在 SMB30 中允许 PPI 协议而执行 NETR/NETW 指令
0110	6	非法参数：NETR/NETW 指令中包含非法或无效值
0111	7	没有资源：远程站点忙
1000	8	第 7 层错误：违反应用协议
1001	9	信息错误：错误的数据地址或不正确的数据长度
1010 ~ 1111	A ~ F	为将来的使用保留

3. 通信模式控制

S7-200 系列 PLC 通信模式由特殊存储器 SMB30（端口 0）和 SMB130（端口 1）来设置，具体见表 7-7。

7.3.2　自由口指令及应用

自由口模式允许应用程序控制 S7-200 PLC 的串行通信口，S7-200 PLC 处于 RUN 方式时，当选择了自由口通信模式后，用户程序通过接收中断和发送中断来发送指令，用户程序通过发送指令、接收指令、发送接收中断指令来控制通信口的操作。

S7-200 PLC 自由口通信是基于 RS-485 通信基础的半双工通信，因此，发送和接收指令不能同时执行。S7-200 PLC 处于 STOP 方式时，自由口模式被禁止，通信口自动切换到正常的 PPI 协议操作，只有当 S7-200 PLC 处于 RUN 方式时，才能使用自由口模式。

1. 自由口指令

自由口通信指令包括自由口发送（XMT）和自由口接收（RCV）指令。其指令名称、梯形图格式、功能说明和操作等见表 7-6。

表 7-6 自由口发送接收指令说明表

指令名称	梯形图	功能说明	操作数	
			TBL	PORT
发送指令（XMT）	XMT EN ENO ???? — TBL ???? — PORT	将发送数据缓冲区（TBL）中的数据通过指令指定的通信口（PORT）端口发送出去，发送完成时将产生一个中断事件，数据缓冲区的第一个数据指明了要发送的字节数	VB、IB、QB、MB、SB、SMB、*VD、*LD、*AC（字节型）	常数：0（CPU221/222/224）常数：0 或 1（CPU224XP/226）
接收指令（RCV）	RCV EN ENO ???? — TBL ???? — PORT	通过指令指定的通信端口（PORT）接收信息并存储在接收数据缓冲区（TBL）中，接收完成后产生一个中断事件，数据缓冲区的第一个数据指明了接收的字节数。		

2. 相关寄存器及标志位

（1）控制位寄存器

用特殊标志寄存器中的 SMB30 和 SMB130 的各个位分别配置通信口 0 和通信口 1，为自由通信口选择通信参数，包括波特率、奇偶校验位、数据位和通信协议的选择。

SMB30 控制和设置通信端口 0，SMB130 控制和设置通信端口 1，SMB30 和 SMB130 的各位及其含义见表 7-7。

表 7-7 特殊存储器字节 SMB30 和 SMB130

端口 0	端口 1	描 述
SMB30 的格式	SMB130 的格式	MSB LSB 7 1 自由端口模式的控制字节 p p d b b b m m
SM30.6 和 SM30.7	SMB130.6 和 SMB130.7	pp：奇偶校验选择，00 = 不校验，01 = 偶校验，10 = 不校验，11 = 奇校验
SM30.5	SM130.5	d：每个字符的数据位，0 = 8 位/字符，1 = 7 位/字符
SM30.2 ~ SM30.4	SM130.2 ~ SM130.4	bbb：自由口的波特率（bit/s） 000 = 38400，110 = 19200，010 = 9600，011 = 4800 100 = 2400，101 = 1200，110 = 115.2k，111 = 57.6k
SM30.0 和 SM30.1	SMB130.0 和 SMB130.1	mm：协议选择域，00 = PPI/从站模式，01 = 自由端口协议，10 = PPI/主站模式，11 = 保留（默认设置为 PP/从站模式）

（2）特殊标志位及中断

接收字符中断：中断事件号 8（端口 0）和 25（端口 1）。

发送信息完成中断：中断事件号 9（端口 0）和 26（端口 1）。

接收信息完成中断：中断事件号 23（端口 0）和 24（端口 1）。

发送结束标志位 SM4.5 和 SM4.6：分别用来标志端口 0 和端口 1 发送空闲状态，发送空闲时置 1。

（3）特殊功能寄存器

执行接收（RCV）指令时用到一系列特殊功能寄存器，对端口 0 用 SMB86 ~ SMB94 特殊功能寄存器；对端口 1 用 SMB186 ~ SMB194 特殊功能寄存器。各字节机器内容描述见表 7-8。

表 7-8　特殊功能寄存器（SMB86 ~ SMB94，SMB186 ~ SMB194）

端口 0	端口 1	描　　述	
SMB86	SMB186	接收状态字信息 MSB　　　　　　　　　　LSB `n  r  e  0  0  t  c  p` n = 1：用户通过禁止命令终止接收信息 r = 1：接收终止，参数错误或无起始 e = 1：接收到结束字符	t = 1：接收信息终止：超时 c = 1：接收信息终止：超出最大字符数 p = 1：接收信息终止：奇偶校验错误
SMB87	SMB187	接收控制字信息 MSB　　　　　　　　　　LSB `en  sc  ec  il  c/m  tmr  bk  0` en：0：禁止接收信息功能； 　　　1：允许接收信息功能 sc：0：忽略 SMB88 或 SMB188； 　　　1：使用 SMB88 或 SMB188 的值检测起始信息 ec：0：忽略 SMB89 或 SMB189； 　　　1：使用 SMB89 或 SMB189 的值检测结束信息 il：0：忽略 SMW90 或 SMW190； 　　　1：使用 SMW90 或 SMW190 的值检测空闲状态 c/m：0：定时器是内部字符定时器； 　　　1：定时器是信息定时器 tmr：0：忽略 SMW92 或 SMW192； 　　　1：使用 SMW92 或 SMW192 的定时时间超出时终止接收 bk：0：忽略 break 条件；1：使用 break 条件为信息检测的开始 信息的中断控制字节位用来定义识别信息的标准。信息的起始和结束需要定义： 起始信息 = il * sc + bk * sc 结束定义 = ec + tmr + 最大字符数 起始信息编程： 1）空闲线检测：il = 1，sc = 0，bk = 0，SMW90（或 SMW190）> 0 2）起始字符检测：il = 0，sc = 1，bk = 0，忽略 SMW90（或 SMW190） 3）break 检测：il = 0，sc = 0，bk = 1，忽略 SMW90（或 SMW190） 4）对一个信息的响应：il = 1，sc = 0，bk = 0，SMW90（或 SMW190）= 0 5）break 和一个起始字符：il = 0，sc = 1，bk = 1，忽略 SMW90（或 SMW190） 6）空闲和一个起始字符：il = 1，sc = 1，bk = 0，SMW90（或 SMW190）> 0 7）空闲和一个起始字符（非法）：il = 1，sc = 0，bk = 0，SMW90（或 SMW190）= 0 注意：通过超时和奇偶校验错误（如果允许），可以自动结束接收过程	

（续）

端口 0	端口 1	描　　述
SMB88	SMB188	信息字符的开始
SMB89	SMB189	信息字符的结束
SMB90 SMB91	SMB190 SMB191	空闲线时间间隔用毫秒给出。在空闲线时间结束后接收到的第一个字符是新信息的开始。 SMB90（或 SMB190）为高字节，SMB91（或 SMB191）为低字节
SMB92 SMB93	SMB192 SMB193	中间字符/信息计时器溢出值按毫秒设定。如果超过这个时间段，则终止接收信息。 SMB92（或 SMB192）为高字节，SMB93（或 SMB193）为低字节
SMB94	SMB194	要接收的最大字符数（1～255 字节） 注：这个范围必须设置到所希望的最大缓冲器大小，即使信息的字符数始终达不到

3. 用 XMT 指令发送数据

发送指令 XMT 可以方便地发送 1～256 个字符，如果有中断程序连接在发送结束事件上，则在发送完数据缓冲区的最后一个字节后，端口 0 会产生中断事件 9，端口 1 会产生中断事件 26。可以监视发送状态完成状态位 SM4.5 和 SM4.6 的变化，判断发送是否完成。在自由口模式下发送指令 XMT 将数据缓冲区（TBL）的数据通过指定的通信端口（PORT）发送，TBL 指定发送区的格式，起始字符和结束字符是可选项，第一个字节"字符数"是要发送的字节，它本身并不发送出去。

4. 用 RCV 指令接收数据

接收指令 RCV 可以方便地接收一个或多个字符，最多接收 255 个字符，如果有中断程序连接到接收结束事件上，在接收最后一个字符时，端口 0 产生中断事件 23，端口 1 产生中断事件 24。可以监视 SMB86（端口 0）或 SMB186（端口 1）的变化，而不是通过中断进行报文接收。SMB86 或 SMB186 位非零时，RCV 指令未被激活或接收已经结束。在自由口模式下接收指令 RCV 通过指定的端口（PORT）将接收的数据信息存储在数据缓冲区（TBL）中。

5. 使用字符中断控制接收数据

为了完全适应对各种通信协议的支持，可以使用字符中断控制的方式来接收数据。每接收一个字符时都会产生中断。在执行连接到接收字符中断事件上的中断程序前，接收到的字符存储在 SMB2 中，校验状态（如果允许的话）存储在 SM3.0 中。

SMB2 是自由端口接收字符缓冲区。在自由端口模式下，每一个接收到的字符都会被存储在这个单元中，以方便用户程序访问。SMB3 用于自由端口模式，并包含一个校验错误标志位。当接收字符的同时检测到校验错误时，该位被置位，该字节的所有其他位保留。

注意：SMB2 和 SMB3 是端口 0 和端口 1 公用的，当接收的字符来自端口 0 时，执行与事件（中断事件 8）相应的中断程序，此时 SMB2 中存储从端口 0 接收的字符，SMB3 中存储该字符的校验状态；当接收的字符来自端口 1 时，执行与事件（中断事件 25）相连接的中断程序，此时 SMB2 中存储从端口 1 接收的字符，SMB3 中存储该字符的校验状态。

6. 自由口协议通信指令应用举例

本程序功能为上位 PC 和 PLC 之间的通信，PLC 接收上位 PC 发送的一串字符，直到收到回车符为止，PLC 又将信息发送回 PC。

自由口协议通信指令应用举例的主程序如图 7-20 所示，本程序实现的功能是接收一个字符串，直到接收到换行字符。接收完成后，信息会发送回发送方。中断 0 为接收完成中断例行程序，如图 7-21 所示。中断 0 实现的功能是如果接收状态显示接收结束字符，则附加一个 10ms 计时器，触发传输并返回。中断 1 为 10ms 定时触发发送，如图 7-22 所示。中断 2 为发送字符中断事件，如图 7-23 所示。

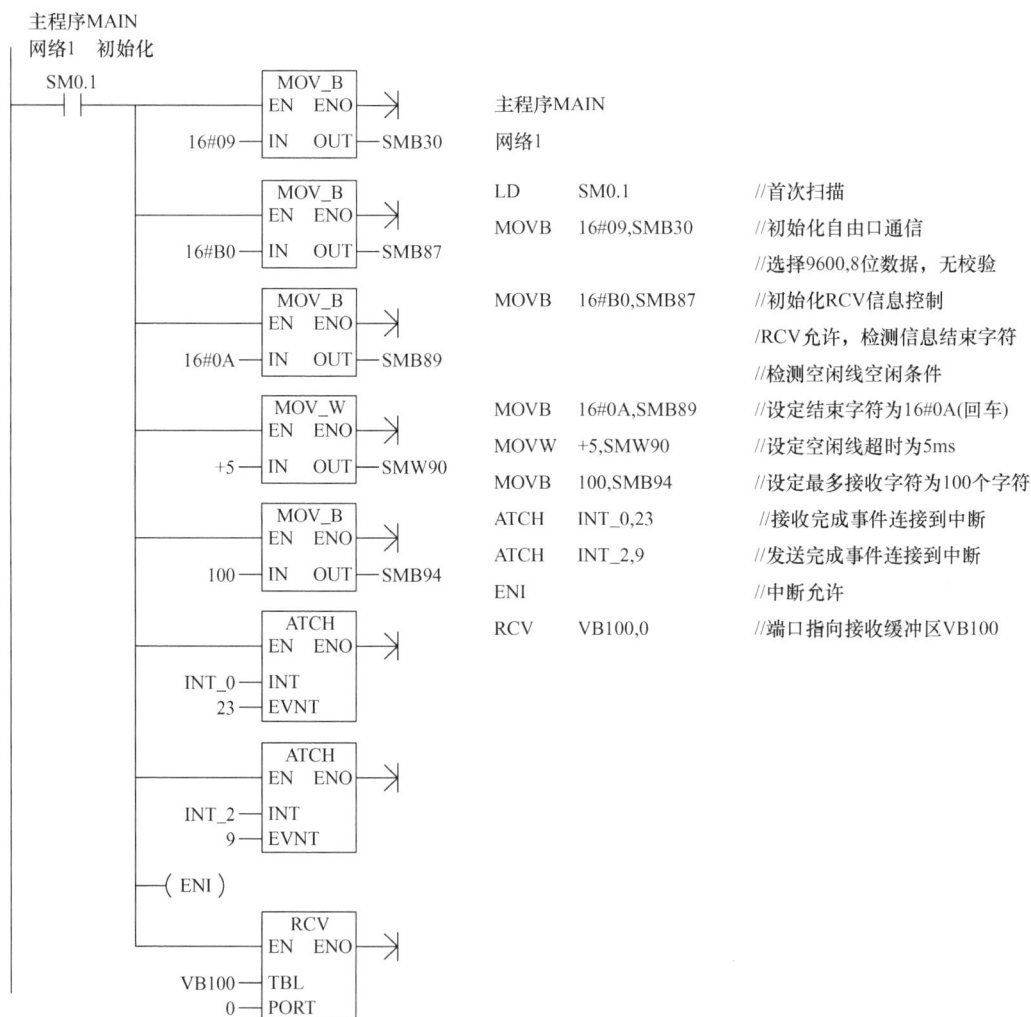

主程序MAIN
网络1　初始化

	主程序MAIN
SM0.1　MOV_B　EN ENO　16#09 IN OUT SMB30	网络1
MOV_B　EN ENO　16#B0 IN OUT SMB87	LD　SM0.1　//首次扫描 MOVB　16#09,SMB30　//初始化自由口通信 　　　　　　　　　　//选择9600,8位数据，无校验

MOV_B　EN ENO　16#0A IN OUT SMB89	MOVB　16#B0,SMB87　//初始化RCV信息控制
	　　　　　　　　　　//RCV允许，检测信息结束字符
	　　　　　　　　　　//检测空闲线空闲条件

MOV_W　EN ENO　+5 IN OUT SMW90	MOVB　16#0A,SMB89　//设定结束字符为16#0A(回车) MOVW　+5,SMW90　//设定空闲线超时为5ms
MOV_B　EN ENO　100 IN OUT SMB94	MOVB　100,SMB94　//设定最多接收字符为100个字符
ATCH　EN ENO　INT_0 INT　23 EVNT	ATCH　INT_0,23　//接收完成事件连接到中断 ATCH　INT_2,9　//发送完成事件连接到中断
ATCH　EN ENO　INT_2 INT　9 EVNT	ENI　//中断允许 RCV　VB100,0　//端口指向接收缓冲区VB100
(ENI)	
RCV　EN ENO　VB100 TBL　0 PORT	

图 7-20　自由口协议通信主程序

中断程序INT_0
网络1 接收完成中断

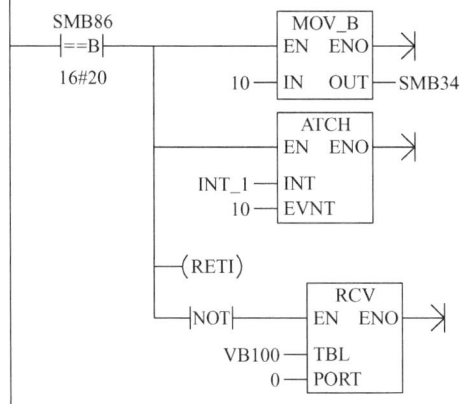

```
      SMB86              MOV_B
      |==B|              EN  ENO
      16#20         10 — IN  OUT — SMB34

                         ATCH
                         EN  ENO
                 INT_1 — INT
                    10 — EVNT

                  (RETI)

                         RCV
                 |NOT|   EN  ENO
               VB100 — TBL
                   0 — PORT
```

中断程序INT_0

网络1 接收完成中断

LDB=	SMB86,16#20	//接收状态显示接收到结束字符
MOVB	10,SMB34	//连接一个10ms的时基中段
		//发送接收到的信息字符
ATCH	INT_1,10	//接收完成事件连接到中断
CRETI		
NOT		//接收未完成
RCV	VB100,0	//启动一个新的接收

图7-21 自由口协议通信中断程序0

中断程序INT_1
网络1 定时器中断INT_1

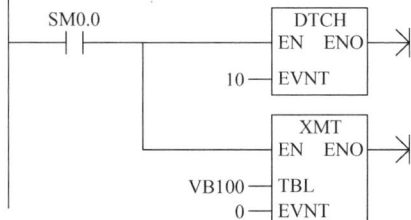

```
      SM0.0              DTCH
      | |               EN  ENO
                    10 — EVNT

                         XMT
                         EN  ENO
               VB100 — TBL
                   0 — EVNT
```

中断程序INT_1

网络1 接收完成中断

LD	SM0.0	
DTCH	10	//断开定时器中断
XMT	VB100,0	//在端口向用户返回信息

图7-22 自由口协议通信中断程序1

中断程序INT_2
网络1 发送完成中断INT_2

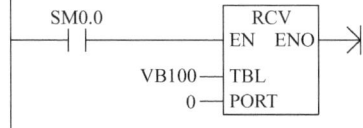

```
      SM0.0              RCV
      | |               EN  ENO
               VB100 — TBL
                   0 — PORT
```

中断程序INT_2

网络1 发送完成中断

LD	SM0.0	
RCV	VB100,0	//发送完成,允许另一个接收

图7-23 自由口协议通信中断程序2

7.4 S7-200系列PLC自由口通信实例

结合7.3节内容中学习的S7-200 PLC自由口通信知识,用两台S7-200 CPU实现S7-200系列PLC之间的自由口通信.

两台S7-200 PLC,其控制器都是CPU226CN,两者之间为自由口通信,要求实现设备1对设备1和设备2的电机的控制,同时进行起停控制。

1. 软硬件配置

软件选用 STEP7 Micro/WIN V4.0 SP7 或以上版本；硬件 PLC 选用两台 CPU226CN，一根 Profibus 电缆（含 2 个网络总线连接器），一根 PC/PPI 电缆。

其中，自由口通信硬件配置如图 7-24 所示，两台 PLC 的输入/输出接线如图 7-25 所示。

图 7-24　自由口通信硬件配置图

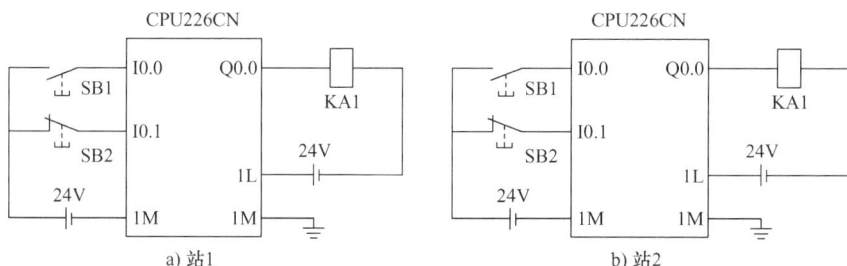

图 7-25　两台 PLC 的输入/输出接线图

自由口通信的通信电缆最好使用 Profibus 网络电缆和网络总线连接器，如果要求不高，可选用 DB9 接插件焊接制作，降低成本。采用 DB9 接插件焊接只需将 3 和 8 脚对接即可，如图 7-26 所示。

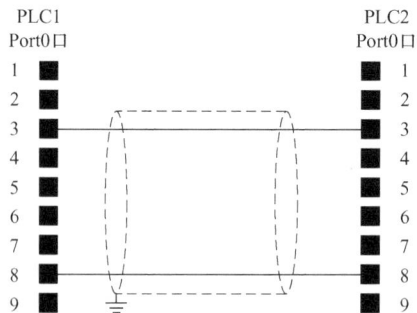

图 7-26　DB9 接插件接线原理图

2. 程序编写

（1）设备 1 程序

设备 1 的主程序如图 7-27 所示；中断程序如图 7-28 所示；子程序如图 7-29 所示。

（2）设备2程序

设备2的主程序如图7-30所示；中断程序如图7-31所示。

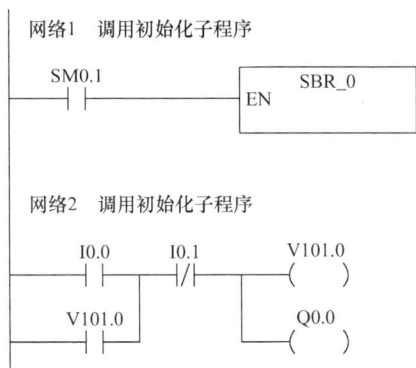

网络1　调用初始化子程序

```
SM0.1          ┌──────────────┐
──┤ ├──────────┤EN   SBR_0    │
               └──────────────┘
```

网络2　调用初始化子程序

```
   I0.0     I0.1           V101.0
──┤ ├────┤/├──────────────( )
   V101.0
──┤ ├──
                            Q0.0
                           ( )
```

图7-27　设备1主程序图

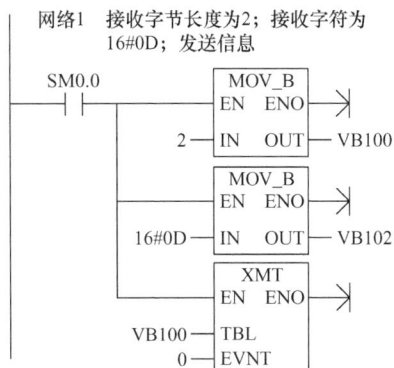

网络1　接收字节长度为2；接收字符为
　　　 16#0D；发送信息

```
SM0.0        ┌──────────┐
──┤ ├────┬───┤MOV_B     ├→
         │   │EN    ENO │
         │  2┤IN   OUT  ├─VB100
         │   └──────────┘
         │   ┌──────────┐
         ├───┤MOV_B     ├→
         │   │EN    ENO │
         │16#0D┤IN  OUT ├─VB102
         │   └──────────┘
         │   ┌──────────┐
         └───┤XMT       ├→
             │EN    ENO │
         VB100┤TBL      │
            0┤EVNT      │
             └──────────┘
```

图7-28　设备1中断程序图

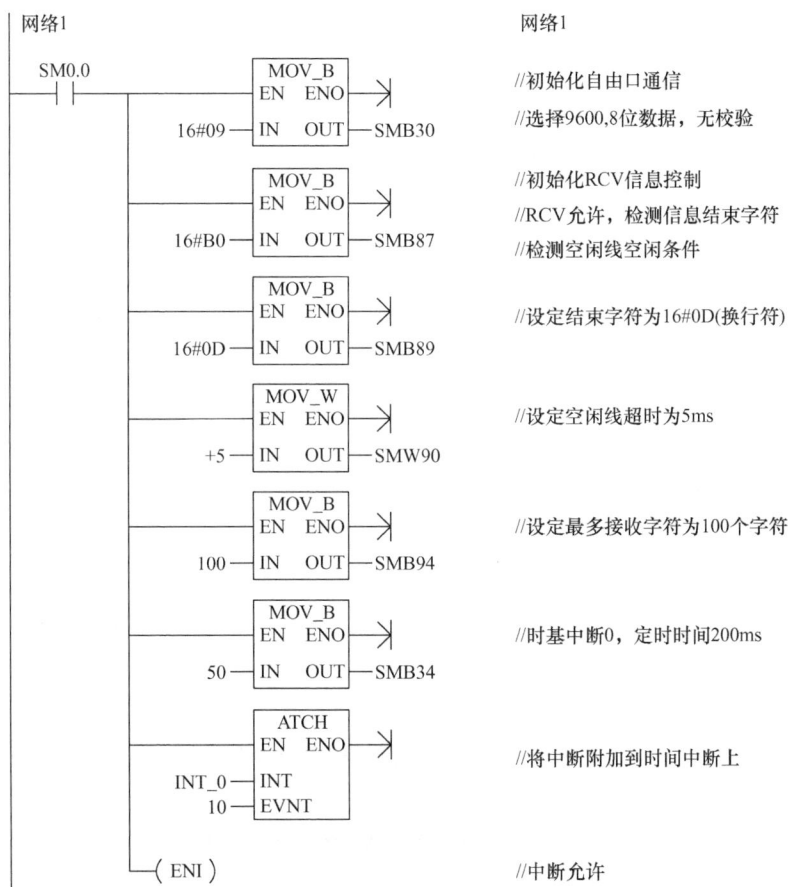

网络1

```
SM0.0        ┌──────────┐
──┤ ├────┬───┤MOV_B     ├→
         │   │EN    ENO │
         │16#09┤IN  OUT ├─SMB30
         │   └──────────┘
         │   ┌──────────┐
         ├───┤MOV_B     ├→
         │   │EN    ENO │
         │16#B0┤IN  OUT ├─SMB87
         │   └──────────┘
         │   ┌──────────┐
         ├───┤MOV_B     ├→
         │   │EN    ENO │
         │16#0D┤IN  OUT ├─SMB89
         │   └──────────┘
         │   ┌──────────┐
         ├───┤MOV_W     ├→
         │   │EN    ENO │
         │ +5┤IN   OUT  ├─SMW90
         │   └──────────┘
         │   ┌──────────┐
         ├───┤MOV_B     ├→
         │   │EN    ENO │
         │100┤IN   OUT  ├─SMB94
         │   └──────────┘
         │   ┌──────────┐
         ├───┤MOV_B     ├→
         │   │EN    ENO │
         │ 50┤IN   OUT  ├─SMB34
         │   └──────────┘
         │   ┌──────────┐
         └───┤ATCH      ├→
             │EN    ENO │
        INT_0┤INT      │
           10┤EVNT     │
             └──────────┘
         └──( ENI )
```

网络1

//初始化自由口通信

//选择9600,8位数据，无校验

//初始化RCV信息控制

//RCV允许，检测信息结束字符

//检测空闲线空闲条件

//设定结束字符为16#0D(换行符)

//设定空闲线超时为5ms

//设定最多接收字符为100个字符

//时基中断0，定时时间200ms

//将中断附加到时间中断上

//中断允许

图7-29　设备1自由口通信子程序

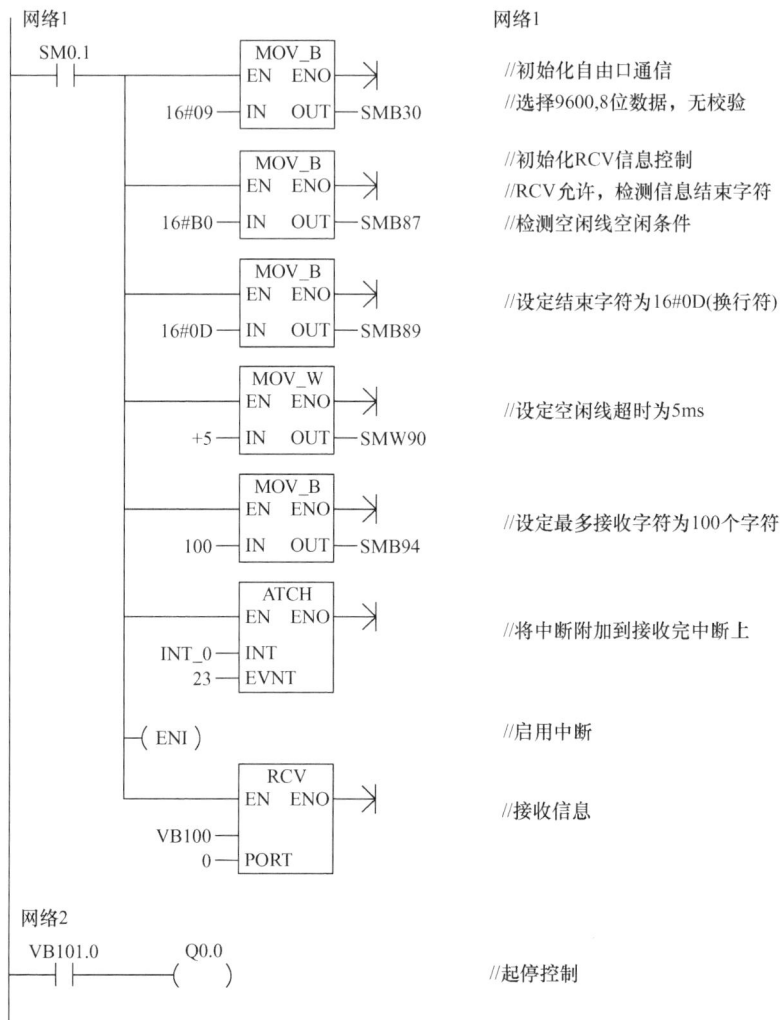

图 7-30 设备 2 自由口通信主程序图

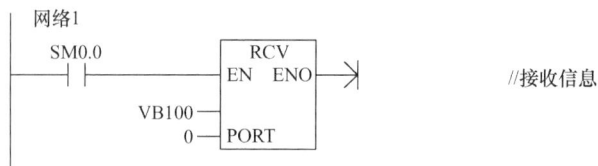

图 7-31 设备 2 自由口通信中断程序图

本 章 小 结

本章主要对可编程序控制器的通信与网络做了介绍，内容如下：

1. 掌握数据通信、串行通信和网络概述的一些基础知识点。

2. 掌握 PLC 常见的一些网络类型，对 PLC 的通信协议尤其是 S7－200 PLC 的通信协议有所了解；对于 S7 - 200 PLC 相关的网络通信设备有一定认识；对 S7 - 200 系列 PLC 组建的几种典型网络有深入的理解，并能够设置 S7 - 200 PLC 的通信参数。

3. 掌握 S7 - 200 PLC 的网络通信指令，主要包括应用于 PPI 协议的网络读写指令、应用于自由口通信模式的发送和接收指令等。

4. 结合教材提供的 S7 - 200 PLC 自由口通信实例，理解最基本的自由口通信方式。

练习与思考

7-1 试述并行通信和串行通信的通信过程。

7-2 什么是异步通信？什么是同步通信？

7-3 全双工通信方式是怎样进行通信的？

7-4 半双工通信和全双工通信有什么区别？

7-5 网络拓扑结构有哪几类？在可编程序控制器的通信中主要采用哪几种拓扑结构？

7-6 串行异步通信中，数据的传输速率为每秒传送 960 字符，一个传送字符由 7 位有效位、1 位起始位、1 位终止位和 1 位奇偶校验位构成，求波特率。

7-7 设计编写一段自由口通信的程序，实现一台本地 PLC（CPU226）对一台远程 PLC（CPU224）的控制。

第8章　PLC 的编程软件及实验系统

导读

本章简单介绍 S7 – 200 PLC 的 STEP 7 – Micro/WIN V4.0 编程软件和松下系列 PLC 的 FPWIN GR 编程软件的使用，并给出了 10 个实验项目，以便平时上机操作和实验时参考。

学习要点：

掌握编程软件的使用方法；掌握 PLC 程序的设计方法；掌握系统调试的方法，能根据运行结果，分析解决问题。

8.1　S7 – 200 PLC 编程及仿真软件的使用

STEP 7 – Micro/WIN 是西门子公司专门为 S7 – 200 系列 PLC 设计开发的编程软件，可在全中文的界面下进行操作。它基于 Window 操作系统，为用户开发、编辑、调试和监控自己的应用程序提供了良好的编程环境。其目前最新的版本是 STEP 7 – Micro/WIN V4.0 SP9（V4.0.9.25）。该版本除了支持 CPU 的新功能外，而且与 Windows 7（64 位）操作系统兼容，其本身的功能也比以前的版本增强了很多。

8.1.1　STEP 7 – Micro/WIN 编程软件功能

STEP 7 – Micro/WIN V4.0 为用户创建程序提供了便捷的工作环境和丰富的编程向导，提高了软件的易用性；同时还有一些工具性的功能，例如用户程序的文档管理和加密等。此外，还可以用软件设置 PLC 的工作方式、参数和运行监控等。

软件功能的实现可以在联机工作方式（在线方式）下进行。此时，有编程软件的计算机与 PLC 连接，允许两者之间直接通信，可针对相连的 PLC 进行操作，如上装和下载用户程序和组态数据等。

部分功能的实现也可以在离线工作方式下进行。此时，有编程软件的计算机与 PLC 断开连接，所有的程序和参数存放在硬盘上，等联机后再下载到 PLC 中。

8.1.2　窗口组件及功能

双击 V4.0 STEP 7 – Micro/WIN SP9 图标 ，可打开编程软件；也可以从"开始"菜单选择"Siemens Automation"→"Simatic"→"STEP 7 – Micro/WIN V4.0.9.25"→"STEP 7 – Micro/WIN"后，进入编程软件操作界面。其界面如图 8-1 所示。

编程器窗口包含的各组件名称及功能如下。

浏览条　指令树　　　交叉引用　数据块　　状态表　　　符号表

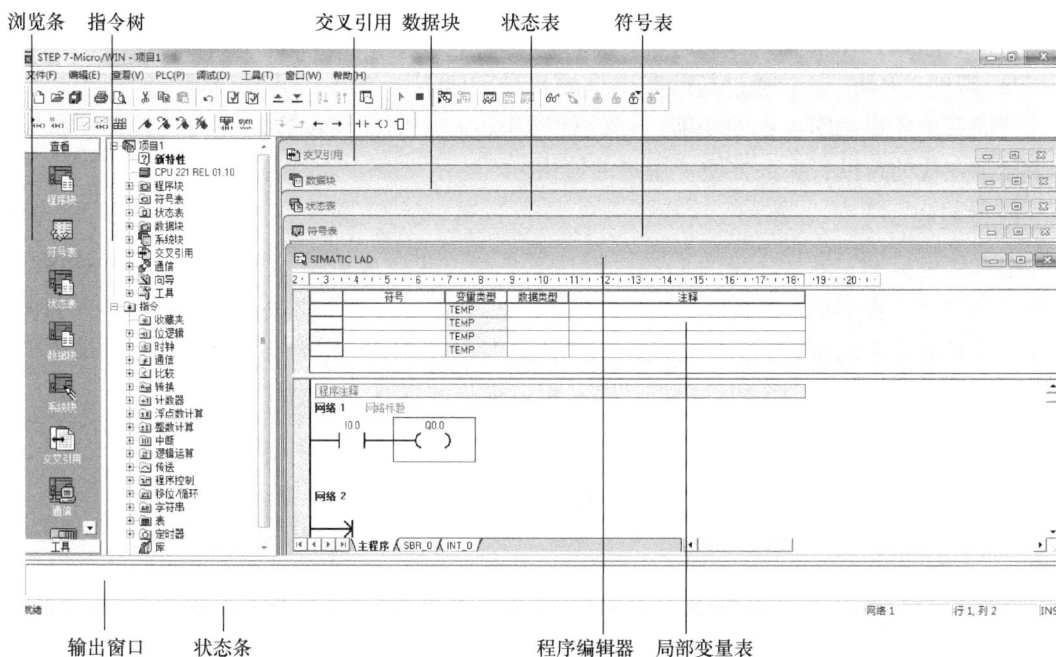

输出窗口　　　状态条　　　　　　　　　程序编辑器　局部变量表

图8-1　STEP 7 - Micro/WIN V4.0 的界面

1. 菜单条

同其他基于 Windows 系统的软件一样，位于窗口最上面的就是 STEP 7 - Micro/WIN V4.0 编程软件的主菜单，它包括 8 个主菜单选项，这些菜单包含了通常情况下控制编程软件运行的功能和命令（括号后的字母为对应的操作热键）。如图8-2所示。各主菜单项功能简介如下。

1）文件（File）。文件操作的下拉菜单里包含如新建、打开、关闭、保存文件、上装和下载程序、文件的打印预览、设置和操作等。

图8-2　主菜单条

2）编辑（Edit）。程序编辑的工具，如选择、复制、剪切、粘贴程序块或数据块，同时提供查找、替换、插入、删除和快速光标定位等功能。

3）查看（View）。查看可以设置软件开发环境的风格，如决定其他辅助窗口（如引导窗口、指令树窗口、工具条按钮）的打开与关闭；包含引导条中所有的操作项目；选择不同语言的编程器（包括 LAD、STL、FBD 三种）；设置 3 种程序编辑器的风格，如字体、指令盒的大小等。

4）可编程序控制器（PLC）。PLC 可建立与 PLC 联机时的相关操作，如改变 PLC 的工作方式、在线编译、查看 PLC 的信息、清除程序和数据、时钟、存储器卡操作、程序比较、PLC 类型选择及通信设置等。在此还提供离线编辑功能。

5）调试（Debug）。包括监控和调试里的常用工具按钮，主要用于联机调试。

6）工具（Tools）。工具可以用复杂指令向导（包括 PID 指令、NETR/NETW 指令和 HSC 指令），使复杂指令编程时操作大大简化。

7）窗口（Windows）。窗口可以打开一个或多个，并可进行窗口之间的切换；可以设置窗口的排放形式，如层叠、水平和垂直等。

8）帮助（Help）。它通过帮助菜单上的目录和索引可查阅几乎所有相关的使用帮助信息，帮助菜单还提供网上查询功能。在软件操作过程中的任何步骤或任何位置都可以按 H 键来显示在线的帮助，大大方便了用户的使用。

2. 工具栏

工具栏由标准工具栏（见图8-3）、调试工具栏（见图8-4）、公用工具栏（见图8-5）、指令工具栏（见图8-6）四部分组成。虽然工具栏中各按钮的作用也可以通过菜单中的命令实现，并且菜单中的命令提供的功能比工具栏强大；但是工具栏为实现某些常用功能提供了快捷途径，使用工具栏中按钮提供的功能，可以提高编程效率。

图8-3　标准工具栏

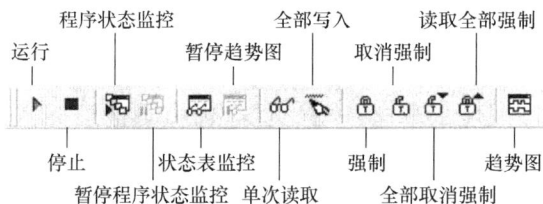

图8-4　调试工具栏

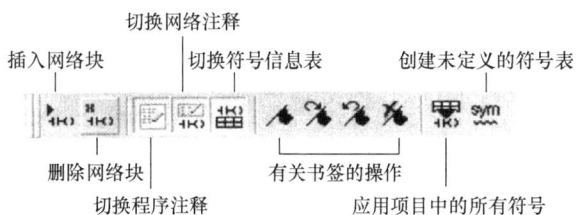

图8-5　公用工具栏

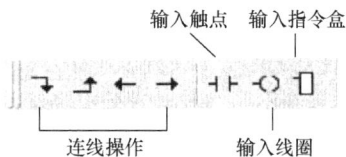

图8-6　指令工具栏

（1）标准工具栏中部分按钮的作用

1）常规按钮。

标准工具栏中的常规按钮包括新建项目、打开项目、保存项目、打印、打印预览、剪切、复制、粘贴、撤消，这些按钮的用法和平时见到的其他办公软件中的用法一样，这里不再细说。

2）编译按钮。

编译按钮限于编译当前程序编辑器打开的窗口，并且只能完成程序块或者数据块的编译。

204

3）全部编译按钮。

全部编译按钮同时完成程序块、数据块和系统块的编译。

4）上载按钮。

上载按钮将 PLC 中的项目传到 STEP 7－Micro/WIN V4.0 中，然后存储起来或对其进行编辑修改；可用于防止 PLC 中的原有项目被新项目覆盖。

5）下载按钮。

下载按钮将 STEP 7－Micro/WIN V4.0 中的项目下载到 PLC 中。

6）升序排序按钮和降序排序按钮。

升序排序按钮和降序排序按钮用来给符号表中的符号和状态图中的地址排序。

7）选项按钮。

选项按钮用来更改 STEP 7－Micro/WIN V4.0 窗口中各个小窗口的字体、颜色及其他显示选项以及打印时的格式等。

（2）调试工具栏中部分按钮的作用

1）运行按钮和停止按钮。

在 CPU 状态开关拨到 RUN 或 TERM 状态时，可通过运行或停止按钮控制 CPU 模式。

2）状态。

程序在 PLC 中执行时，显示 PLC 中有关数据实时值和能流的信息。可以使用状态图和程序状态窗口读取、写入和强制 PLC 数据值。在控制程序的执行过程中，PLC 数据的动态改变可用下列几种不同方式检视：

① 状态表监控。打开状态表窗口，单击状态表按钮 ⊞，状态表的表格中就可以显示状态数据。并且每行要指定一个监视的 PLC 数据值，指定一种显示格式、当前值及新值（如果使用写入或强制命令）。

② 趋势图。在状态视图下，单击趋势图按钮 ⊞，进入趋势图状态。在趋势图下，Micro/WIN 显示区域按照一定的刷新速率，用随时间而变的 PLC 数据绘图，跟踪状态数据；用图形显示变量的值，包括最大值、当前值、最小值等信息。在状态趋势图中一样可以执行"强制""写入"等命令；并且可以就现有的状态图，在状态表图和趋势图之间切换；新的数据也可在趋势图中直接赋值。

③ 程序状态监控。单击程序状态按钮 ⊞，在程序编辑器窗口中显示状态数据。当前 PLC 数据值会显示在引用该数据的 STL 语句或 LAD/FBD 图形旁边。LAD 图形也显示功率流，由此可看出哪个图形分支处于活动中。

注意：程序状态和状态表监控（或趋势图）窗口可以同时运行。在状态图窗口写入或强制 PLC 数据，将应用于程序状态窗口；在程序状态窗口写入或强制 PLC 数据，也会应用于状态图窗口。

3）单次读取按钮。

仅限于对状态图中的数据进行一次读取，而不是一个实时变化的数据。

4）全部写入按钮。

在状态图中，单击此按钮将改动后的"新数值"发送至 PLC。此功能与强制的区别：在写入数据后，写入的数据值还会根据程序中的逻辑运算而改变，而强制输入的数据在状态表中不会发生变化。

（3）公用工具栏中部分按钮的作用

1）插入网络块按钮和删除网络块按钮。

这两个按钮为增加和删除网络块提供了快捷方式。单击插入网络块按钮，会在光标所在的网络块之前新加一个网络块；单击删除网络块按钮，会删除光标所在的网络块。

2）切换程序注释按钮。

用来在程序编辑窗口打开和关闭程序注释。程序注释用来对整个主程序、子程序或中断程序进行说明。

3）切换网络注释按钮。

用来在程序编辑窗口打开和关闭网络注释。网络注释用来为每个网络块进行说明。

4）切换符号信息表按钮。

用来在程序编辑窗口打开和关闭符号信息表。符号信息表显示每一个网络块中的符号地址、绝对地址及对应的注释。

5）书签。

将一个长的程序分成几个小块之后，书签用来为每一个小块作一个标记，从而方便在这些块之间移动。

6）应用项目中的所有符号按钮。

用来把符号表中定义的符号地址应用在项目中。也就是说，如果程序中显示的不是符号地址，单击该按钮，可以在程序中显示符号表中已定义的符号地址。

7）创建未定义的符号表按钮。

用来为程序中使用的符号地址定义绝对地址。

（4）指令工具栏

指令工具栏包括 LAD 指令工具条和 FBD 指令工具条，具体显示什么工具条，视选择的编程语言而定。当选择使用 LAD 时，指令工具栏如图 8-6 所示。FBD 指令工具栏不再赘述。

向下连线、向上连线、向左连线和向右连线按钮用于输入连接线，由此形成复杂的网络结构。用于输入触点、线圈和指令盒等编程元件。

3. 浏览条

位于软件窗口的左侧是浏览条，它显示编程特性的按钮控制群组，如程序块、符号表、状态图、数据块、系统块、交叉引用和通信等显示控制按钮。

浏览条还为编程提供按钮控制的快速窗口切换功能，在浏览条中单击任何一个按钮，则主窗口切换成此按钮相对应的窗口。

（1）符号表

用来定义变量的符号地址，也可以为常数指定符号名。在程序中可以创建多个符号表，但无论是在同一个还是在不同的符号表中，符号名和地址是一一对应的。

符号表创建完成后，可以用符号名或地址来输入指令操作数。如图 8-7 所示的符号表，在编辑程序时，既可以输入符号名"故障指示信号"，也可以输入地址"Q0.0"。

如果不同的符号名对应相同地址，该行就会出现符号 ⊟，如图 8-7 中的 I0.0；如果符号表中定义的符号地址在程序中没有出现，该行就会出现符号 ⊟，如图 8-7 中的 I0.1。

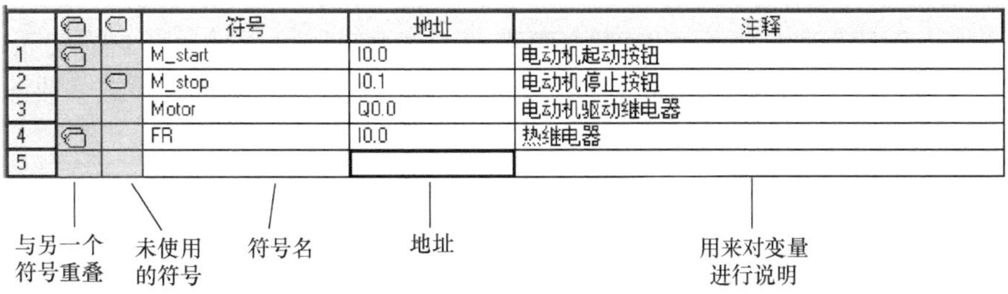

			符号	地址	注释
1			M_start	I0.0	电动机起动按钮
2			M_stop	I0.1	电动机停止按钮
3			Motor	Q0.0	电动机驱动继电器
4			FR	I0.0	热继电器
5					

与另一个　　未使用　　符号名　　　　地址　　　　　　　　用来对变量
符号重叠　　的符号　　　　　　　　　　　　　　　　　　进行说明

图 8-7　符号表

（2）状态表

状态表可在联机调试时监视各变量的值和状态。状态表窗口允许用户进行程序输入、输出或将变量置于图表中，以便追踪其状态。用户可以建立多个状态图，以便从程序的不同部分检视组件。每个状态表在状态表窗口中都有自己的标记。

（3）数据块

数据块可以以字节、字或者双字的形式为 V 存储器指定初始值。用户可以把不同用途的数据分类，然后分别在不同数据页中定义；向导程序生成的数据块也可以自动分类保存。输入数据后，保持光标在数据行的末尾，如果按 < Ctrl + Enter > 组合键，会自动计算出下一个数据的地址。

如果在数据分页标签上单击鼠标右键，选择下拉菜单中的属性，可以查看、设置每个数据页的属性，并且可以单独对它们设置密码保护。单击导出，可以将数据块导出为文本文件；单击导入，符合格式的文本文件也可导入成为数据块。还可进行重新命名等操作。

如果在不同的数据分页中定义的数据地址重叠，编译时 Micro/ WIN 会自动指出以避免错误。在消息输出窗口中，双击错误提示文字，光标会自动跳到相应出错的位置。

（4）交叉引用

交叉引用提供了交叉索引信息、字节使用情况信息和位使用情况信息。显示程序中所使用元素的详细的交叉引用信息及字节和位的使用情况；双击某一行可以切换到程序的相应位置。

（5）系统块

系统块中的内容存放的是关于 CPU 组态的数据。如果编程时未进行 CPU 组态，系统以默认值进行自动配置。包含通信端口、断电数据保持、密码、输出表、输入滤波器、脉冲捕捉位、背景时间、EM 配置、配置 LED、增加存储区等内容。

（6）通信

显示通信参数，与 S7 – 200 PLC 建立通信。

4. 指令树

显示了所有的项目对象和创建程序所需的指令，如图 8-8 所示。可以将指令从指令树拖到应用程序中，也可以用双击指令的方法将该指令插入到程序编辑器中的当前光标所在地。

5. 程序编辑器

程序编辑器窗口包含用于该项目的编辑器（LAD、FBD 或 STL）的局部变量表和程序视图。如果需要，可以拖动分隔条，扩充程序视图，并覆盖局部变量表。当用户在主程序一节

（OB1）之外建立子例行程序或中断例行程序时，标记出现在程序编辑器窗口的底部。可单击该标记，在子例行程序、中段和OB1之间移动。该编辑器可用梯形图、语句表或功能图表编辑器编写用户程序，或在联机状态下从PLC上装用户程序进行读程序或修改程序。

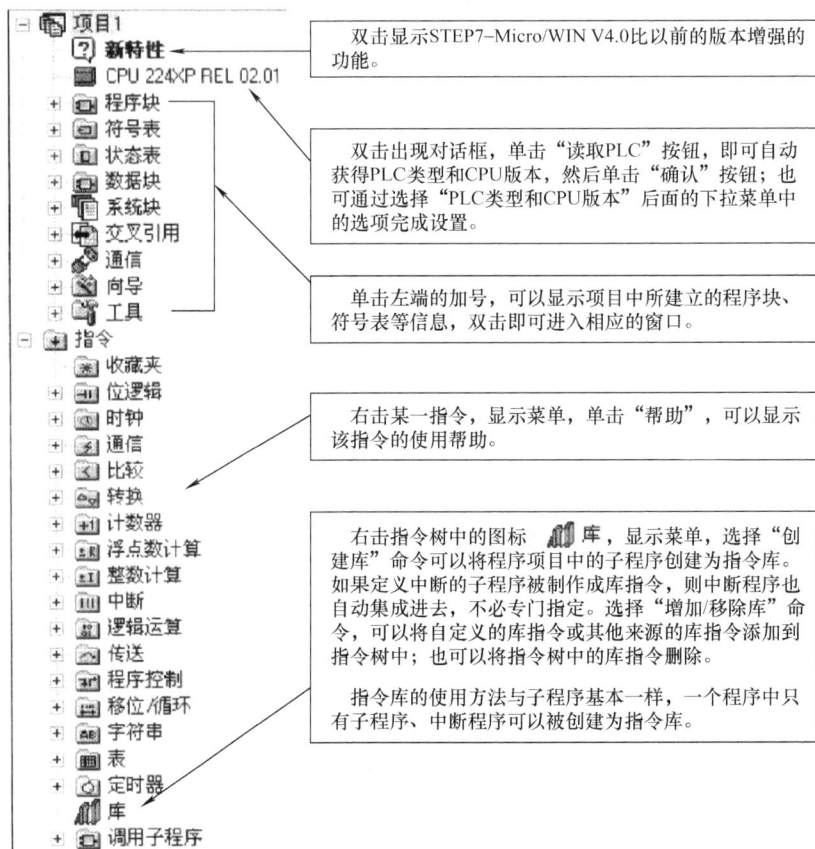

图8-8　指令树

6. 局部变量表

每个程序块都对应一个局部变量表，在带参数的子程序调用中，参数的传递就是通过局部变量表进行的。局部变量表包含对局部变量所做的赋值（即子例行程序和中断例行程序使用的变量）。在局部变量表中建立的变量使用暂时内存；地址赋值由系统处理；变量的使用仅限于建立此变量的POU。

7. 输出窗口

该窗口用来显示程序编译的结果信息。例如各程序块（主程序、子程序的数量及子程序号、中断程序的数量及中断程序号）及各块的大小、编译结果有无错误以及错误编号及其位置等。当输出窗口列出程序错误时，可双击错误信息，会在程序编辑器窗口中显示适当的网络。

8. 状态条

位于主程序底部的状态条提供有关在 STEP 7 – Micro/WIN V4.0 中操作的信息。如在编辑模式中工作时，它会显示简要状态说明、当前网络号码光标位置（用于 STL 编辑器的行和列；用于 LAD 或 FBD 编辑器的行和列）等编辑器信息。

8.1.3 建立程序

先介绍一些概念和基本操作：

1）建立符号表（可选）。

符号表不仅可以包括物理输入/输出信号，还可以包括程序中用到的其他元件。通过监视菜单，单击"符号寻址"或使用快捷键 <Ctrl + Y>，可在程序中实现绝对地址和符号地址之间的切换。将光标移到最后一行任意一栏，按键盘上的向下箭头，可以新增加一行；也可以左键单击，在下拉菜单中选择新增加一行。

2）程序的基本组成部分。

一个程序块由可执行代码和注释组成，可执行代码由主程序、子程序和中断服务程序组成，可执行代码可以被编译并下载到 PLC 中，而注释不会被下载。

3）根据需要可以在数据块中输入数据的初始值。

4）在系统块设置硬件参数，如果没有特殊要求，一般选择默认设置。

下面以一个实际例子来说明编程的具体操作步骤。

例：以本书第 5 章中 5.1.4 节的延时脉冲产生电路的程序为例，介绍在 STEP 7 - Micro/WIN V4.0 环境下编程的具体过程。下面操作使用的是工具栏中的按钮，也可以通过菜单中的命令实现。

1）单击工具栏中的新建按钮，建立一个新的程序文件。

2）双击指令条中 ▣ CPU 221 REL 02.01，根据实际应用情况，在出现的对话框中选择 PLC 的型号及版本号。如果通信正常，可以直接单击"读取 PLC"直接读取 PLC 信息。

3）建立符号表（可选），单击浏览条中的符号表图标 ▦，在符号表窗口输入如图 8-9 所示的信息。

图 8-9　建立符号表

4）编辑程序。

在公用工具栏中单击 ▣ 和 ▧ 图标，使程序编辑窗口显示程序注释条和网络注释条，然后在相应位置输入所需要的注释信息（见图 8-10），在其他网络的相应位置也可以输入相应的标题和注释。

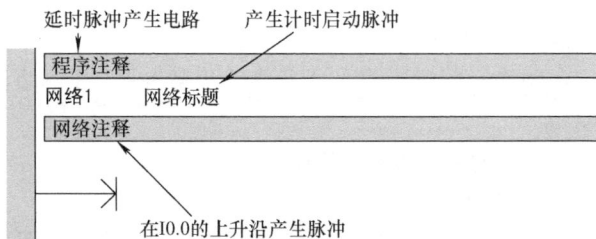

① 编辑网络 1。

双击指令树中的位逻辑图标或者

图 8-10　加标题和注释

单击左侧的加号，可以显示全部位逻辑指令。选择常开触点，按住鼠标左键，将触点拖到网络1中光标所在的位置，或者直接双击常开触点，然后将光标移到常开触点上的红色"?? . ?"，输入I0.0，按回车键确认。

同样方法输入上升沿指令和输出线圈M0.0。

② 编辑网络2。

在网络标题位置输入"启动定时器T33"，在网络注释位置输入"T33定时5s"。

输入常开触点M0.0之后，将光标放在M0.0的下方（在图8-11a所示的位置单击），在位逻辑指令中双击常开触点，输入M0.1之后，按回车键；在图8-11b中所示的位置单击，在指令工具栏中单击向上连线按钮 ↲。

将光标移到如图8-11c所示的位置，输入常闭触点Q0.0，线圈M0.1。

将光标移到如图8-11d所示的"Q0.0"处，在指令工具栏中单击向下连线按钮 ↳，在计时器指令中，双击打开延时定时器，输入定时器号T33，按回车键，光标会自动移至预置时间值（PT）参数，输入预置时间值500，按回车键确认。

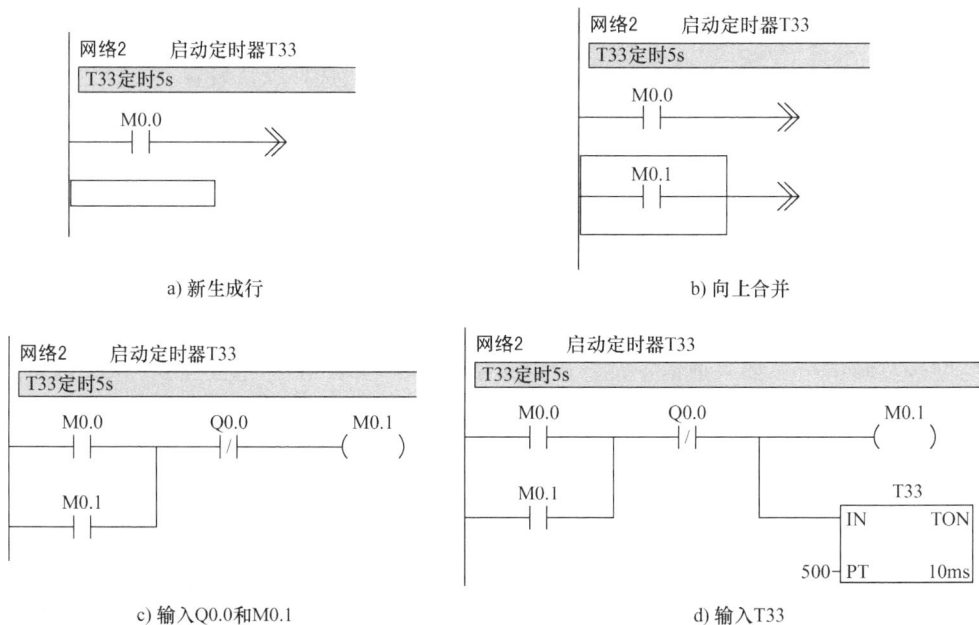

a) 新生成行

b) 向上合并

c) 输入Q0.0和M0.1

d) 输入T33

图8-11　编辑网络2

③ 编辑网络3。

在网络标题位置输入"产生输出脉冲"，在网络注释位置输入"脉冲的宽度为一个扫描周期"。

输入常开触点T33和线圈Q0.0。

5）程序编辑完成。

至此，完成并编辑后出现如图8-12所示的界面。然后可以用调试工具栏中的编译按钮 ☑，进行离线编译，在输出窗口出现如图8-13所示的信息。

如果编译无误，可单击浏览条中的交叉引用图标 ⊞，查看数据地址是否有冲突或重叠。

之后选择文件菜单，单击"另存为"按钮，在出现的对话框中，输入文件名"延时脉冲产生电路"，单击保存。

延时脉冲产生电路

网络1　产生计时启动脉冲

在I0.0的上升沿产生启动脉冲

```
     M0.0                                    M0.0
   ──┤├────────┤P├────────────────────────( )
```

网络2　启动定时器T33

T33定时5s

```
     M0.0          Q0.0                  M0.1
   ──┤├──────────┤/├───────┬───────────( )
     M0.1                   │                    T33
   ──┤├──────────────────┘         ┌──────────┐
                                        │IN     TON│
                                    500─┤PT    10ms│
                                        └──────────┘
```

网络3　产生输出脉冲

脉冲的宽度为一个扫描周期

```
     T33                                    Q0.0
   ──┤├────────────────────────────────( )
```

正在编译程序块
主(OB1)
SBR_0(SBR0)
INT_0((INT0)
块尺寸=39(字节)，0错误

正在编译数据块…
块尺寸=0(字节)，0错误

正在编译系统块…
编译块有0错误，0警告

总错误数目：0

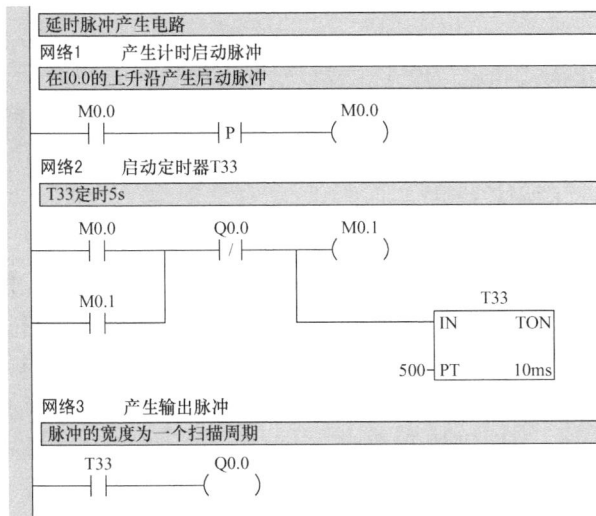

图 8-12　编程示例　　　　　　　图 8-13　输出窗口的信息

6）下载并运行程序。

完成以上操作之后，便可单击调试工具栏中的下载按钮，把程序下载到 PLC 中。

将 S7 - 200 PLC 的模式开关设置为 RUN，运行程序。运行后，每当 I0.0 输入一个高电平，5s 之后，Q0.0 闪亮一下。

注意：

① 如果要更改某一指令的操作数，可以单击该操作数，输入新的操作数，按回车键确认。

② 可以在程序编辑器窗口中右击要进行操作的位置，弹出下拉菜单（见图 8-14），可以进行插入或删除一行、一列、一个网络、一个子程序或中断程序等操作。

③ 可右击程序编辑器下面的子程序或中断程序书签，在弹出的下拉菜单中对子程序和中断程序进行插入、删除或重新命名等操作，如图 8-15 所示。

④ 将鼠标放在如图 8-16 所示的位置中单击，可以选中单个网络，然后向上或向下拖动鼠标（也可按下 Shift 键进行操作），可以选中多个网络，之后可以对选中网络块进行剪切、删除或复制等操作。

图 8-14　插入或删除操作　　　图 8-15　对中断或子程序的操作　　　图 8-16　选中网络

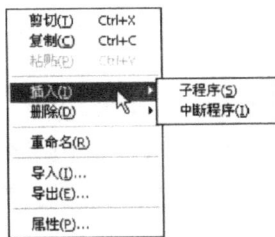

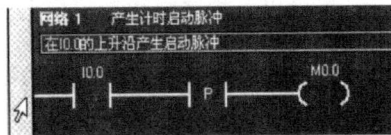

8.1.4　调试及运行监控

STEP 7 - Micro/WIN V4.0 提供了一系列工具，可直接在软件环境下调试并监视应用程序的执行。

1. S7 - 200 PLC 操作模式的选择

S7 - 200 PLC 有两种操作模式：停止模式和运行模式。CPU 模块前面板上的 LED 状态指示灯显示当前的操作模式。在停止模式下，S7 - 200 PLC 不执行程序，这时可以下载程序，进行组态或编程；在运行模式下，S7 - 200 将运行用户程序。

可以用三种方法来选择 S7 - 200 PLC 的操作模式：

（1）使用模式选择开关

在 CPU 模块的前面板上有一个手动选择操作模式开关，可以将其打在停止模式（STOP），停止程序的执行；可以将其打在运行模式（RUN），启动程序的执行；也可以将其打在终端模式（TERM），不改变当前操作模式。如果模式开关打在 STOP 或 TERM 模式，且电源状态发生变化，则当电源恢复时，CPU 会自动进入 STOP 模式；如果模式开关打在 RUN 或 TERM 模式，且电源状态发生变化，则当电源恢复时，CPU 会自动进入 RUN 模式。

（2）使用编程软件

使用 Micro/WIN 可以改变与之相连的 PLC 的操作模式。如果使用这种方法，CPU 面板上的模式开关必须打在 RUN 或 TERM 上，这时可以使用菜单命令中的"PLC"→"STOP"和"PLC"→"RUN"或工具栏中的有关按钮来改变操作模式。

（3）使用指令

这种方法不常用。在用户程序中，可以增加 STOP 指令将 PLC 置于停止模式，它可以使逻辑程序停止运行。

2. 选择扫描次数

通过设置 PLC 运行的扫描次数（从 1 次扫描到 65 535 次扫描），可以控制程序的循环扫描次数。

首先将 PLC 置于 TERM 模式，然后在调试菜单中单击首次扫描，则选择的扫描次数为一次，得到第一个扫描周期的信息之后，程序不再运行；单击多次扫描可以在出现的对话框中设置扫描次数，则程序循环扫描的次数达到设置值后自动停止运行。

当准备好恢复正常程序操作时，将 PLC 转回运行模式。

3. 状态表监控和趋势图监控

（1）建立状态表

可以直接在浏览条窗口单击状态表按钮进入状态表窗。在状态表的地址栏中输入要监视的过程变量的地址，在格式栏中选择数据类型。

也可以在程序编辑器窗口选中要监视的网络，单击鼠标右键，在弹出的下拉菜单中单击"创建状态表"，这样创建的状态图表中，即可显示所选中网络的所有变量。

程序运行时，单击调试工具栏中的图形状态表监控按钮 🖳，就可以在当前值栏中显示出这些变量的变化过程。可以按位或者按字两种形式来显示定时器和计数器的值，以位形式显示的是其状态位，以字形式显示的是其当前值。

单击 🔍 可以单次读取过程变量的值。

当用状态表时，可将光标移动到某一个单元格，右击单元格，在弹出的下拉菜单中，单击选择项，可实现相应的编辑操作。

此外，工具栏中的按钮为状态表提供了如下操作：升序排序、降序排序、单次读取、全部写入、强制、取消强制、取消全部强制和读取全部强制。使用这些按钮，可方便地进行和状态表有关的编辑。

（2）建立趋势图

在显示状态表的状态下，单击调试工具栏中的趋势图按钮，可以实现在状态图和趋势图之间的切换。在趋势图中单击鼠标右键，在快捷菜单中可以设置图形更新的时基（速率），这里选择的速率仅是 Micro/ WIN 图形刷新的速率，与实际的变量变化无关。

（3）强制

用来给一个或所有的 I/O 点赋指定值，还可以强制改变最多16 个内部存储器（V 或 M）中的数据或模拟量。V 和 M 存储区变量可以按字节、字或双字来改变，而模拟量只能以字节改变。

所有强制指定值都存储在永久存储器中。强制功能优先于立即指令，同样优先于切换到停止模式时使用的输出表。也就是说，如果对某一输出点强制，那么 PLC 进入停止模式时，输出点上为强制值而不是输出表中配置的值。

1）强制指定值。

在状态表中，若强制一个已经存在的值，可以单击"当前值"栏，然后单击强制按钮；若强制一个新值，可以在"新数值"栏中输入新值，之后单击调试工具栏中的强制按钮。

若在趋势图中，选中要强制的变量地址，单击工具栏中的强制按钮，在弹出的对话框中输入强制值，按确定按钮。

2）读取全部强制操作。

打开状态表窗口或趋势图窗口，单击工具栏中的按钮 🖌，则状态表中或趋势图中所有被强制的当前值中会显示强制符号。

3）取消一个强制操作。

单击当前值，然后单击工具栏中的取消强制按钮。

4）取消全部强制操作。

打开状态表或趋势图，单击工具栏中的按钮 🖌。

（4）写入

在状态表的新数值栏写入数据，然后单击调试工具栏中的全部写入按钮，就可实现将新数据写入 PLC。

4. 运行模式下编辑应用程序

在运行模式下编辑，是指对控制过程影响较小的情况下，对应用程序做少量的修改。这时在线的 S7 - 200 CPU 必须支持 RUN 模式下编程，并且 CPU 必须处于 RUN 状态。一般情况下，不建议进行该方面的操作。

1）单击调试菜单中的命令"Run（运行）模式下程序编辑"。因为 RUN 模式下只能编辑 CPU 中的程序，如果 CPU 中的程序与编辑软件窗口的程序不同，系统会提示存盘。

2）屏幕弹出警告信息。

STEP 7 - Micro/WIN V4.0 会对在运行模式下编辑程序提出警告，提示是"上载"还是"取消"操作。如果选择上载，所连接 CPU 中程序将被上载到编程主窗口，这样便可在运行模式下进行编辑。

3）在运行模式下进行下载。

在程序编译成功后，可单击工具栏中的下载按钮，将程序下载到 CPU 中。

4）退出运行模式。

要退出运行模式编辑，选中调试菜单中的命令"Run（运行）模式下程序编辑"，单击取消复选标志即可。如果修改完没有下载，将会出现图 8-17 所示的对话框，根据需要进行选择。

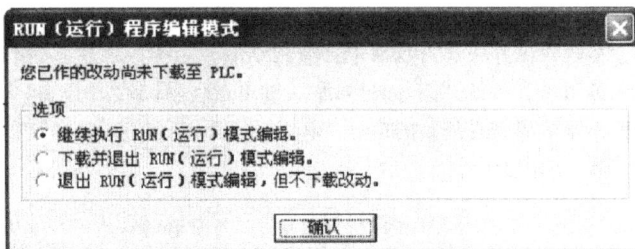

图 8-17 退出运行模式下编辑

5. 程序监控

在程序执行时，单击工具栏中的按钮 🔲 可监控程序运行状态。

对于 LAD 程序的状态，有两种选择：

1）扫描结束时的状态。屏幕显示的状态是 STEP 7 – Micro/WIN V4.0 经过多个扫描周期后得到的状态，并不反映程序执行过程中每个元素的实际状态，也不显示 L 存储器或者累加器的状态。

2）执行状态。在程序执行过程中，STEP 7 – Micro/WIN V4.0 显示程序段中元素的实际状态值，状态值只有 CPU 处在运行模式下才刷新。要进入执行状态，需单击调试菜单中的"使用执行状态"命令，这时其前面会出现"√"表示选中。

对于 STL 程序的状态，可以监视程序逐条指令的执行状态，操作数按程序代码顺序在屏幕上不断更新，反映指令的实际运行状态。其中，程序代码出现在左侧的 STL 状态窗口里，在右侧则显示包含操作数的状态区。间接寻址的操作数将同时显示存储单元的值和它的指针。可以用工具栏中的 🔲 按钮暂停程序监控，而当前的状态数据将保留在屏幕上，直到再次单击这个按钮。

用标准工具栏中的"选项"按钮，打开"选项"对话框，选择"程序编辑器"选项，可以改变梯形图或语句表状态窗口的样式。

8.1.5 S7 – 200 仿真软件的使用

1. S7 – 200 的仿真软件

除了阅读教材和用户手册外，学习 PLC 最有效的手段是动手编程和上机调试。许多读者苦于没有 PLC，缺乏实验的条件，编写程序后无法检验是否正确，编程能力很难提高。PLC 的仿真软件是解决这一问题的理想工具。西门子的 S7 – 300/400 PLC 有非常好的仿真软件 PLCSIM。互联网上流行一种 S7 – 200 的仿真软件，国内有人已将它部分汉化。

在互联网上搜索"S7 – 200 仿真 V4.0 汉化版"，可以找到该软件，本节简单介绍其使用方法。该软件不需要安装，双击执行其中的 S7 – 200. EXE 文件打开它。单击屏幕中间出现的画面，在密码输入对话框中输入密码 6596，进入仿真软件，如图 8-18 所示。

该仿真软件不能模拟 S7 – 200 的全部指令和全部功能，具体的情况可以通过实验来了解。但它仍然不失为一个很好的学习 S7 – 200 的工具软件。

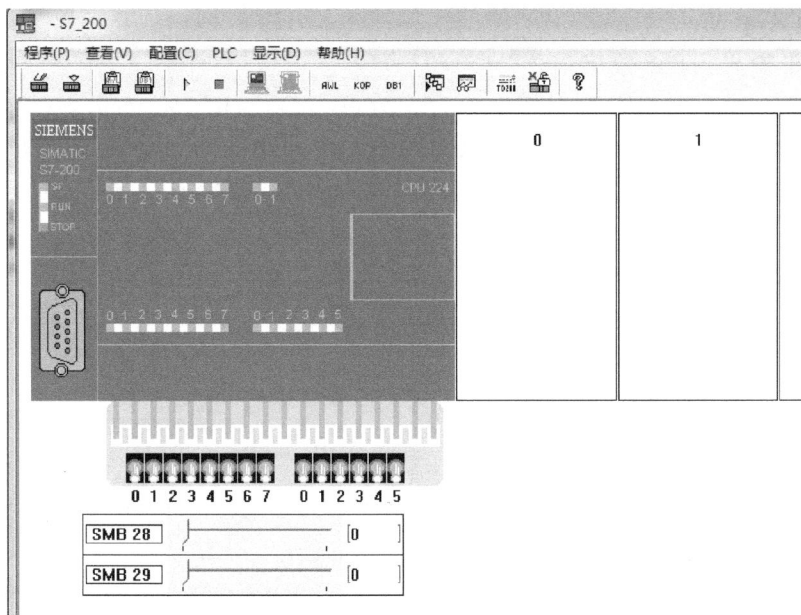

图8-18 仿真软件界面

2. 硬件设置

软件自动打开的是老型号的CPU214，应执行菜单命令"配置"→"CPU 型号"，在"CPU 型号"对话框的下拉列表中选择 CPU 的型号 CPU22X。用户可以修改 CPU 的网络地址，一般使用默认的地址。

图8-18 的左边是CPU224，CPU 右边空白的方框是扩展模块的位置。双击紧靠已配置的模块右侧的空白方框，在出现的"扩展模块"对话框中（见图8-19），用单选框选择需要添加的I/O扩展模块后，单击"确定"按钮。双击已存在的扩展模块，选择"扩展模块"对话框中的"无"，可以取消该模块。

添加到 0 号扩展模块的是4AI/1AO 的模拟量输入/输出模块 EM235，单击该模块下面的"Conf. Module"（设置模块）按钮，在出现的"配置 EM235"对话框中（见图8-20），可以设置模拟量输入和模拟量输出信号的量程。该模块下面的 4 个滚动条用来设置各个通道的模拟量输入量。

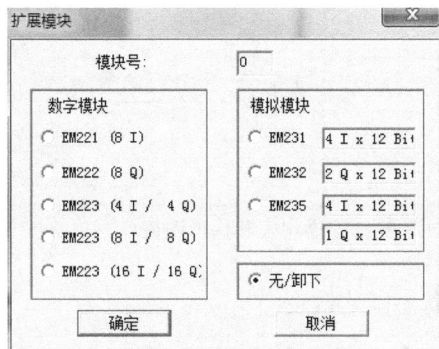

图8-19 配置扩展模块

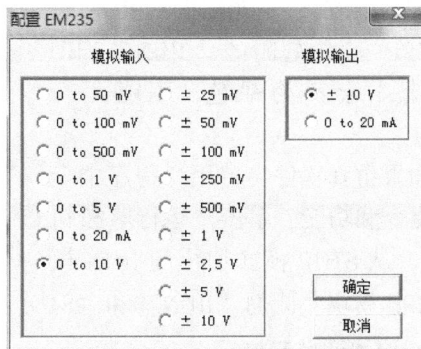

图8-20 设置模拟量模块的量程

添加到 1 号扩展模块的是有 4 点数字量输入、4 点数字量输出的 EM223 模块,模块下面的 IB2 和 QB2 是它的输入点和输出点的地址。如图 8-21 所示。

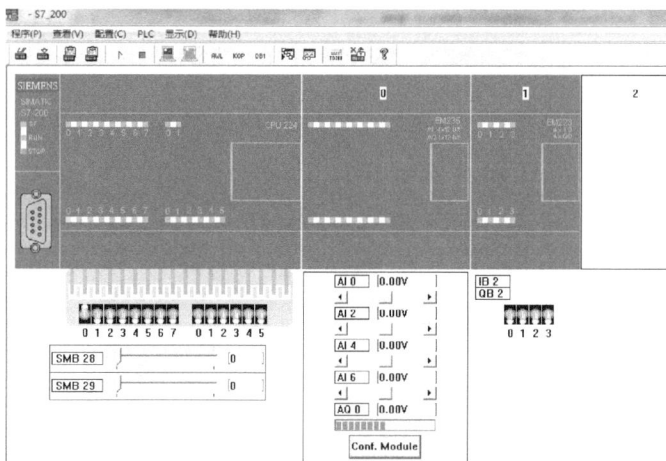

图 8-21 添加扩展模块后的仿真软件界面

CPU 模块下面是用于输入数字量信号的小开关板,它上面有 14 个用来产生输入信号的小开关,与 CPU224 的 14 个输入点对应。开关板下面有两个直线电位器,SMB28 和 SMB29 分别是 CPU224 的两个 8 位模拟量输入电位器对应的特殊存储器字节,可以用电位器的滑动块来设置它们的值(0~255)。

3. 生成 ASCII 文本文件

仿真软件不能直接接收 S7-200 的程序代码。在 STEP 7-Micro/WIN V4.0 中,打开编译成功的主程序 OB1,单击菜单"文件"→"导出"命令,生成扩展名为"awl"的 ASCII 文本文件。

4. 下载程序

生成文本文件后,单击仿真软件工具栏的装载按钮 🖴,开始下载程序。在出现的"装载程序"对话框中选择下载哪些块。单击"确定"按钮,在出现的"打开"对话框中双击要下载的 *.awl 文件,开始下载。下载成功后,图 8-18 中 CPU 模块处会显示下载的 ASCII 文件的名称,同时会出现下载的语句表和梯形图窗口,如图 8-22 所示。用鼠标左键按住程序窗口最上面的标题行,可以将它拖到别的位置。

如果用户程序中有仿真软件不支持的指令或功能,单击工具栏上的"运行"按钮 ▶ 后,出现的对话框显示出仿真软件不能识别的指令。单击"确认"按钮后,不能切换到 RUN 模式,CPU 模块左侧的"RUN" LED 的状态不会变为绿色,不能运行程序。

如果仿真软件支持用户程序中全部的指令和功能,单击"运行"按钮 ▶ 后,从 STOP 模式切换到 RUN 模式,CPU 模块左侧的"RUN"和"STOP" LED 的状态随之改变。

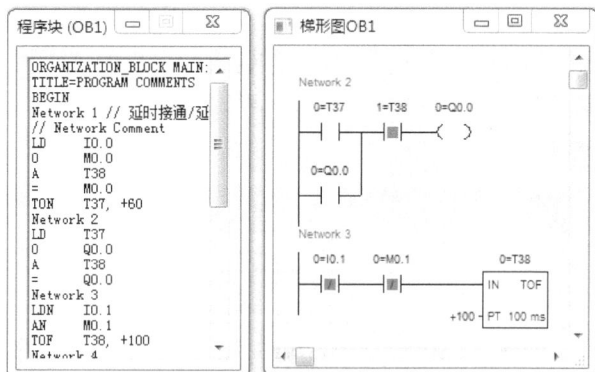

图 8-22 语句表和梯形图窗口

5. 模拟调试程序

用鼠标单击 CPU 模块下面的开关板上的小开关,可以改变小开关的手柄的位置,对应的输入点的 LED 的状态随之改变。LED 为绿色表示输入点为 ON。图 8-21 中 CPU 模块下面 I0.0 对应的开关为闭合状态，其余为断开状态。图中的 DI/DO 扩展模块的下面也有 4 个小开关。

与用硬件 PLC 做实验相同，在 RUN 模式调试数字量控制程序时，用鼠标切换各输入点对应的小开关的状态，改变 PLC 输入点的 ON/OFF 状态。通过模块上的 LED 观察 PLC 输出点的状态变化，可以了解程序执行的结果是否正确。

在 RUN 模式单击工具栏上的"监视梯形图"按钮 ，可以用程序状态功能监视图 8-22 给出的梯形图窗口中触点和线圈的状态。

6. 监控变量

单击工具栏上的"状态表"按钮 ，可以用出现的对话框（见图 8-23）监控变量的值。

输入需要监控的变量的地址后，单击格式单元中的 按钮，在出现的下拉列表中选择数据显示的格式。图 8-23 中的"With sign"是有符号数，用来监视 T38 的当前值。T38 的数据格式为"Bit"时，监视它的位的状态。"Without sign"是无符号数，"Hexadecimal"

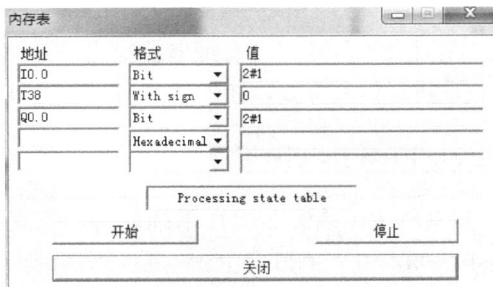

图 8-23　状态表

是十六进制数，Bit 位是二进制的位。"开始"和"停止"按钮用来启动和停止监控。

8.2　松下 FP0 PLC 的软硬件平台

TVT－90E 可编程序控制器训练装置采用模块式结构，集实验桌、计算机、可编程序控制器、FPWIN GR 编程软件、模拟控制实验板等于一体。在本装置上，可直观地进行 PLC 的基本指令练习、多个 PLC 实际应用的模拟实验，也为高层次的设计开发实验提供良好的条件。

8.2.1　TVT－90E 可编程序控制器训练装置

TVT－90E 可编程序控制器训练装置由操作台、实验屏、PLC 单元、电源单元、实验单元板等组成。实验单元板可在两层导轨上任意互换，根据实验内容可方便地组合成不同实验电路，实用美观、结构紧凑、组合方便。

装置配备的主机采用松下 FP0－C16 编程控制器，配套通信编程电缆、电源模块。模拟控制实验板含有 TVT90－1 电动控制、TVT90－2 天塔之光、TVT90－3 交通信号灯、TVT90－4 水塔水位控制、TVT90－5 自控成型机、TVT90－6 自控轧钢机、TVT90－7 多种液体自动混合、TVT90－8 自动送料装车、TVT90－9 邮件分拣机、TVT90－10 电梯自控模型、TVT90－11 自动售货机、TVT90B－3 自控正火炉和回火炉等 12 个。设有 16 个数字量输入口和 16 个数字量输出口（注意主机模块上的输入/输出地址的分配）。

在 FP 系列产品中，FP0 属于小型 PLC 产品。该产品系列有 C10、C14、C16、C32 型等多种规格。扩展单元有 E8、E16、E32 等规格。以 C 字母开头代表主控单元（或称主机），以 E 字母开头代表扩展单元（或称扩展机），后面跟的数字代表 I/O 点数。例如 C16 表示输入和输出点数之和为 16。

本实验装置中主机采用的是 FP0 - C16CT，8 入/8 出（晶体管输出，带 RS - 232C），对应的地址范围：X0 ~ X7，Y0 ~ Y7；扩展单元采用的是 FP0 - E16RS，8 入/8 出（继电器输出），对应的地址范围：X20 ~ X27，Y20 ~ Y27。

例如，FP - X 系列 PLC 的型号命名规则为：AFPX -□□□□□
　　　　　　　　　　　　　　　　　　　　　　　　①②　③④

① 单元名称：C——控制单元；E——扩展单元；

② 输入/输出（I/O）总点数；

③ 输出类型：R——继电器输出；T——NPN 型晶体管输出；P——PNP 型晶体管输出；（注：松下 FP 系列 PLC 有继电器输出、晶体管输出两种形式）；

④ PLC 供电方式：缺省——AC 供电；D——DC 供电。

8.2.2　FPWIN GR 编程软件

FPWIN GR 是松下 PLC 编程软件，它是适用 PLC 本公司 FP 全系列的编程工具，支持 Windows98/ Me/ 2000/ XP/ Vista/ 7 等操作系统。

1. FPWIN GR 的启动和退出

（1）启动 FPWIN GR

启动 FPWIN GR 的方法很多，下面给出了两种常用的启动 FPWIN GR 的方法。

方法 1：由自己创建的快捷方式图标启动，双击相应的图标 █。

方法 2：由 Windows 的开始菜单栏启动。先单击"开始"按钮，或按 < Ctrl + Esc > 组合键。打开 Windows 开始菜单，从中选择"Panasonic - EW SUNX Control"，再选择"FPWIN GR 2"，双击"FPWIN GR"图标。

（2）选择启动菜单

启动 FPWIN GR 后，画面中将会出现启动菜单。根据操作需要，单击以下 4 个按钮之中的某一个，如图 8-24 所示。

1）创建新文件：当要创建一个新的文件时，请选择本项。

2）打开已有文件：当从磁盘中调出一个被保存的程序文件进行编辑时，请选择本项。

3）由 PLC 上载：当从 PLC 中读出程序进行编辑时，请选择本项。此时会自动切换到在线方式。

4）取消：不读取已有的程序，启动 FPWIN GR。

当选择了"创建新文件"时，画面中将会显示关于机型选择的对话框，请从中选择所使用的 PLC 机型，并单击"OK"按钮，如图 8-25 所示。

当选择了"打开已有文件"时，画面中将会显示关于文件打开的对话框。选择需要进行编辑的文件，并用鼠标双击该文件名，或者直接单击"打开"按钮。

当选择了"由 PLC 上载"时，画面中将会显示关于上载数据确认的对话框，单击"是（Y）"按钮。开始进行程序上载，并且在正常结束后，画面中会显示关于确认 PLC 模式变更的对话框。

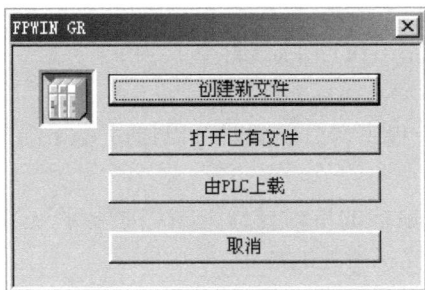

图 8-24　选择启动菜单　　　　　　图 8-25　选择 PLC 机型

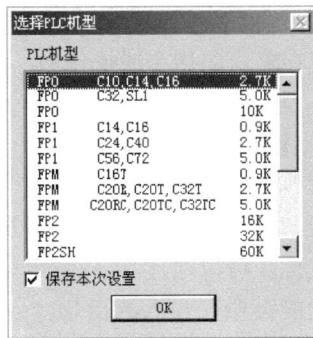

（3）显示 FPWIN GR 的初始界面

在 FPWIN GR 正常启动以后，将会出现如图 8-26 所示的初始界面。

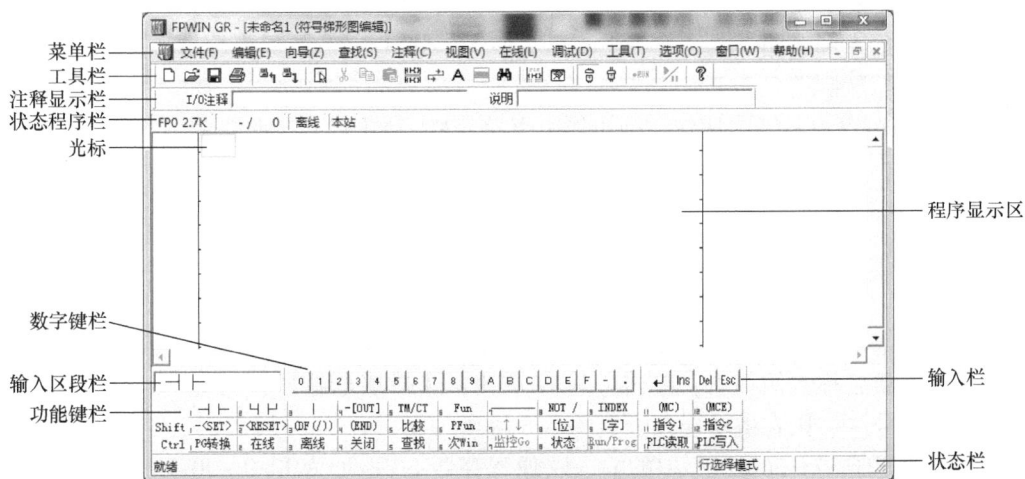

图 8-26　初始界面

（4）FPWIN GR 的退出

退出的操作：退出 FPWIN GR 时，单击菜单栏中的"文件（F）"并选择"退出（X）"。或者，单击窗口右上角的"关闭"按钮。

2. FPWIN GR 的窗口组件及功能

FPWIN GR 的画面和菜单如图 8-26 所示。各部分名称及其作用说明如下：

1）菜单栏：将 FPWIN GR 全部的操作及功能，按各种不同用途组合起来，以菜单的形式显示。

2）工具栏：在 FPWIN GR 中经常使用的功能，以按钮的形式集中显示。

3）注释显示栏：显示光标所在位置的设备或指令所附带的注释。

4）状态程序栏：显示所选择使用的 PLC 机型、程序步数、FPWIN GR 与 PLC 之间的通信状态等信息。

5）功能键栏：在输入程序时，利用鼠标单击或按功能键，选择所需指令或功能。它将随程序的不同输入状况而改变显示内容，而各条指令将被输入到程序显示区域内的光标所处位置。

6）输入区段栏：在通常情况下显示光标所在位置的指令或操作数。在程序编辑状态下，显示正在输入的指令或操作数。

7）输入栏：利用鼠标操作，输入 Enter、Ins、Del、Esc 键。

8）数字键栏：利用鼠标操作，可以输入 0 ~ 9、A ~ F 等数字。

9）窗口：在 FPWIN GR 中，可以打开多个程序窗口。同时可以通过 < Ctrl + Tab > 键或 < Ctrl + F6 > 键在各个程序窗口之间进行切换。

10）光标：可以通过→、←、↑、↓键或鼠标的单击操作，在程序显示区域内移动光标。由"功能键栏"输入的指令，会被输入到光标所处的位置。

可以利用 Home 键将光标移至行首，利用 End 键将光标移至行尾。

利用 < Ctrl + Home > 组合键可以将光标移至程序的起始位置，利用 < Ctrl + End > 组合键则可以将光标移至程序的最后一行。

11）状态栏：显示 FPWIN GR 的动作状态。

3. 程序的创建

（1）输入触点和线圈

1）输入常开触点。

单击功能键栏的 ┤├ 按钮，弹出继电器符号栏，如图 8-27 所示。

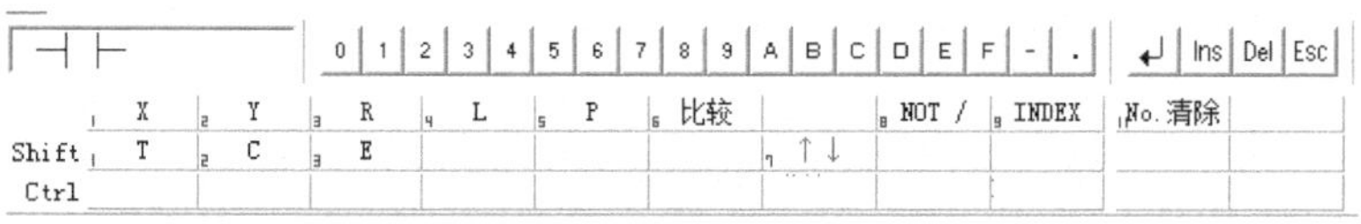

图 8-27　继电器符号栏

选择继电器名称，例如 X，单击 X 按钮，选择继电器号，例如 0，单击 0 按钮，再单击写入符号 ↵，则在编辑屏幕上显示常开触点 X0。

注意：西门子 S7 - 200 PLC 中的输入映像寄存器 I，地址为 I0.0 ~ I0.7，对应松下 FP0 PLC 中的外部输入继电器 X，地址为 X0 ~ X7，位地址均为 8 位。

2）输入常闭触点。

单击功能键栏的 ┤├ 按钮，在弹出的继电器符号栏中选择继电器名称，例如 X，单击 X 按钮，选择继电器号，例如单击 1 按钮，单击常闭符号 NOT /，再单击写入符号 ↵，则在编辑屏幕上显示常闭触点 X1。

3）输入线圈。

单击功能键栏的 -[OUT] 按钮，弹出继电器线圈栏，选择继电器名称，例如 Y，单击 Y 按钮，选择继电器号，例如单击 0 按钮，再单击写入符号 ↵，则在编辑屏幕上显示线圈 Y0。输入线圈系统会自动与右母线相连，不必人工输入横线进行连接。

注意：西门子 S7 - 200 PLC 中的输出映像寄存器 Q，地址为 Q0.0 ~ Q0.7，对应松下 FP0 PLC 中的外部输出继电器 Y，地址为 Y0 ~ Y7，位地址均为 8 位；S7 - 200 PLC 中的内部继电器 M，对应松下的内部继电器 R，R 编号无限制，范围为 R0 ~ R15F。

上述三种输入显示如图 8-28 所示。

4）输入并联触点。

单击功能键栏的 ┤├ 按钮，在弹出的继电器符号栏中选择继电器名称，例如 Y，单

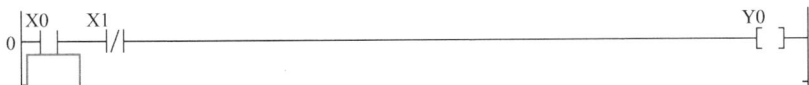

图 8-28　完成触点、线圈的输入

击 `Y` 按钮，选择继电器号，例如 0，单击 `0` 按钮，再单击写入符号 ↵，则在编辑屏幕上显示并联触点 Y0。如图 8-29 所示。

图 8-29　完成并联触点的输入

5）输入竖线或横线。

输入竖线：单击功能键栏的 `|` 按钮，则出现竖线，如图 8-30 所示。再单击一次 `|` 按钮，竖线消失。

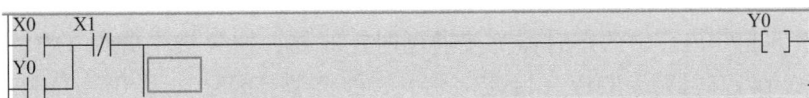

图 8-30　完成竖线的输入

输入横线：单击功能键栏的 `——` 按钮，则出现横线；再单击一次 `——` 按钮，横线消失。

（2）输入定时器

单击功能键栏的定时器/计数器按钮 `TM/CT`，弹出定时器/计数器对话框，如图 8-31 所示。

图 8-31　定时器/计数器对话框

选择定时器类型，例如 TMX，单击 `-[TMX]` 按钮；选择定时器号，例如 0，单击 `0` 按钮，则输入区段栏出现 TMX 0，如图 8-32 所示。

图 8-32　定时器符号栏

再单击 ↵ 按钮，则编辑屏幕出现定时器梯形图形，如图 8-33 所示。

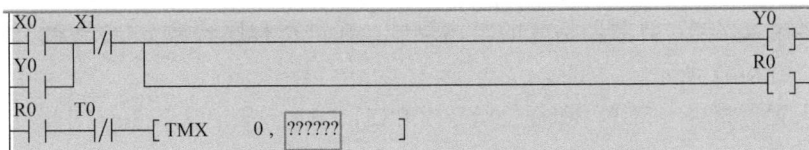

图 8-33　输入定时器 TMX 0

在图 8-34 所示的功能栏输入设定值，单击 K 、 2 、 0 按钮。

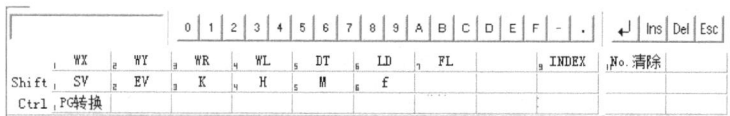

图 8-34　输入定时器设定值

再单击 ↵ 按钮，则完成了定时器的输入，如图 8-35 所示。定时器线圈的表达符号，在进行程序转换（PG 转换）后移动到该行的右端。

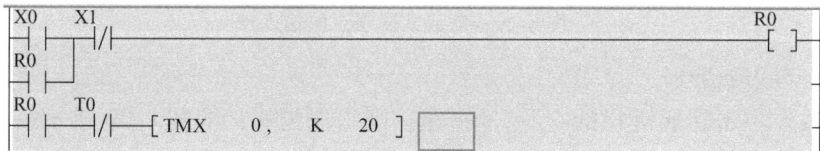

图 8-35　完成定时器的输入

注意：松下 FP0 PLC 中的定时器为接通延时定时器，按分辨率分为 TMR（0.01s 定时器）、TMX（0.1s 定时器）、TMY（1s 定时器）3 种类型，编号均为 T0 ~ T1007，设定值为 K 或 SV。

如图 8-35 所示的定时器 T0，SV0 为 T0 的设定值寄存器，EV0 为 T0 的经过值寄存器。当 PLC 上电时，传送设定值 20 到 SV0，即 SV0 = 20。当 X0 闭合时，R0 得电，执行 TMX 指令，SV0 的值送到 EV0，此后每经过 1 个脉冲单位时间（0.1s），EV0 减 1，直到 EV0 的值等于 0，T0 的常开触点闭合。注意，在定时器工作过程中，R0 必须一直闭合。

（3）输入计数器

单击功能键栏的定时器/计数器按钮 ₅TM/CT，出现如图 8-31 所示的定时器/计数器对话框，再单击计数器符号 ₆-[CT]-，输入区段栏出现 CT。在数字栏单击 1、0、1，再单击 ↵ 按钮，出现计数器梯形图形，如图 8-36 所示。

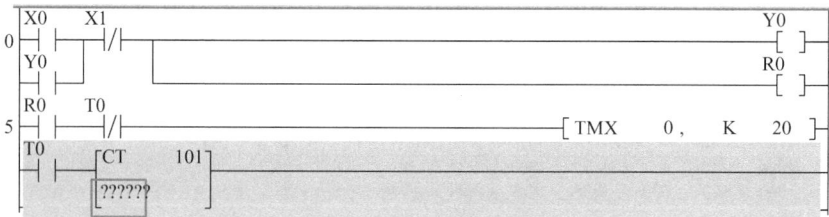

图 8-36　输入计数器号

输入设定值 K、5、0，单击 ↵ 按钮，然后在计数器的复位端输入 X、2，再单击 ↵ 按钮，则计数器输入完毕。计数器指令的表达符号，在进行程序转换（PG 转换）后移动到该行的右端，如图 8-37 所示。

（4）输入置位指令（SET）和复位指令（RST）

单击功能键栏 -<SET> 按钮，出现置位指令符号栏。再单击 Y、2、↵ 按钮，则完成了对 Y2 置位的输入。

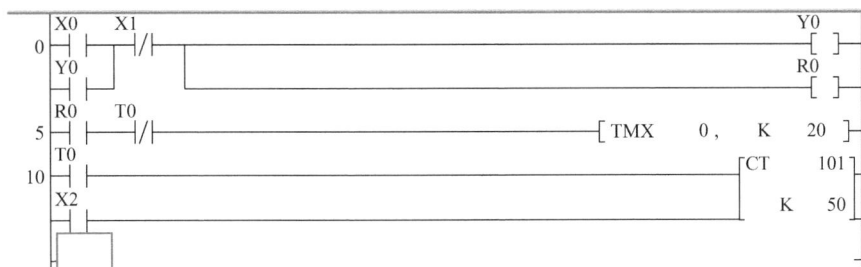

图 8-37 完成计数器的输入

如同上述步骤，如果单击功能键栏 ⏚<RESET> 按钮，再单击 Y、2、↵ 按钮，则完成了对 Y2 复位的输入，如图 8-38 所示。

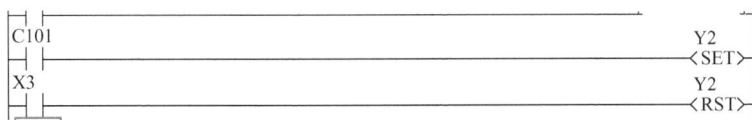

图 8-38 完成对 Y2 置位、复位的输入

（5）输入比较指令（<、>、=）

单击功能键栏 ⏚比较 按钮，出现如图 8-39 所示的比较指令栏。

图 8-39 比较指令栏

单击 ⏚ > 、⏚ < 或 ⏚ = ，再单击 ↵ 按钮，出现比较数据输入栏，如图 8-40 所示。

图 8-40 比较数据输入栏

输入待比较的数据或数据寄存器，再输入驱动的继电器，则完成了比较指令的输入，如图 8-41 所示。

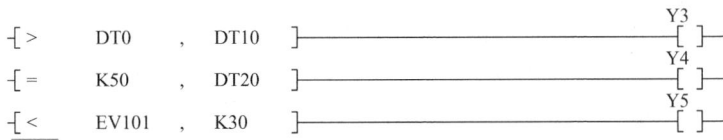

图 8-41 完成比较指令的输入

（6）输入上升沿微分指令和下降沿微分指令

输入上升沿微分指令的步骤是：单击功能键栏 ⏚(DF(/)) 按钮，再单击 ↵ 按钮。

输入下降沿微分指令的步骤是：单击功能键栏 ⏚(DF(/)) 按钮，然后单击 ⏚ NOT / 按钮，或者单击两次 ⏚(DF(/)) 按钮，再单击 ↵ 按钮。结果如图 8-42 所示。

每次按 ⏚(DF(/)) 按钮，可以在（DF）与（DF/）之间切换。

图 8-42 完成上升沿微分指令和下降沿微分指令的输入

（7）输入高级指令

输入高级指令时，单击功能键栏的 ⓕFun 按钮，显示如图 8-43 所示的高级指令列表对话框。

下拉到某一个指令，则列表的解释栏有关于选中指令的名称、格式意义的说明。单击"OK"按钮，在编辑屏幕上出现这个指令。再输入各操作数，则完成了高级指令的输入。

（8）转换程序

输入了程序后，编辑屏幕是暗色的，如图 8-44 所示。

单击工具栏"转换程序"命令 ⯮（用鼠标单击功能键栏中的 ⓟPG转换 ，或者按 < Ctrl + F1 > 组合键），则暗色的屏幕变成白色，如图 8-45 所示。在输入完程序之后都要进行程序的转换。

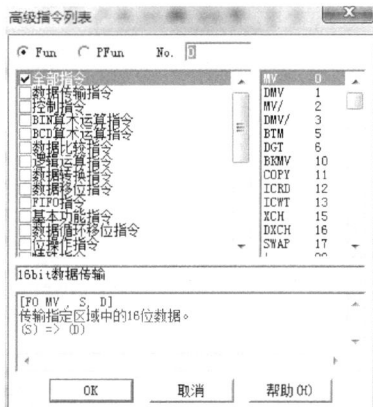

图 8-43 高级指令列表

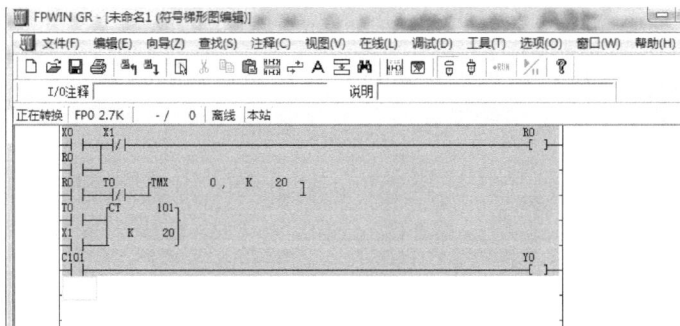

图 8-44 编辑屏幕暗色

图 8-45 转换后的程序

注意：程序转换（PG 转换）必须在 33 行以内。在符号梯形图模式下，FPWIN GR 无法对第 34 行以上的程序进行编辑。

4. 程序的修改

（1）插入/删除空行

在需要插入/删除空行的行首，单击鼠标左键，将光标移到该行的行首。单击"编辑"菜单的"插入空行"/"删除空行"命令，或单击鼠标右键，选择"插入空行"/"删除空行"命令，则出现所插入空行或删除空行。在插入的空行中，可以输入程序行。

（2）添加指令

将光标移动到想要添加触点（线圈或其他图形符号）处，添加一个指令。添加完之后，该程序行变为暗色，要进行程序转换。

（3）删除指令

将光标移动到想要删除的触点（线圈或其他图形符号）上，按 Del 键，则此触点删除。

（4）程序行的复制

将需要复制的若干行程序选中"涂黄"，右键单击复制命令；在准备复制的位置单击出现光标后，右键单击粘贴命令，则在该位置上出现所要复制的程序行。

（5）程序行的删除

将需要删除的若干行程序选中"涂黄"，右键单击删除命令，或按键盘上的 Del 键，则删除所选的程序行。

5. 文件的注释

（1）输入 I/O 注释

选中需要注释的元件（例如 X0），再单击"注释"菜单的"输入 I/O 注释"命令，出现如图 8-46 所示的对话框。输入中文"启动"，单击"登录"按钮，则在触点 X0 下显示启动的注释字样。

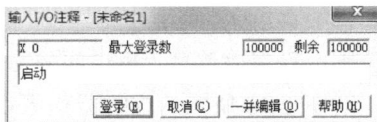

图 8-46　输入 I/O 注释

（2）I/O 注释一并编辑

单击"注释"菜单的"I/O 注释一并编辑"命令，出现如图 8-47 所示的对话框。选择设备类型，对各编号的设备进行注释。单击"跳转"按钮，则在所选择的设备类型的各编号的元件下显示注释字样。

图 8-47　I/O 注释一并编辑

所注释的程序如图 8-48 所示。

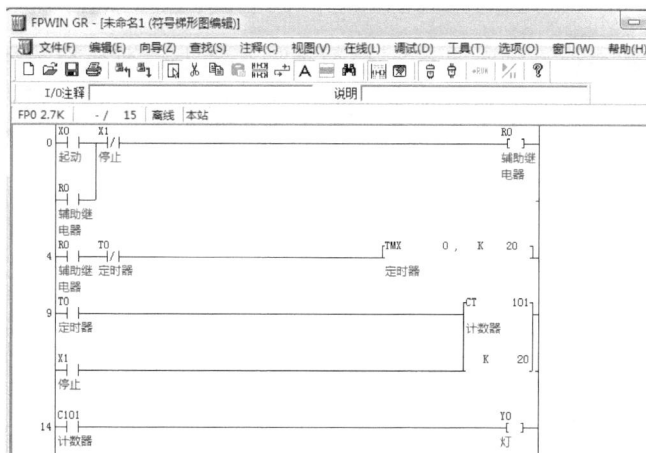

图 8-48　已注释的程序

（3）输入块注释

输入块注释是对程序块进行说明。方法是：在需要注释的程序块首单击一下鼠标（例如计数器块），单击"注释"菜单的"输入块注释"命令，出现如图 8-49 所示的对话框。输入要说明的中文，单击"登录"按钮，则在程序块首显示出说明的文字。

对图 8-48 所示的定时器程序块和计数器程序块进行注释，结果如图 8-50 所示。

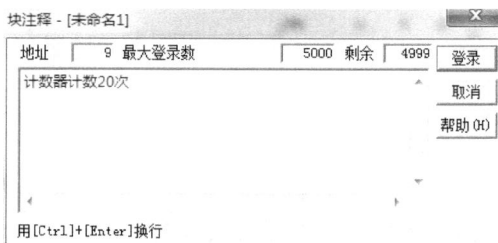

图 8-49　输入块注释

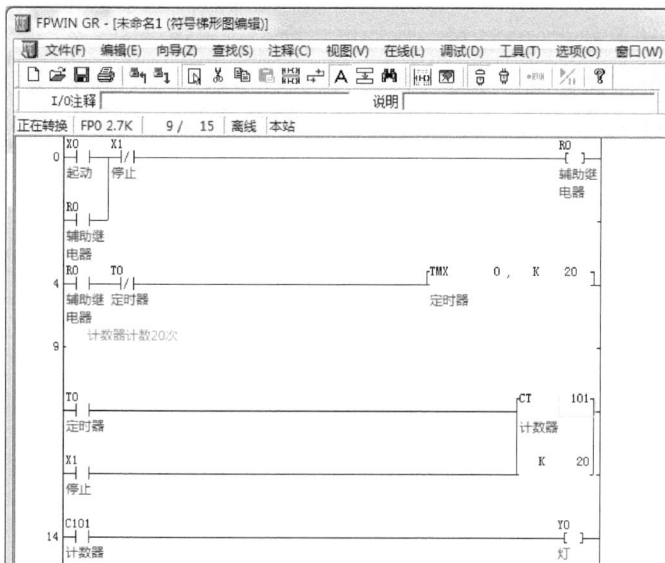

图 8-50　程序的注释

6. 程序的运行

（1）下载程序（在线方式）

假如 PLC 已经连接好外部电路，则可接通 PLC 电源。将编写好的程序界面上，单击工具栏的 按钮，出现如图 8-51 所示的下载对话框。单击"是"按钮，程序被下载，并核对。下载完毕，所下载的程序的常闭触点呈闭合状态，定时器、计数器显示它的初始设定值，如图 8-52 所示。

如果程序有错误存在，则将显示出错误数量，及各项错误的地址和错误内容。

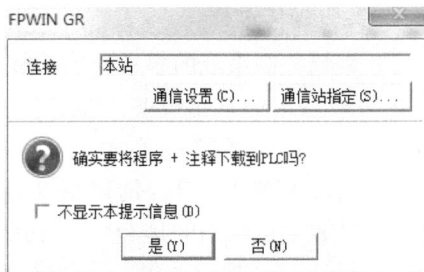

图 8-51　下载对话框

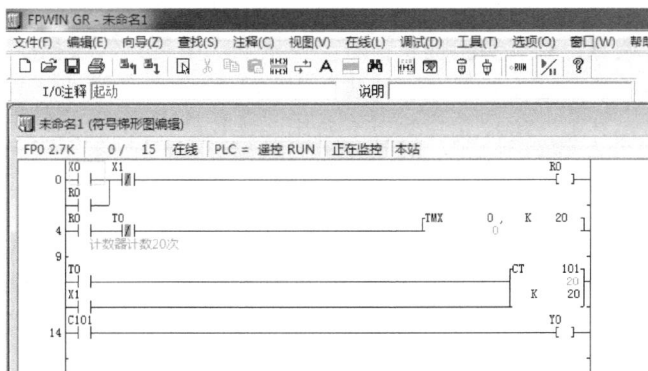

图 8-52　已下载的程序

选择（反显）要查找的项目、单击"跳转（J）"按钮后，在编辑画面中的光标将跳转到发生错误的地址。

选择（反显）要查找的项目、单击"跳转后关闭"按钮后，本对话框将被关闭，而编辑画面中的光标将跳转到发生错误的地址。

（2）调试程序

下载检查无错的程序后，接通 X0，则程序开始运行，计数器和定时器都在工作。运行后，可以在梯形图程序中实时地观察、确认相关触点或数据的信息，如图 8-53 所示。

图 8-53 中，接通的触点（如 X0、X1、R0）、线圈（如 R0）在其符号间有蓝色框表示，定时器和计数器工作，在图形符号处显示定时器已接通的时间和计数的次数。

在 FPWIN GR 中，当进行向 PLC 传送程序等操作、由离散状态变为在线状态后，画面将自动开始监控，而由在线状态切换到离线状态后，则自动停止监控。

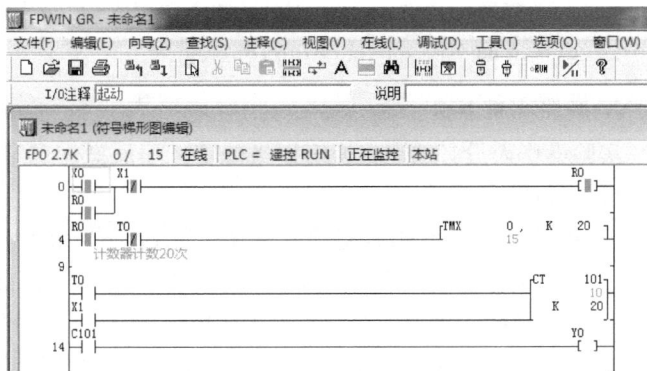

图 8-53　运行中的程序

8.2.3 实验操作

1. 实验操作过程

1）根据控制系统的要求，确定被控系统必须完成的动作及完成的顺序。

2）分配输入/输出设备，确定哪些外围设备是将信号送到 PLC，哪些外围设备是接收来自 PLC 的信号，并将 PLC 的输入、输出口与之对应进行分配，即给出 I/O 分配表。

3）启动 FPWIN GR，创建新文件并选择 PLC 的机型"FP0 C10，C14，C16 2.7K"（因实验装置主机采用的是 FP0 - C16CT）。

4）设计 PLC 梯形图程序，并保存。

5）对照 I/O 分配表，完成实验装置各实验面板的接线。

6）打开实验装置的电源模块开关，然后将检查无误的程序下载到主机中。

7）对程序进行调试，观察实验现象，若与控制要求不符，修改程序直至满足要求。

8）停止监控、修改、转换并保存已完成的程序。

9）断开电源模块开关，拔掉实验装置上所用的连接线，并将接线归整在指定位置。

10）将计算机关机。

2. 编程规则

1）外部输入继电器、内部继电器、定时器、计数器等器件的触点可多次重复使用，无须用复杂的程序结构来减少触点的使用次数。

2）梯形图每一行都是从左母线开始，线圈接在右边。

3）同一编号的线圈在一个程序中使用两次或多次称为双线圈输出。双线圈输出容易引起误操作，应避免线圈重复使用。松下 PLC 编程软件在编译下载时会将双线圈输出作为错误，用户程序不能执行。

4）同输出继电器的概念一样，定时器、计数器也包括线圈和触点两个部分，采用相同编号，但是线圈是用于设置，触点则是用于引用。因此，在同一个程序中，相同编号的定时器或计数器只能使用一次，即设置一次，而该定时器或计数器的触点可以通过常开或常闭触点的形式被多次引用。

5）梯形图程序必须符合顺序执行的原则，即从左到右、从上到下地执行，如不符合顺序执行的电路就不能直接编译。

6）在梯形图中串联触点使用的次数是没有限制的，可无限次地使用。

7）两个或两个以上的线圈可以并联输出。

3. 操作注意事项

实验操作人员必须严格遵守以下规定，违反操作规定造成仪器损失和安全事故的，将追究当事人责任。

1）严禁拔出 USB 编程电缆（连接主机和计算机的 RS - 232 端口）通信插头。

2）连线时，必须保证 PLC 断电，即稳压电源关闭，指示灯不亮。

① 电源连接：电源 +24V 接 PLC +极，电源 0 接负极；

② COM 口连接：无论输入还是输出部分，所有用到的 COM 口接电源正极；

③ 实验板电源连接：电源 +24V 接实验板 +24V 端口，电源 0 接实验板 0 端口；

④ 输入/输出连接：根据输入/输出接线列表（I/O 分配表），用插线两端分别将主机的输入/输出端口与实验板的输入/输出端对应连接。

3）输入和调试程序时，停止（STOP）和运行（RUN）PLC，必须使用编程软件中的"运行/停止"功能，不要用手拨 PLC 上的开关，PLC 上的开关应始终处于 RUN 状态。

4）实验结束拔线时，必须先关闭 PLC 主机模块电源后再操作，拔出的接线放入实验台抽屉中，关闭计算机。

5）实验室计算机上均安装有还原精灵软件，实验结束后将程序或文件复制带走。在编程过程中应随时将程序保存到 U 盘等存储设备中，以防误操作或断电。

6）实验操作过程中，发现实验装置故障应及时报告负责老师。

8.3 实验项目

8.3.1 FPWIN GR 的编程环境应用

1. 实验目的

（1）熟悉 FPWIN GR 编程软件；

（2）编制简单的梯形图程序，熟悉基本指令的使用；

（3）初步掌握 FPWIN GR 编程软件的使用方法和调试方法。

2. 实验设备

（1）TVT – 90E 可编程序控制器训练装置（主机型号为 FP0 – C16）；

（2）电动机正反转实验板 1 块、天塔之光实验板 1 块和若干连接导线。

3. 实验内容

（1）熟悉 FPWIN GR 编程软件的菜单、工具条、指令输入和程序调试；

（2）在 FPWIN GR 的编程环境中根据电动机运转控制要求，输入梯形图，进行硬件连接，并观察实验现象。

1）按下起动按钮 SB1，电动机 M1 运行，按下停止按钮 SB2，M1 停止运行。

2）按下起动按钮 SB1，电动机 M1 运行，3s 后电动机 M2 运行，按下停止按钮 SB2，电动机 M1 和 M2 立即停止运行。

（3）在 FPWIN GR 的编程环境中根据天塔之光的控制要求，编写梯形图。

控制要求：

按下起动按钮，L1 亮 1s 后灭，接着 L2、L3、L4、L5 亮，1s 后灭，再接着 L6、L7、L8、L9 亮 1s 后灭，L1 又亮，如此循环下去，按下停止按钮，系统停止运行。

注意：

（1）首先根据控制要求，确认 I/O 地址。注意 L2、L3、L4、L5 虽状态一样，但每个都需要对应一个输出地址，L6、L7、L8、L9 亦如此。

（2）天塔之光实验板上没有起动和停止按钮，请使用电动机正反转实验板上的输入按钮，注意给该实验面板的 24V 电源通电。

编写梯形图，并根据 I/O 地址分配进行硬件连线（使用电动机正反转和天塔之光实验板），检查无误后将程序写入 PLC，调试运行该程序直至满足控制要求。

8.3.2 电动机正反转和丫-△起动实验

1. 实验目的

（1）熟悉 FPWIN GR 编程软件；

（2）编制简单的梯形图程序，熟悉基本指令的使用；

（3）初步掌握编程软件的使用方法和调试方法。

2. 实验设备

（1）TVT-90E 可编程序控制器训练装置（主机型号为 FP0-C16）；

（2）电动机正反转和丫-△起动实验板 1 块和若干连接导线。

3. 实验内容

控制要求：

按下正转起动按钮 SB1，电动机正转运行，且 KM1、KMY 接通。2s 后 KMY 断开，KM△ 接通，即完成正转起动。按下停止按钮 SB2，电动机停止运行。按下反转起动按钮 SB3，电动机反转运行，且 KM2、KMY 接通。2s 后 KMY 断开，KM△ 接通，即完成反转起动。按下停止按钮 SB2，电动机停止运行。

注意：电动机正转运行时，按下反转起动按钮，电动机仍要正转运行，不能反转运行；同理，电动机反转运行时，按下正转起动按钮，电动机亦要保持反转运行，不能正转运行。

编写梯形图，根据 I/O 地址分配进行硬件连线，检查无误后将程序写入 PLC，调试运行该程序直至满足控制要求。

8.3.3 自动送料装车控制实验

1. 实验目的

（1）熟悉松下 FP0 PLC 的逻辑指令及定时器的使用方法；

（2）进一步掌握编程软件的使用方法、梯形图的设计方法和调试方法。

2. 实验设备

（1）TVT-90E 可编程序控制器训练装置（主机型号为 FP0-C16）；

（2）自动送料装车系统实验板 1 块和若干连接导线。

3. 实验内容

控制要求：

初始状态时，红灯灭 L1 = OFF，绿灯亮 L2 = ON，表示允许汽车开进装料，料斗 K2，电动机 M1、M2、M3 皆为 OFF。

（1）当汽车到来时 S2 = ON，红灯 L1 亮，绿灯 L2 灭，传送带驱动电动机 M3 运行；2s 后，电动机 M2 运行；再经过 2s M1 运行，依次顺序起动送料系统。

（2）电动机 M3 运行后，进料阀门 K1 打开料斗进料，料斗装满时，检测开关 S1 = ON，进料阀门 K1 关闭（设 1 料斗物料足够装满 1 车）；料斗出料阀门 K2 在 M1 运行及料满（S1 = ON）后，打开放料，物料通过传送带的传送，装入汽车。

（3）当汽车装满料后 S2 = OFF，料斗 K2 关闭，电动机 M1 运行 2s 后停止，M1 停止 2s

后 M2 停止，M2 停止 2s 后 M3 停止，此时红灯灭 L1＝OFF，绿灯 L2＝ON，汽车可以开走。

编写梯形图，并根据 I/O 地址分配进行硬件连线，检查无误后将程序写入 PLC，调试运行该程序直至满足控制要求。

8.3.4　多种液体自动混合控制实验

1. 实验目的

（1）熟悉松下 FP0 PLC 的逻辑指令及定时器的使用；

（2）进一步掌握编程软件的使用方法、梯形图的设计方法和调试方法。

2. 实验设备

（1）TVT－90E 可编程序控制器训练装置（主机型号为 FP0－C16）；

（2）多种液体自动混合控制实验板 1 块和若干连接导线。

3. 实验内容

控制要求：

初始状态时，容器是空的，电磁阀 Y1、Y2、Y3、Y4 和搅拌机均为 OFF，液面传感器 L1、L2、L3 均为 OFF。

此时按下起动按钮（采用点动按钮），开始下列操作：

（1）电磁阀 Y1 闭合（Y1＝ON），开始注入液体 A，至液面高度为 L3（L3＝ON）时，停止注入液体 A（Y1＝OFF），同时开启液体 B 电磁阀 Y2（Y2＝ON）注入液体 B，当液面高度为 L2（L2＝ON）时，停止注入液体 B（Y2＝OFF），同时开启液体 C 电磁阀 Y3（Y3＝ON）注入液体 C，当液面高度为 L1（L1＝ON）时，停止注入液体 C（Y3＝OFF）。

（2）停止液体 C 注入时，开启搅拌机 M（M＝ON），搅拌混合时间为 10s。

（3）停止搅拌后加热器 H 开始加热（H＝ON）。当混合液温度达到某一指定值时，温度传感器 T 动作（T＝ON），加热器 H 停止加热（H＝OFF）。

（4）开始放出混合液体（Y4＝ON），至液体高度降为 L3 后（依次检测液位是否降到 L1、L2、L3，如果液位低于 L1、L2、L3 时，对应液位传感器 L1、L2、L3 依次 OFF），再经 5s 停止放出（Y4＝OFF）。温度传感器 T＝OFF。

注意：此时系统已恢复为初始状态，等待下一次起动信号的到来。若按下起动按钮，系统重复过程（1）~（4）。

（5）操作过程中任意时刻按下停止按钮（采用点动按钮），停止当前操作，回到初始状态。

编写梯形图，并根据 I/O 地址分配进行硬件连线，检查无误后将程序写入 PLC，调试运行该程序直至满足控制要求。

8.3.5　交通灯系统设计实验

1. 实验目的

（1）进一步熟悉松下 FP0 PLC 的指令系统，重点是定时器、计数器、比较指令等的灵活运用；

（2）掌握复杂逻辑的编程方法；

（3）进一步掌握编程软件的使用方法、梯形图的设计方法和调试方法。

2. 实验设备

（1）TVT-90E 可编程序控制器训练装置（主机型号为 FP0-C16）；

（2）交通灯系统实验板 1 块和若干连接导线。

3. 实验内容

控制要求：

正常工作时，信号灯受开关（按钮 SB1）控制。当开关闭合时，信号灯系统开始工作，且先东西绿灯亮，南北红灯亮。当启动开关断开时，所有信号灯都熄灭；

东西绿灯亮 4s 后闪 2s 灭，黄灯亮 2s 灭，红灯亮 8s，绿灯又亮开始循环；

对应东西绿黄灯亮时南北红灯亮 8s，接着绿灯亮 4s 后闪 2s 灭；黄灯亮 2s 后，红灯又亮开始循环。

编写梯形图，并根据 I/O 地址分配进行硬件连线，检查无误后将程序写入 PLC，调试运行该程序直至满足控制要求。

思考：

（1）正常工作时，信号灯受开关（按钮 SB1）控制，按上述控制要求循环工作；

（2）手动控制（按钮 SB2）时，南北、东西黄灯一直闪烁；

（3）特殊情况下（如有救护车等应急车辆时），无论交通灯原来状态如何，闭合开关（按钮 SB3），南北绿灯亮，东西红灯亮。开关断开 5s 后，解除通车状态，恢复正常工作，即东西绿灯亮，南北红灯亮。

8.3.6 电梯控制系统设计实验

1. 实验目的

（1）工程实例的模拟，熟练地掌握 PLC 的编程和程序调试方法；

（2）进一步熟悉 PLC 的 I/O 连接；

（3）熟悉四层楼电梯采用轿厢外按钮控制的编程方法。

2. 实验设备

（1）TVT-90E 可编程序控制器训练装置（主机型号为 FP0-C16）；

（2）电梯控制系统实验板 1 块和若干连接导线。

3. 实验内容

控制要求：

电梯由安装在各楼层厅门口的上升和下降呼叫按钮进行呼叫操纵，其操纵内容为电梯运行方向。电梯轿厢内设有楼层内选按钮 S1~S4，用以选择需停靠的楼层。L1、L2、L3、L4 分别为 1~4 层的指示，△亮表示电梯上升，▽亮表示电梯下降。

（1）开始时，电梯处于 1 层。

（2）当有外呼梯信号到来时，轿厢响应该呼梯信号，到达该楼层时，轿厢停止运行（若轿厢停于 1 层，4 层呼梯，则轿厢经停 2、3 层，可用时间继电器实现，轿厢经过 1 楼层需 3s；到达某楼层时，对应该楼层的指示灯亮）。

（3）当有内呼梯信号到来时，轿厢响应该呼梯信号，到达该楼层时，轿厢停止运行。

（4）在电梯轿厢运行过程中，轿厢上升（或下降）途中，任何反方向下降（或上升）的外呼梯信号均不响应，但如果反向外呼梯信号前方向无其他内、外呼梯信号时，则电梯响应该外呼梯信号。例如，电梯轿厢在1楼，将要运行到3楼，在此过程中可以响应2层向上外呼梯信号，但不响应2层向下外呼梯信号。同时，如果电梯到达3层，如果4层没有任何呼梯信号，则电梯可以响应3层向下外呼梯信号。否则，电梯轿厢将继续运行至4楼，然后向下运行响应3层向下外呼梯信号。

（5）电梯应具有最远反向外呼梯响应功能。例如，电梯轿厢在1楼，而同时有2层向下外呼梯，3层向下外呼梯，4层向下外呼梯，则电梯轿厢先去4楼响应4层向下外呼梯信号。

（6）当轿厢停于1层以上时，若10s没有请求信号时，轿厢自动下降至1层停止。

编写梯形图，并根据I/O地址分配进行硬件连线，检查无误后将程序写入PLC，调试运行该程序直至满足控制要求。

8.3.7　智力竞赛抢答控制系统设计实验

1. 实验目的

（1）熟悉逻辑指令，掌握复杂逻辑的编程方法及定时器的灵活运用；

（2）进一步掌握编程软件的使用方法、梯形图的设计方法和调试方法。

2. 实验设备

（1）TVT‑90E可编程序控制器训练装置（主机型号为FP0‑C16）；

（2）模拟控制实验板2～3块和若干连接导线。

3. 实验内容

控制要求：

设计一个智力竞赛抢答控制装置，要求如下：

（1）赛场设有一个七段码显示器，参加智力竞赛的1、2、3、4四位参赛者的桌上各有一只抢答按钮，分别为SB1、SB2、SB3和SB4，用4个指示灯L1、L2、L3和L4显示它们的抢答信号。

（2）当主持人说出问题且按下开始按钮SB0后抢答开始，对应的抢答指示灯L0亮；在10s内，4个参赛者中只有最早按下抢答按钮的人抢答有效；10s后抢答无效。

（3）抢答有效时，七段码显示器能及时显示该参赛者的编号（亮，直至复位），对应参赛者桌上的指示灯快速闪亮3s，赛场中的音响装置响2s。与此同时，应使其他参赛者按下的按键无效。

（4）主持人处设有复位按钮，复位按下启动按钮后可重新抢答。

提示：输入信号主要有抢答按钮SB1、SB2、SB3、SB4，开始按钮SB0和复位按钮SB5（全部使用点动按钮）；输出信号有音箱（用绿色指示灯代替）、指示灯L0、L1、L2、L3、L4和七段码a、b、c、d、e、f、g（天塔之光实验板）或BCD码显示（自动售货机实验板）。

编写梯形图，并根据I/O地址分配进行硬件连线，检查无误后将程序写入PLC，调试运行该程序直至满足控制要求。

8.3.8 自动售货机系统设计实验

1. 实验目的

（1）熟悉松下 FP0 PLC 的逻辑指令，掌握复杂逻辑的编程方法及定时器的灵活运用；

（2）根据自动售货机系统控制要求设计梯形图程序；

（3）进一步掌握编程软件的使用方法、梯形图的设计方法和调试方法。

2. 实验设备

（1）TVT－90E 可编程序控制器训练装置（主机型号为 FP0－C16）；

（2）自动售货机实验板 1 块和若干连接导线。

3. 实验内容

控制要求：

（1）分别按下投币口 5 角、1 元按钮、5 元，数码显示投币金额为 0.5、1.0、5.0。

（2）显示金额减去所买货物金额后，数码显示余额，可以一次多买，直到金额不足，灯 L1 亮提示余额不足。

（3）过 4s 后，如果没有再操作，则取物口灯亮，有余额则退币口灯亮。

（4）如不买货物，按退币钮则退出全部金额、数码显示为零，退币口灯亮。

编写梯形图，并根据 I/O 地址分配进行硬件连线，检查无误后将程序写入 PLC，调试运行该程序直至满足控制要求。

8.3.9 彩灯控制系统设计实验

1. 实验目的

（1）熟悉松下 FP0 PLC 的逻辑指令，掌握复杂逻辑的编程方法及定时器的灵活运用；

（2）进一步掌握编程软件的使用方法、梯形图的设计方法和调试方法。

2. 实验设备

（1）TVT－90E 可编程序控制器训练装置（主机型号为 FP0－C16）；

（2）模拟控制实验板 2～3 块和若干连接导线。

3. 实验内容

控制要求：

有四组节日彩灯，每组有红、绿、黄 3 盏顺序排列。

按下启动按钮（点动按钮），彩灯控制装置开始工作，按下停止按钮（点动按钮），彩灯控制停止工作。

彩灯的工作方式由花样选择开关（采用三个点动按钮 SB1、SB2、SB3）选择三种工作方式。

（1）按下按钮 SB1，每次点亮一盏彩灯，每 1s 移动一个灯位。

（2）按下按钮 SB2，每次点亮一组彩灯，每次亮 1s。

（3）按下按钮 SB3，每次一组亮 1s，二组亮 2s，三组亮 3s，4 组亮 4s，然后循环。

编写梯形图，并根据 I/O 地址分配进行硬件连线，检查无误后将程序写入 PLC，调试运行该程序直至满足控制要求。

8.3.10　自动门控制系统设计实验

1. 实验目的

（1）熟悉松下 FP0 PLC 的逻辑指令，掌握复杂逻辑的编程方法及定时器的灵活运用；

（2）进一步掌握编程软件的使用方法、梯形图的设计方法和调试方法。

2. 实验设备

（1）TVT－90E 可编程序控制器训练装置（主机型号为 FP0－C16）；

（2）模拟控制实验板 2～3 块和若干连接导线。

3. 实验内容

（1）自动门控制装置的硬件组成

自动门控制装置由门内光电探测开关 K1、门外光电探测开关 K2、开门到位限位开关 K3、关门到位限位开关 K4、开门执行机构 KM1（使直流电动机正转）、关门执行机构 KM2（使直流电动机反转）等部件组成。

（2）控制要求

1）当有人由内到外或由外到内通过光电检测开关 K1 或 K2 时，开门执行机构 KM1 动作，电动机正转，到达开门限位开关 K3 位置时，电动机停止运行。

2）自动门在开门位置停留 8s 后，自动进入关门过程，关门执行机构 KM2 被起动，电动机反转，当门移动到关门限位开关 K4 位置时，电动机停止运行。

3）在关门过程中，当有人员由外到内或由内到外通过光电检测开关 K2 或 K1 时，应立即停止关门，并自动进入开门程序。

4）在门打开后的 8s 等待时间内，若有人员由外至内或由内至外通过光电检测开关 K2 或 K1 时，必须重新开始等待 8s 后，再自动进入关门过程，以保证人员安全通过。

编写梯形图，并根据 I/O 地址分配进行硬件连线，检查无误后将程序写入 PLC，调试运行该程序直至满足控制要求。

本 章 小 结

学习 PLC 最有效的手段是动手编程和上机调试。根据学习需要掌握用 STEP 7－Micro/WIN V4.0 编程软件或 FPWIN GR 编程软件进行程序编辑，熟练使用菜单、常用按钮及各个功能窗口；用 S7－200 的仿真软件或实验装置进行程序调试，并能根据运行结果分析和解决问题。

通过实践，掌握 PLC 控制系统的设计和调试方法，提高实际应用的能力。

附　　录

附录 A　电气控制电路中常用图形符号和文字符号

序号	种类	名称	图形符号	文字符号		说明
				新国标 （GB/T5094.1~.4—2005 GB/T20939—2007）	旧国标 （GB7159—1987）	
1	电源	正极	+	—	—	正极
		负极	—	—	—	负极
		中性（中性线）	N	—	—	中性（中性线）
		中间线	M	—	—	中间线
		直流系统 电源线	L+ L−			直流系统正电源线 直流系统负电源线
		交流电源三相	L1 L2 L3	—	—	交流系统电源第一相 交流系统电源第二相 交流系统电源第三相
		交流设备三相	U V W	—	—	交流系统设备端第一相 交流系统设备端第二相 交流系统设备端第三相
2	接地、接机壳 和等电位	接地	（接地一般符号图形）	XE	PE	接地一般符号 地一般符号
			（保护接地图形）			保护接地
			（外壳接地图形）			外壳接地
			（屏蔽层接地图形）			屏蔽层接地
			（接机壳、接底板图形）			接机壳、接底板

（续）

序号	种类	名称	图形符号	文字符号 新国标 (GB/T5094.1~.4—2005 GB/T20939—2007)	旧国标 (GB7159—1987)	说明
3	导体和连接器件	导线	—///— / —/—3—	WD	W	连线、连接、连线组： 示例：导线、电缆、电线、传输通路，如用单线表示一组导线时，导线的数目可标以相应数量的短斜线或一个短斜线后加导线的数字
			屏蔽导线图形			屏蔽导线
			纹合导线图形			纹合导线
		端子	·	XD	X	连接、连接点
			○			端子
			水平画法 —○—			装置端子
			垂直画法			
			—○—			连接孔端子
4	电能的发生和转换	电动机	*	MA 电动机	M	符号内的星号"＊"用下述字母之一代替：c—旋转变流机；G~—发电机；GS—同步发电机；M—电动机；MG—能作为发电机或电动机使用的电机；Ms—同步电动机
				GA 发电机	G	
			M 3~	MA	MA	三相笼型异步电动机
			M ⌐	M	M	步进电动机
			MS 3~		MV	三相永磁同步交流电动机
		双绕组变压器	样式1	TA	T	双绕组变压器 （画出铁心）
			样式2			双绕组变压器

（续）

序号	种类	名称	图形符号		文字符号		说明
					新国标 （GB/T5094.1~.4—2005 GB/T20939—2007）	旧国标 （GB7159—1987）	
4	电能的发生和转换	自耦变压器	样式1			TA	自耦变压器
			样式2				
		电抗器		RA	L	扼流圈 电抗器	
		电流互感器	样式1		BE	TA	电流互感器 脉冲变压器
			样式2				
		电压互感器	样式1			TV	电压互感器
		发生器	G		GF	GS	电能发生器一般符号 信号发生器一般符号 波形发生器一般符号
			G				脉冲发生器
		蓄电池			GB	GB	原电池、蓄电池，原电池或蓄电池组，长线代表阳极，短线代表阴极
							光电池
		变换器			TB	B	变换器一般符号
		整流器					整流器
						U	桥式全波整流器
		变频器	f_1/f_2		TA		变频器：频率由 f_1 变到 f_2，f_1 和 f_2 可用输入和输出频率数值代替

（续）

序号	种类	名称	图形符号	文字符号		说明
				新国标 （GB/T5094.1~.4—2005 GB/T20939—2007）	旧国标 （GB7159—1987）	
5	触头	触头			KF、KA、 KM、KT、 KI、KV 等	动合（常开）触头 本符号也可用作开关的一般符号
						动断（常闭）触头
		延时动作触头			KT	当操作器件被吸合时延时闭合的动合触头
						当操作器件被释放时延时断开的动合触头
						当操作器件被吸合时延时断开的动断触头
						当操作器件被释放时延时闭合的动断触头
6	开关及开关部件	单极开关		SF	S	手动操作开关一般符号
					SB	具有动合触头且自动复位的按钮
						具有动断触头且自动复位的按钮
					SA	具有动合触头但无自动复位的拉拔开关
						具有动合触头但无自动复位的旋转开关
						钥匙动合开关
						钥匙动断开关
		位置开关		BG	SQ	位置开关、动合触头
						位置开关、动断触头

（续）

序号	种类	名称	图形符号	文字符号 新国标（GB/T5094.1～.4—2005 GB/T20939—2007）	旧国标（GB7159—1987）	说明
6	开关及开关部件	电力开关器件		QA	KM	接触器的主动合触头（在非动作位置触头断开）
						接触器的主动断触头（在非动作位置触头闭合）
					QF	断路器
				QB	QS	隔离开关
						三极隔离开关
						负荷开关 负荷隔离开关
						带自动释放功能的负荷隔离开关
7	检测传感器类开关	开关及触头		BG	SQ	接近开关
					SL	液位开关
				BS	KS	速度继电器触头
				BB	FR	热继电器常闭触头
				BT	ST	热敏断路器（例如双金属片）
						温度控制开关（当温度低于设定值时动作），把符号"＜"改为"＞"后，温度开关就表示当温度高于设定值时动作
				BP	SP	压力控制开关（当压力大于设定值时动作）
				KF	SSR	固态继电器触头
					SP	光电开关

（续）

序号	种类	名称	图形符号	文字符号		说明
				新国标 （GB/T5094.1~.4—2005 GB/T20939—2007）	旧国标 （GB7159—1987）	
8	继电器操作	线圈		QA	KM	接触器线圈
				MB	YA	电磁铁线圈
				KF	K	电磁继电器线圈一般符号
					KT	延时释放继电器的线圈
						延时吸合继电器的线圈
			U<		KV	欠电压继电器线圈，把符号"<"改为">"表示过电压继电器线圈
			I>		KI	过电流继电器线圈，把符号">"改为"<"表示欠电流继电器线圈
					SSR	固态继电器驱动器件
				BB	FR	热继电器驱动器件
				MB	YV	电磁阀
					YB	电磁制动器
9	熔断器和熔断器式开关	熔断器		FA	FU	熔断器式开关
		熔断器式开关		QA	QKF	熔断器式开关
						熔断器式隔离开关

（续）

序号	种 类	名 称	图形符号	文 字 符 号		说 明
				新国标 （GB/T5094.1 ~ .4—2005 GB/T20939—2007）	旧国标 （GB7159—1987）	
10	指示仪表	指示仪表	ⓥ	PG	PV	电压表
			ⓘ		PA	检流计
11	灯和信号 器件	灯信号和器件	⊗	EA 照明灯	EL	灯的一般符号，信号灯的一般 符号
				PG 指示灯	HL	
			⊗	PG	HL	闪光信号灯
				PB	HA	电铃
					HZ	蜂鸣器

附录 B 西门子 S7 – 200 CPU 的存储器范围和特性汇总

描 述	范 围				存 取 格 式			
	CPU221	CPU222	CPU224	CPU226	位	字节	字	双字
用户程序区	2K 字	2K 字	4K 字	4K 字				
用户数据区	1K 字	1K 字	2.5K 字	2.5K 字				
输入映像寄存器	I0.0 ~ I15.7	I0.0 ~ I15.7	I0.0 ~ I15.7	I0.0 ~ I15.7	Ix.y	IBx	IWx	IDx
输出映像寄存器	Q0.0 ~ Q15.7	Q0.0 ~ Q15.7	Q0.0 ~ Q15.7	Q0.0 ~ Q15.7	Qx.y	QBx	QWx	QDx
模拟输出（只读）	—	AIW0 ~ AIW30	AIW0 ~ AIW30	AIW0 ~ AIW30			AIWx	
模拟输出（只写）	AQW0 ~ AQW30	AQW0 ~ AQW30	AQW0 ~ AQW30	AQW0 ~ AQW30			AQWx	
变量存储器（V）[1]	VB0.0 ~ VB2047.7	VB0.0 ~ VB2047.7	VB0.0 ~ VB5199.7	VB0.0 ~ VB5199.7	Vx.y	VBx	VWx	VDx
局部存储器（V）[2]	LB0.0 ~ LB63.7	LB0.0 ~ LB63.7	LB0.0 ~ LB63.7	LB0.0 ~ LB63.7	Lx.y	LBx	LWx	LDx
位存储器（SM）	M0.0 ~ M31.7	M0.0 ~ M31.7	M0.0 ~ M31.7	M0.0 ~ M31.7	Mx.y	MBx	MWx	MDx
特殊存储器（SM） 只读	SM0.0 ~ SM179.7 SM0.0 ~ SM29.7	SM0.0 ~ SM179.7 SM0.0 ~ SM29.7	SM0.0 ~ SM179.7 SM0.0 ~ SM29.7	SM0.0 ~ SM179.7 SM0.0 ~ SM29.7	SMx.y	SMBx	SMWx X	SMDx X

（续）

描　　述	范　　围				存 取 格 式			
	CPU221	CPU222	CPU224	CPU226	位	字节	字	双字
定时器	256（T0～T255）	256（T0～T255）	256（T0～T255）	256（T0～T255）				
保持接通延时1ms	T0，T64	T0，T64	T0，T64	T0，T64				
保持接通延时10ms	T1～T4，T65～T68	T1～T4，T65～T68	T1～T4，T65～T68	T1～T4，T65～T68				
保持接通延时100ms	T5～T31，T69～T95	T5～T31，T69～T95	T5～T31，T69～T95	T5～T31，T69～T95	Tx		Tx	
接通/断开延时1ms	T32，T96	T32，T96	T32，T96	T32，T96				
接通/断开延时10ms	T33～T36	T33～T36	T33～T36	T33～T36				
接通/断开延时100ms	T97～T100，T101～T255	T97～T100，T101～T255	T97～T100，T101～T255	T97～T100，T101～T255				
计数器	C0～C255	C0～C255	C0～C255	C0～C255	Cx		Cx	
高数计数器	HC0，HC3 HC4，HC5	HC0，HC3 HC4，HC5	HC0～HC5	HC0～HC5				HCx
顺序继电器（S）	S0.0～S31.7	S0.0～S31.7	S0.0～S31.7	S0.0～S31.7	Sx.y		SBx SWx	SDx
累加器	AC0～AC3	AC0～AC3	AC0～AC3	AC0～AC3			ACx ACx	ACx
跳转/标号	0～255	0～255	0～255	0～255				
调用子程序	0～63	0～63	0～63	0～63				
中断程序	0～127	0～127	0～127	0～127				
PID回路	0～7	0～7	0～7	0～7				
通信口	0	0	0	0				

1. 所有V存储器可以保存在永久存储器中

2. LB60～LB63为STEP7－Micro/WIN32 V3.0或更高版本保留

附录C　西门子S7－200 PLC指令表

布 尔 指 令	
LD N	装载（开始的常开触点）
LDI N	立即装载
LDN N	取反后装载（开始的常闭触点）
LDNI N	取反后立即装载
A N	与（串联的常开触点）
AI N	立即与
AN N	取反后与（串联的常开触点）
ANI N	取反后立即与

（续）

布 尔 指 令	
O N	或（并联的常开触点）
OI N	立即或
ON N	取反后或（并联的常开触点）
ONI N	取反后立即或
LDBx N1，N2	装载字节比较结果 N1（x：<，<=，=，>=，>，< >=）N2
ABx N1，N2	与字节比较结果 N1（x：<，<=，=，>=，>，< >=）N2
OBx N1，N2	或字节比较结果 N1（x：<，<=，=，>=，>，< >=）N2
LDWx N1，N2	装载字比较结果 N1（x：<，<=，=，>=，>，< >=）N2
AWx N1，N2	与字比较结果 N1（x：<，<=，=，>=，>，< >=）N2
OWx N1，N2	或字比较结果 N1（x：<，<=，=，>=，>，< >=）N2
LDDx N1，N2	装载双字比较结果 N1（x：<，<=，=，>=，>，< >=）N2
ADx N1，N2	与双字比较结果 N1（x：<，<=，=，>=，>，< >=）N2
ODx N1，N2	或双字比较结果 N1（x：<，<=，=，>=，>，< >=）N2
LDRx N1，N2	装载实数比较结果 N1（x：<，<=，=，>=，>，< >=）N2
ARx N1，N2	与实数比较结果 N1（x：<，<=，=，>=，>，< >=）N2
ORx N1，N2	或实数比较结果 N1（x：<，<=，=，>=，>，< >=）N2
NOT	栈顶值取反
EU	上升沿检测
ED	下降沿检测
= N	赋值（线圈）
=I N	立即赋值
S S_BIT，N	置位一个区域
R S_BIT，N	复位一个区域
SI S_BIT，N	立即置位一个区域
RI S_BIT，N	立即复位一个区域
传送、移位、循环和填充指令	
MOVB IN，OUT	字节传送
MOVW IN，OUT	字传送
MOVD IN，OUT	双字传送
MOVR IN，OUT	实数传送
BIR IN，OUT	立即读取物理输入字节
BIW IN，OUT	立即写物理输出字节
BMB IN，OUT，N	字节块传送
BMW IN，OUT，N	字块传送
BMD IN，OUT，N	双字块传送
SWAP IN	交换字节
SHRB DATA，S_BIT，N	移位寄存器

（续）

布　尔　指　令	
SRB OUT, N	字节右移 N 位
SRW OUT, N	字右移 N 位
SRD OUT, N	双字右移 N 位
SLB OUT, N	字节左移 N 位
SLW OUT, N	字左移 N 位
SLD OUT, N	双字左移 N 位
RRB OUT, N	字节右移 N 位
RRW OUT, N	字右移 N 位
RRD OUT, N	双字右移 N 位
RLB OUT, N	字节左移 N 位
RLW OUT, N	字左移 N 位
RLD OUT, N	双字左移 N 位
FILL IN, OUT, N	用指定的元素填充存储器空间
逻辑操作	
ALD	电路块串联
OLD	电路块并联
LPS	入栈
LRD	读栈
LPP	出栈
LDS	装载堆栈
AENO	对 ENO 进行与操作
ANDB IN1, OUT	字节逻辑与
ANDW IN1, OUT	字逻辑与
ANDD IN1, OUT	双字逻辑与
ORB IN1, OUT	字节逻辑或
ORW IN1, OUT	字逻辑或
ORD IN1, OUT	双字逻辑或
XORB IN1, OUT	字节逻辑异或
XORW IN1, OUT	字逻辑异或
XORD IN1, OUT	双字逻辑异或
INVB OUT	字节取反（1 的补码）
INVW OUT	字取反
INVD OUT	双字取反
表、查找和转换指令	
ATT TABLE, DATA	把数据加到表中
LIFO TABLE, DATA	从表中取数据，后入先出
FIFO TABLE, DATA	从表中取数据，先入先出

（续）

布 尔 指 令	
FND = TBL，PATRN，INDX FND < > TBL，PATRN，INDX FND < TBL，PATRN，INDX FND > TBL，PATRN，INDX	在表中查找符合比较条件的数据
BCDI OUT IBCD OUT	BCD 码转换成整数 整数转换成 BCD 码
BTI IN，OUT IBT IN，OUT ITD IN，OUT TDI IN，OUT	字节转换成整数 整数转换成字节 整数转换成双整数 双整数转换成整数
DTR IN，OUT TRUNC IN，OUT ROUND IN，OUT	双整数转换成实数 实数四舍五入为双整数 实数截位取整为双整数
ATH IN，OUT，LEN HTA IN，OUT，LEN ITA IN，OUT，FMT DTA IN，OUT，FMT RTA IN，OUT，FMT	ASCII 码→十六进制数 十六进制数→ASCII 码 整数→ASCII 码 双整数→ASCII 码 实数→ASCII 码
DECO IN，OUT ENCO IN，OUT	译码 编码
SEG IN，OUT	7 段译码
中断指令	
CRETI	从中断程序有条件返回
ENI DISI	允许中断 禁止中断
ATCH INT，EVENT DTCH EVENT	给事件分配中断程序 解除中断事件
通信指令	
XMT TABLE，PORT RCV TABLE，PORT	自由端口发送 自由端口接收
NETR TABLE，PORT NETW TABLE，PORT	网络读 网络写
GPA ADDR，PORT SPA ADDR，PORT	获取端口地址 设置端口地址
高速计数器指令	
HDEF HSC，MODE	定义高速计数器模式
HSC N	激活高速计数器
PLS X	脉冲输出

（续）

布 尔 指 令	
数学、加1减1指令	
+I IN1，OUT +D IN1，OUT +R IN1，OUT	整数，双整数或实数法 IN1 + OUT = OUT
−I IN1，OUT −D IN1，OUT −R IN1，OUT	整数，双整数或实数法 OUT − IN1 = OUT
MUL IN1，OUT *R IN1，OUT *I IN1，OUT *D IN1，OUT	整数乘整数得双整数 实数、整数或双整数乘法 IN1 × OUT = OUT
MUL IN1，OUT /R IN1，OUT /I IN1，OUT /D IN1，OUT	整数除整数得双整数 实数、整数或双整数除法 OUT/IN1 = OUT
SQRT IN，OUT	二次方根
LN IN，OUT	自然对数
LXP IN，OUT	自然指数
SIN IN，OUT	正弦
COS IN，OUT	余弦
TAN IN，OUT	正切
INCB OUT INCW OUT INCD OUT	字节加1 字加1 双字加1
DECB OUT DECW OUT DECD OUT	字节减1 字减1 双字减1
PID Table，Loop	PID 回路
定时器和计数器指令	
TON Txxx，PT TOF Txxx，PT TONR Txxx，PT	通电延时定时器 断电延时定时器 保持型通电延时定时器
CTU Txxx，PV CTD Txxx，PV CTUD Txxx，PV	加计数器 减计数器 加/减计数器
实时时钟指令	
TODR T TODW T	读实时时钟 写实时时钟

（续）

布 尔 指 令	
程序控制指令	
END	程序的条件结束
STOP	切换到 STOP 模式
WDR	看门狗复位（300ms）
JMP N LBL N	跳到指定的标号 定义一个跳转的标号
CALL N（N1，…） CRET	调用子程序，可以有 16 个可选参数 从子程序条件返回
FOR INDX，INIT，FINAL NEXT	For/Next 循环
LSCR N SCRT N SCRE	顺控继电器段的启动 顺控继电器段的转换 顺控继电器段的结束

附录 D 错误代码信息及其含义

表 D-1 致命错误代码及其含义

错 误 代 码	错 误 描 述
0000	无致命错误
0001	用户程序检查和错误
0002	编译后的梯形图程序检查和错误
0003	扫描看门狗超时错误
0004	内部 EEPROM 错误
0005	内部 EEPROM 用户程序检查和错误
0006	内部 EEPROM 配合参数检查错误
0007	内部 EEPROM 强制数据检查错误
0008	内部 EEPROM 默认输出表值检查错误
0009	内部 EEPROM 用户数据、DB1 检查错误
000A	存储器卡失灵
000B	存储器卡上用户程序检查和错误
000C	存储器卡配置参数检查和错误
000D	存储器卡强制数据检查和错误
000E	存储器卡默认输出表值检查和错误
000F	存储器卡用户数据、DB1 检查错误
0010	内部软件错误
0011	比较接点间接寻址错误
0012	比较接点非法值错误
0013	存储器卡空，或 CPU 不识别该卡

表 D-2　非致命错误代码及其含义

错 误 代 码	错 误 描 述
0000	无错误
0001	执行 HDEF 之前，HSC 不允许
0002	输入中断分配冲突，已分配给 HSC
0003	到 HSC 的输入分配冲突，已分配输入中断
0004	在中断程序中企图执行 ENI、DISI 或 HDEF 指令
0005	第一个 HSC/PLS 未执行完之前，又企图执行同编号的第二个 HSC/PlS
0006	间接寻址错误
0007	TODW（写实时时钟）或 TODR（读实时时钟）数据错误
0008	用户子程序嵌套层数超过规定
0009	在程序执行 XMT 或 RCV 时，通信口 0 又执行另一条 XMT 或 RCV 指令
000A	在同一 HSC 执行时，又企图用 HDEF 指令再定义该 HSC
000B	在通信口 1 上同时执行 XMT/RCV 指令
000C	时钟卡不存在
000D	重新定义已经使用的脉冲输出
000E	PTO 个数设为 0
0091	范围错（带地址信息），检查操作数范围
0092	某条指令的计数域错误（带计数信息）
0094	范围错（带地址信息），写无效存储器
009A	用户中断程序试图转换成自由口模式

表 D-3　编译规则的错误代码及其含义

错 误 代 码	错 误 描 述
0080	程序太大无法编译
0081	堆栈溢出，必须把一个网络分成多个网络
0082	非法指令
0083	无 MEND 或主程序中有不允许的指令
0085	无 FOR 指令
0086	无 NEXT 指令
0087	无标号
0088	无 RET，或子程序中有不允许的指令
0089	无 RETI，或中断程序中有不允许的指令
008C	标号重复
008D	非法标号
0090	非法参数
0091	范围错（带地址信息），检查操作数范围
0092	指令计数域错误（带计数信息），确认最大计数范围
0093	FOR/NEXT 嵌套层数超出范围
0095	无 LSCR 指令（装载 SCR）
0096	无 SCRE 指令（SCR 结束）或 SCRE 前面有不允许的指令
0097	程序中有不带编号的或带编号的 EU/ED 指令
0098	程序中用不带编号的 EU/ED 指令进行实时修改
0099	隐含程序网络太多

参 考 文 献

［1］陈建明 . 电气控制与 PLC 应用［M］. 3 版 . 北京：电子工业出版社，2014.

［2］王永华 . 现代电气控制及 PLC 应用技术［M］. 2 版 . 北京：北京航空航天大学出版社，2008.

［3］廖常初 . PLC 应用技术问答［M］. 北京：机械工业出版社，2006.

［4］殷洪义 . 可编程序控制器选择、设计与维护［M］. 北京：机械工业出版社，2003.

［5］陈志新，等 . 电器与 PLC 控制技术［M］. 北京：北京大学出版社，2006.

［6］王振安 . 工厂电气控制技术［M］. 重庆：重庆大学出版社，1995.

［7］李道霖 . 电气控制与 PLC 原理及应用（西门子系列）［M］. 2 版 . 北京：电子工业出版社，2004.

［8］侯益坤 . FP 系列 PLC 技术与应用［M］. 北京：机械工业出版社，2010.

［9］廖常初 . S7-200 PLC 编程及应用［M］. 2 版 . 北京：机械工业出版社，2015.

［10］向晓汉 . 西门子 PLC 工业通信完全精通教程［M］. 北京：化学工业出版社，2013.

［11］张运刚 . 从入门到精通西门子工业网络通信实战［M］. 北京：人民邮电出版社，2007.6.

［12］西门子（中国）有限公司网站 . http：//www. ad. siemens. com. cn/（西门子 PLC）.

［13］中国百科网 . PLC 原理及应用课程［OL］. http：//www. chinabaike. com/t/9541/2016/0405/4558740. html.

［14］工控资料窝 . PLC 的编程语言［OL］. 2016-12-19. http：//www. gkwo. net/dxt/show-9512. html.

［15］电工学习网 . PLC 的分类原则［OL］. 2016-12-20. http：//www. diangon. com/thread-22516-1-1. html.

［16］道客巴巴 . PLC 的基本结构和工作原理［OL］. http：//www. doc88. com/p-90759608480. html.

［17］PLC 之家 . http：//www. plc100. com/jichu/.